2021

Gansu Science&Technology Development Report

综合篇

第一章 科技发展概况

第一节 国内外科技发展回顾

2020年，突如其来的新冠肺炎疫情暴发对人类生命健康、全球经济社会产生巨大冲击，给国家安全带来重大危机，给社会治理带来重大挑战。面对复杂严峻的外部环境及其带来的高度不确定性，新科技革命与产业变革持续展开，生命科学、生物技术成为焦点，人工智能、量子科学、生物医药等领域取得重要进展，数字技术、无人自主技术、网络虚拟技术在疫情中展现巨大需求，科技创新成为各国摆脱疫情、振兴经济的重要抓手。中国深入实施创新驱动发展战略，推动疫苗研制、量子科学、航空航天等在多领域取得重大进展，经济运行逐步恢复常态，高质量发展态势不断巩固，成为全球唯一实现正增长的主要经济体。

一、科技创新能力

全球主要创新型国家继续保持科技创新的领先优势，中美等大国综合创新能力基本保持稳定，小型经济体科技创新能力展现较多亮点。

《2020年全球创新指数》由世界知识产权组织、美国康奈尔大学及欧洲工商管理学院等共同发布，是衡量一个经济体创新表现的首要参考工具。全球创新指数对全球131个经济体的创新能力进行了评价，结果显示：瑞士是全球最具创新力的经济体，其次是瑞典、美国和荷兰。中国位列第14名，与2019年位次持平，是唯一进入全球创新指数前30名的中等收入经济体。中国在单位GDP本国人专利申请量、本国人实用新型申请量、本国人商标申请量、本国人外观设计申请量、创意产品出口在贸易总额中的占比等重要创新指标上均位居第一，拥有的科技热点数量位居全球第二。世界顶尖的科技集群有17个在中国，其中深圳–香港–广州科技集群居全球第2位，上海全球科技集群排名第9位。

《国家创新指数报告2020》由中国科学技术发展战略研究院发布，从创新资源、知识创造、企业创新、创新绩效和创新环境五个维度，构建评价指标体系，选取全球40个主要国家进行研究。评价结果将40个国家划分为三个集团，综合指数排名前15位的国家主要为欧美发达经济体，排在前5的国家有美国、日本、韩国、瑞士、瑞典，中国排名第14位，在中高收入阶段国家中优势突出，成为亚洲乃至世界创新发展亮点；第二集团是排名在第16~30位的其他发达国家和少数经济体；第三集团是排名第30位以后的发展中国家。总体来看，世界创新版图重心呈现逐渐东移态势。

《2021彭博创新指数》由彭博社发布，该指数使用研发强度、生产率、专利、百万人口中研究人员占比、高科技集中程度、教育效率及劳动人口中教育程度等七类权重相同的指标对全球60个国家的创新能力进行综合评价。韩国、新加坡、瑞士位列前3位，新加坡和瑞士较上年排名分别上升1位，美国下跌2位，降至第11位，但在高科技集中度上仍位列第1位；中国排名下跌1位，位居第16位，从具体指标表现来看，中国在制造业附加价值创造方面存在不足。

二、科技创新战略与政策

世界主要经济体持续完善国家顶层科技战略布局与国家战略科技力量部署，力图打造面向未来的科技发展新优势。中国深入推动创新驱动发展战略实施，力争在2035年跻身创新型国家前列。

［中国］ 2020年9月11日，习近平总书记在科学家座谈会上提出“四个面向”的要求，为中国“十四五”时期以及更长一个时期推动创新驱动发展、加快科技创新步伐指明方向。10月31日，十九届五中全会审议通过《中共中央关于制定国民经济和社会发展第十四个五年规划和二〇三五年远景目标的建议》，进一步明确创新在中国现代化建设全局中的核心地位，把科技自立自强作为国家发展的战略支撑，深入实施科教兴国战略、人才强国战略、创新驱动发展战略，完善国家创新体系，加快建设科技强国。

［美国］ 2020年5月，美国政府推出《无尽前沿法案》，旨在重构国家科技创新体系框架，实现科技与产业的紧密结合。法案提出在未来5年投入1000亿美元，推进人工智能与机器学习、量子计算和信息系统、先进通信技术等十大关键技术的研发；建议投入100亿美元用于支持区域技术中心建设。11月，美国发布《关键和新兴技术国家战略》，重新定义20项关键技术和新兴技术，着力维持美国在量子科学、人工智能等尖端技术领域的领导地位。

［欧盟］ 欧盟2020年相继发布《2021–2027年度财务框架》《人工智能白皮书》《数据战略报告》《数字未来报告》等科技发展战略文件，拟投入大量资金和配套政策支持人工智能、超级计算、量子通信、区块链等颠覆性和战略性技术发展。

［德国］ 德国2020年先后发布《国家生物经济战略》和《国家氢战略》，并对《人工智能战略》进行修订，其中《国家生物经济战略》提出，5年拟投入36亿欧元发展基于可再生能源的可持续经济形式。在应对新冠疫情的经济复苏计划中，计划向科研创新和卫生领域投入500亿欧元。

［俄罗斯］ “中俄科技创新年”是2020年俄罗斯科技政策的一大亮点。8月，“中俄科技创新年”活动正式举行，科技创新成为中俄两国最富前景的合作领域之一，两国政府、医学和科研部门围绕抗击新冠疫情展开密切合作。

［韩国］ 韩国政府年初发布2020年度科技工作计划，提出强化科技发展基础架构、突出人工智能（AI）领先战略和发展数字媒体产业等三大重点战略；并出台《2020年科技和ICT研发综合计划》《极地科学未来发展战略》《以人工智能强国为目标的人工智能半导体产业发展战略》《5G+战略发展现状及未来计划草案》等政策，全方位推动科技创新能力提升。

［日本］ 2020年3月，日本政府将1995年颁布的《科学技术基本法》修订为《科学技术创新基本法》，修订后的法案强调要把“提高科技水平”和“促进创新创造”摆在同等重要的位置，增加了哲学和法学等人文和社会科学。

三、重点产业领域前沿技术

世界各国高度重视前沿技术的探索和应用。2020年，重点产业领域前沿技术加速突破，智能制造、信息、生物、新能源、新材料等领域高度交叉、深度融合，成为新一轮技术和产业革命最重要的方向。

智能制造领域前瞻性应用加速。西安交通大学研究团队研发的钐掺杂的PMN-PT单晶，突破了长期以来二者难以共存的国际难题，被广泛应用于超声成像、声呐装备和微电子机械系统等领域。英国启动名为“5G-Encode”的5G技术与制造业融合项目，拟投资900万英镑探索工业环境中专用5G网络。法国电信和施耐德电气联合推动5G技术在未来工业环境的应用，探索将5G技术应用于维护增强现实和呈现机器人的远程观察。美国大力推动“数字孪生”技术发展，Authentist公司将德国Nebumind公司的数字孪生工具集成到制造执行系统中，生成“数字孪生”可视化效果；南卡罗来纳大学为美国海军舰船开发“数字孪生”系统，以提高海军舰船动力系统的韧性、效率、适应性和自主性，并提供实时监测；Relativity Space公司采用3D打印技术制造火箭发动机，并顺利完成首次发动机地面全周期点火试运行实验。韩国现代重工集团与电信运营商合作开发基于5G智能造船解决方案，进一步提升自主机器人技术，以提高效率和安全性。

信息技术领域成果丰硕。中国科学家团队构建了76个光子的量子计算原型机“九章”，实现了具有实用前景的“高斯玻色取样”任务的快速求解，成功达到量子计算研究的首个里程碑—量子计算优越性；中国科学技术大学完成长距离量子纠缠实验，借助两种实验方案分别实现22km和50km的量子纠缠，创长距离量子纠缠新纪录。以美国麻省理工学院为首的国际研究团队在金属材料中观察到马约拉纳费米子，可推进容错量子计算开发；IBM公司宣布将其量子计算机的量子比特数提升至64位，较2019年提升了1倍；量子计算初创企业IonQ宣布推出“具有32个完美的量子比特、且门误差相当低”的新型量子计算机。丹麦技术大学和哥本哈根大学成功使用纠缠量子网络实现高精度分布式传感。德国慕尼黑大学研究人员成功将量子纠缠态传输距离拓展至20km。瑞士苏黎世联邦理工学院创造出5m长的微波量子链路。

前沿生物技术领域频现颠覆性突破。中国工程院李兰娟院士研究团队采用人工智能算法，从151种上市药物中筛选出5种药物，成为对抗新冠病毒的有效武器；中国科学院生物物理研究所李国红团队及其合作者揭示了一种精细的DNA复制起始位点的识别调控机制；北京大学利用基因编辑技术，精准删除大鼠的特定记忆。美国博德研究所开发出基于CRISPR技术的新冠病毒检测方法“STOP”，可在一小时内获得结果；约翰·霍普金斯大学开发出一种快速的CRISPR基因编辑技术—“vfCRISPR”；DeepMind公司研发的AlphaFold 2.0人工智能系统可精确地基于氨基酸序列预测蛋白质的3D结构。英国弗朗西斯·克里克研究所利用人类干细胞和生物工程支架重建了完整的人类胸腺，对治疗严重免疫缺陷疾病和培养人造器官具有重要意义；以英国为首的国际团队完成了迄今覆盖面最广泛的癌症全基因组分析，包括38种不同类型肿瘤的2658个全基因组，为癌症研究获取了丰富的基因数据。日本东京大学利用人诱导多能干细胞制出不受限制、可给任何人输血的血小板。瑞士苏黎世联邦理工学院合成出全球首个完全由计算机生成、不基于DNA模板的细菌基因组。以色列特拉维夫大学开发出基于脂质纳米颗粒的新型递送系统，首次证明CRISPR技术可有效治疗活体动物的癌症并使癌细胞永久失活。

能源环保领域取得重要进展。美国阿贡国家实验室开发出了一种快速、高效的热能存储系统（TESS），可快速存储热量并按需释放热量，并可转化产生电能；美国纽斯凯尔动力公司的SMR已完成美国核管会的设计认证审查，成为美国首个通过认证的四代SMR设计；马萨诸塞大学安姆斯特分校的科学家发明了一种名为“空气发电机”的装置，可利用天然蛋白质从空气中的水分中全天候产生电能。日本研发出新型氟离子电池，实验证实了该电池具有更高能量密度，约为传统锂离子电池的7~8倍。俄罗斯增殖快堆技术取得新进展，闭式燃料循环运行后，放射性废物数量减少到“几乎为零”。芬兰国家技术研究中心启动区域供热SMR项目的研发工作，并围绕SMR技术在芬兰建立新的工业产业链。聚变能方面，国际热核聚变实验反应堆（ITER）重大工程安装于2020年7月在法国南部正式开始了为期5年的组装工作。英国兆安球形托卡马克升级版（MAST-U）首次成功进行等离子体放电，并拟探索将其作为聚变反应堆形态的可行性。

新材料领域不断探索。颠覆性新材料技术不断涌现，带来高技术产业新变革。瑞士洛桑联邦理工学院研制出一种由间距20nm的双金属片组成的高功率太赫兹器件，可产生高强度太赫兹电磁波，未来有望广泛应用于安防、医疗和通信等领域；瑞士洛桑联邦理工学院设计出的一种基于二维半导体材料的新型器件，可用于构建类似于大脑神经元的节能电子系统。俄罗斯开发出世界上最紧凑的绿光半导体激光器，对构造光芯片、微传感器和其他使用光作为信息传输和处理媒介的器件领域具有积极推动作用。美国海军研究实验室开发出应用于5G技术的新型氮化镓基谐振隧穿极管（RTD）；斯坦福大学利用二维材料制备出的超薄异质结构，表现出优异的隔热性能，有望用于电子器件超轻隔热罩。澳大利亚昆士兰大学开发出能量转换效率高达16.6%的新型量子点太阳能电池，打破世界纪录。韩国科学技术研究院开发出新型硅负极材料，可将电池容量提升4倍。土耳其毕尔肯大学与英国曼彻斯特大学合作设计出一种模块化超材料，可用于数据加密和可逆解密。

航空航天领域成果显著。2020年中国航空航天领域取得多项重大成就，成功发射“天问一号”火星探测器，第一次自主实现火星探测任务；“嫦娥五号”月球探测器首次实施无人月面取样返回任务，成为继美国、俄罗斯之后第三个取得月球样本的国家；成功发射北斗三号最后一颗全球组网卫星，全面完成北斗三号全球卫星导航系统星座部署。美国Space X公司利用七手火箭发射第16批60颗星链卫星；美国太空局正式启动下一代太空体系架构建设；研发出“小林丸”太空跟踪系统等。俄罗斯研制出“努多利河”机动式反卫星系统，并利用该系统发射直开式反卫星导弹，对其实战性能进行测试。英国和印度联合收购One Web公司，并于12月成功发射36颗组网卫星，使One Web星座在轨卫星总数达110颗。日本“火星卫星探测”任务进入全面研制阶段，首次尝试把“火卫一”样品送回地球；日本小行星探测器“集鸟2号”释放的返回舱携带“龙宫”小行星样本于12月成功返回地球。

海洋领域持续深化拓展。中国无人潜水器和载人潜水器均取得新突破，“海斗一号”全海深自主遥控潜水器在马里亚纳海沟实现近海底自主航行探测和坐底作业，填补了中国万米级作业型无人潜水器的空白；全海深载人潜水器“奋斗者”号在马里亚纳海沟成功下潜至10 909m，创造了中国载人深潜新纪录；中国海域天然气水合物第二轮试采成功，标志着中国成为全球首个采用水平井钻采技术试采海域天然气水合物的国家。俄罗斯“勇士”号潜航器首次潜入马里亚纳海沟，探潜深度达10 028m。在深海钻探方面，日本宣布将利用“地球”号深海探测船对南鸟岛周边的深海海底稀土进行开采实际验证。美国“霸主”无人水面舰艇完成长达8704km的航行。英国正研制一款可秘密潜入作战区域执行情报收集任务的超大型无人潜航器“魔鬼鱼”。以色列完成“海鸥”无人水面艇与“云雀-C”微型无人机的集成测试，进一步提升“海鸥”的情报搜集和态势感知能力。

第二节 甘肃省科技工作概述

一、2020年科技工作回顾

（一）抢抓发展机遇，争取国家政策支持

2019年8月，习近平总书记视察甘肃期间，高度重视甘肃科技领域发展，刘鹤副总理对甘肃省优化科技创新生态提出了要求，为此，甘肃省政府会同中国科学院请求国家对甘肃省科技创新予以倾斜支持。国家科技体制改革和创新体系建设领导小组对此进行了专题研究，提出具体支持的16项意见，目前，相关工作积极推进，部分事项已进入落实阶段。在科技部的大力支持下，平凉国家农业科技园区、兰州新区国家装备制造高新技术产业化基地、能源装备国家专业化众创空间等平台获批建设。为进一步争取国家倾斜支持，聚焦核产业发展、敦煌文物保护、黄河流域高质量发展，先行布局“预备队”，组建了甘肃省同位素实验室等三个面向国家战略需求的创新平台。

（二）加快改革步伐，优化科技创新生态

从科技政策供给入手，制定《甘肃省进一步激发创新活力 强化科技引领的意见》等三项政策措施，持续加大财政科技投入，加大对科技创新活动的激励力度。部门协同推进科技创新，甘

肃省科技厅与甘肃省交通运输厅、甘肃省政府国资委分别签署科技合作协议，联动配置科技资源。推进科研攻关组织模式创新，初步遴选出有一定带动性的“揭榜挂帅”项目，面向全社会进行招标。探索多元化科技成果转化模式，出台指导办法，认定兰州大学白银产业技术研究院等24家新型研发机构。推进省级科技计划管理改革，按照“不来即享”的思路，调整省级科技计划项目管理流程，建立了“常年受理、定期评审、科学论证、分批下达”的项目管理新模式，安排资金3.9亿元，组织实施科技重大专项等年度科技计划。改革省级科技奖励政策，增设特等奖。协调完成国家科技成果转化引导基金创业投资子基金——白银科键基金二期出资。首次开展“甘肃省科技工作先进集体”“甘肃省科技工作先进个人”评选，授予32家科技领域单位、87名科技工作者荣誉称号。

（三）强化引擎带动，提升区域创新能力

聚力推进“兰白两区”创新发展，组织开展“兰白两区”张江行活动，签订8项合作协议。会同上海张江在线举办首届“张江·兰白服务企业直通车暨兰白试验区、兰白自创区专场线上推介会”，线上参加近31万人（次）。举办第五届兰州科博会，签订科技成果转移转化与技术交易项目258项、金额19亿元，签订科技产业投资项目25个、金额46.7亿元。举办第九届中国创新创业大赛（甘肃），第五届中国创新挑战赛（兰州），签订产学研合作项目42项、金额3735万元。兰州、白银高新区申报的中央支持创新创业特色载体获得国家资金9700万元。兰州、白银高新区和庆阳农业科技园区参与“百城百园”行动，获得支持资金1200万元。督促甘肃省9家高新区提升产业品质、优化营商环境，推进建设6个省级创新型县（市、区）。

（四）实施纾困举措，汇聚科技战疫力量

新冠肺炎疫情发生后，打破常规科技项目组织方式，紧急启动应对新冠肺炎疫情科研攻关特别专项，安排1000万元科研经费，组织34个课题开展疫情应急防治技术攻关，在检测试剂盒研发、“甘肃方剂”研究、CT影像诊断技术标准、心理防护等方面取得积极成果，为打赢疫情防控阻击战贡献了甘肃科技力量。实施系列纾困举措，帮助科技型中小企业共克时艰。与财政、税务部门共同开展科技型中小企业研发成本补贴，积极帮助企业应对疫情冲击，对862家复工复产有显著带动作用的科技型中小企业，支持研发费用补助资金7740万元。优化管理方式，简化业务办理流程，推动20家创新创业孵化机构减免租金和孵化服务费554万元，加速入孵企业有序复工复产。组织申报科技部“科技助力经济2020”重点专项50项，获国家支持资金3000万元。

（五）集聚科技资源，加快脱贫攻坚进程

按照“一县一产业一项目”的模式，全覆盖支持58个集中连片特困县示范应用综合集成技术和先进实用技术成果，引进新品种70多个、推广示范先进实用技术170余项。设立东西部扶贫协作专

题，通过双方合力支持，加大东部新技术、新成果在甘肃省的承接和转移转化力度。在财政资金的杠杆撬动下，共吸引东部4市支持科技援甘项目44项、资金1.4亿元。协调抗疫物资，助力贫困地区打赢疫情防控阻击战。出台办法，遴选首批省级科技特派员359名。与东部省市联合认定东西部“双地”科技特派员254名，基层科技人才引进实现“不求所有，但求所用”。

（六）突出优势特色，重点布局科技资源

从编报指南入手，联合省外优势科研团队，积极争取国家重大科技项目布局，获得各类国家科技计划项目（课题）798项，争取科研资金6.4亿元。围绕十大生态产业发展、寒旱农业、生态屏障保护等重点方向，组织实施科技攻关，布局13项科技重大专项，以科技创新驱动引领产业发展和生态文明建设。突出改善科研基础条件、优化科技创新环境目标，组织中央引导地方科技发展专项资金项目28项。构建科技型企业梯次发展体系，对省级科技企业孵化器、众创空间开展绩效评估。入库科技型中小企业1194家，较上年增长76.1%，入库企业享受研发费用加计扣除5.3亿元。在特色优势领域布局15家省级临床医学研究中心。联合6部门出台意见，实施科技创新支撑平安甘肃建设。推动省级文化和科技融合示范基地建设，支持建设“甘肃省非物质文化遗产传承保护创新坊”。压茬跟进兰白自创区创建国家科技成果转移转化示范区，兰州、白银、金昌、张掖等省级示范区建设在路径选择和发展目标上形成示范。全年累计认定登记技术合同7403项，总成交金额233.16亿元，超额完成年度任务目标。

（七）强化基础研究，增强创新源头供给

加入国家区域创新发展联合基金，同位素国家重点实验室等创新基地创建工作取得积极进展。优化甘肃省基础研究学科布局，建设12家省重点实验室，7家省野外科学观测研究站，首次启动建设3家省科学数据中心，建设甘肃应用数学中心，成立甘肃省同位素实验室事业单位。成立领导小组，制定管理办法，协同保障第二次青藏高原综合科学考察研究在甘肃省行政区域内顺利实施。制定《甘肃省科技创新创业人才队伍建设规划（2021–2023年）》，6人入选国家创新领军人才计划，选聘生态产业特聘科技专家9名，遴选省拔尖领军人才20人。

（八）强化载体建设，助推国际科技合作

推进“一带一路”技术制高点建设，制定《甘肃省加强创新能力开放合作实施意见》，推进以科技创新为核心的开放合作。立足“一带一路”区位优势，线上线下开展中俄科技创新年活动，承担国家科技援助项目和政府间合作项目7项，实施国列高端外专项目18项。新认定省级国际科技合作基地和引才引智基地各10家，搭建了国家、省、市（州）三级引智示范基地框架。甘肃省科技创新及引才引智成果，荣获第18届中国国际人才交流大会最佳展示奖。优化外国人来华工作许可办理流程，扩大告知承诺制范围，采取不见面审批等方式，受理办结外国人来

华工作许可423件。

二、2021年科技创新重点工作任务

2021年，甘肃省科技工作以习近平新时代中国特色社会主义思想为指导，全面贯彻党的十九大和十九届二中、三中、四中、五中全会精神，按照省委十三届十三次全会暨省委经济工作会议、2021年全国科技工作会议、全省科技创新大会的安排部署，围绕落实《2021年甘肃省政府工作报告》的主要指标和重点任务，以重大科技项目为牵引，以重大创新平台为支撑，以重大机制创新为保障，提高创新供给质量，推动发展动能转换，为把甘肃建设成为西部地区创新驱动发展新高地开好局、起好步。

（一）推进科技管理流程再造，构建高效科技治理体系

按照优势突出领域“必保”、核心关键方向“必争”、高端前沿布局“必跟”的思路，推进科技资源配置方式改革，建立“发展目标牵引、重大任务带动、创新能力支撑”的科技创新体系。围绕重点工程，筛选、凝练科研项目，采取先期引导、中期跟投、后期奖补的方式，改革科技管理流程，提高科研经费使用效率，提升科研项目与市场的契合度。构建科技创新协同机制，建立厅际、厅市（州）科技工作会商制度，围绕打造产业链和提升区域创新能力，共同凝练科技问题和技术需求、共同设计研发任务、共同组织项目实施，有效整合创新要素，形成创新合力。省、市、县三级联动，建立高效、流畅、安全的科技行政工作流程，推进科技创新治理体系和治理能力现代化。对现有科技创新法规、政策、办法等进行全面梳理评估和立改废释，完善覆盖科技创新全流程的系统化科技政策体系。贯彻落实国家新一轮深化科技体制机制改革行动方案，系统化设计科技评价体系，构建科技“大监督”格局，完善科研项目和经费管理，进一步扩大科研自主权。修订甘肃省科学技术奖励办法，优化奖项形成机制。

（二）整合重构科技创新平台，培育创新驱动核心动能

切实发挥“兰白两区”对高质量发展的支撑引领和辐射带动作用，集中配置优势科技资源，积极培育国家战略科技力量。抢抓国家建设高水平实验室体系的有利契机，发挥中央在甘科研院所、科技型企业和兰州大学的创新优势，整合省属院校、科研机构资源，强化兰州综合性国家科学中心建设的基础条件和能力支撑，在核科学、同位素、熔盐储热储能、生态保护、干旱生境作物学以及敦煌学研究等优势特色领域，争取国家布局高层次创新平台。围绕产业基础高级化和产业链现代化，按照“上下衔接、差异布局、协同联动、体系发展”的思路，对省级科技创新基地进行优化整合和重新布局。遵循“少而精”的原则，突出对产业发展的支撑引领，协同科技资源，布局省级技术创新中心等平台。探索重大科技任务定向委托机制，引导资金、技术、人才等科技资源向创新平台聚集，支持创新平台承担重大科技项目，产出重大成果、重点团队和高端人才。积极推进

“甘肃省科学院高技术产业园”和“高端知识产权转化产业园”建设，支持特色突出的省级高新区“以升促建”。

（三）布局重大技术攻坚项目，培育形成一批标志性科技成果

切实发挥政府作为重大科技创新组织者的作用，聚焦千亿元产业集群培育和百亿级园区建设，按照“强龙头、补链条、聚集群”的思路，围绕强链、延链、补链布局重大科技创新项目。集聚“政产学研用”资源，梳理“卡脖子”技术清单，采取“企业出课题、院所搞攻关”“院所研发成果、企业承接转化”等模式，瞄准制约传统产业转型升级和战略性新兴产业培育的核心关键技术，组织实施一批重大科技攻关项目，突破产业转型升级的瓶颈难题，培育形成一批标志性科技成果。充分把握碳达峰、碳中和机遇，实施“风光核清洁能源技术攻坚行动”，加大光热发电、熔盐储热、智能电网等关键技术研发，助力打造国家现代能源综合生产基地、储备基地、输出基地和战略通道。引入高水平种子研发团队，实施种业自主创新行动，力争在国家“种业翻身仗”中做出甘肃贡献。提升科技创新支撑乡村振兴能力，巩固脱贫攻坚成果。

（四）组建创新联合体，构筑以企业为主体的技术创新体系

依托要素资源，整合创新能力强的大型企业组建创新联合体，集聚行业上下游中小企业创新要素和高校、科研院所科研力量，形成融通创新格局，推动产业链、供应链、创新链升级。建立科技型企业梯次培育发展体系，推进科技型中小企业评价入库，建立高新技术企业培育库，扶持壮大一批科技“小巨人”企业，加速形成企业创新群体优势。强化企业技术创新主体地位，加大对企业研发首台（套）装备、建设公共技术服务平台等创新活动的支持力度，落实好研发费用加计扣除、高新技术企业税收优惠等政策，激励引导企业成为技术创新、研发投入、成果转化、人才引育的主体。

（五）完善科技服务机制，提升科技成果转化效能

发挥丝绸之路知识产权港和兰州科技大市场等科技服务平台的作用，加快推动科技成果工程化、产业化、效益化。在兰州重离子治癌装置研发取得重大突破的基础上，加快推进兰州新区大型碳离子医疗装置研发中心、检验检测中心以及加工制造基地建设。探索全链条、集成式、系统化推进科技成果转移转化的路径，为科技成果转化提供一站式、精准化、零距离服务。建立科技成果常态化路演推介机制，办好兰州科博会等重大科技活动，举办中科院、张江科研成果走进“兰白两区”系列活动。搭建若干特色鲜明的学术交流新平台，以承办高层次学术交流会议为载体，促进科技成果对接和转化。

（六）构建开放包容的引才育才体系，聚天下英才助力甘肃创新

重点围绕生态保护与修复、生物医药、文物保护等领域，实施国家区域创新发展联合基金，吸引省内外优秀人才团队协同解决“甘肃科技难题”。深化与科技资源集中地区的科技合作，以联合实施项目、共建创新平台等方式，加大对亟需紧缺高端科技人才的柔性引进力度，“借脑”解决甘肃省产业发展关键技术问题。积极争取国家层面设立“西部科技人才专项”，在甘肃省先行试点改善科技人才薪酬等优惠政策。推进项目、基地、人才统筹布局，把人才培育作为科技计划和重大创新平台建设的重要内容。落实科技部科技人员服务企业专项行动方案，激励人才服务企业创新。深入实施科技特派员制度，为乡村振兴提供人才支撑。用好用足“陇原人才服务卡”相关优惠措施，营造良好的人才发展环境。拓展国际科技合作新模式，探索形成引才引智工作新机制，优化外国人来华工作许可，加强引智平台建设，构筑全方位、多渠道、宽领域的国际科技合作和引进国外智力新格局。

第三节　甘肃省科技创新水平

《中国区域科技创新评价报告》从科技创新环境、科技活动投入、科技活动产出、高新技术产业化、科技促进经济社会发展等五个方面，对全国各区域科技创新水平进行综合评价。甘肃省科技创新水平评价的有关数据根据《中国区域科技创新评价报告2021》整理，其中报告标题中的“2021”指的是报告发布年份，所用数据标注为“当年”的均为2019年数据；标注为“上年”的均为2018年数据。为了在评价中尽可能避免一般年份人口抽样调查误差的影响，采用了统计指数的“同度量”技术。其中“万人”使用的是2010年（人口普查年份）的常住人口数。

一、甘肃省综合科技创新水平

（一）甘肃科技创新水平与全国的比较

1.综合科技创新水平的比较

《中国区域科技创新评价报告2021》显示，甘肃省综合科技创新水平指数为53.71%，居全国第23位，位次与上年相同，指数值上升了2.08个百分点，在全国综合科技创新水平区域分类中位居第二类。第二类是指综合科技创新水平指数值低于全国平均水平（72.44%），但指数值高于50%的地区包括重庆、湖北、陕西、山东、安徽、四川、福建、辽宁、湖南、江西、吉林、河北、河南、宁夏、黑龙江、山西、甘肃和广西。见图1–3–1~2。

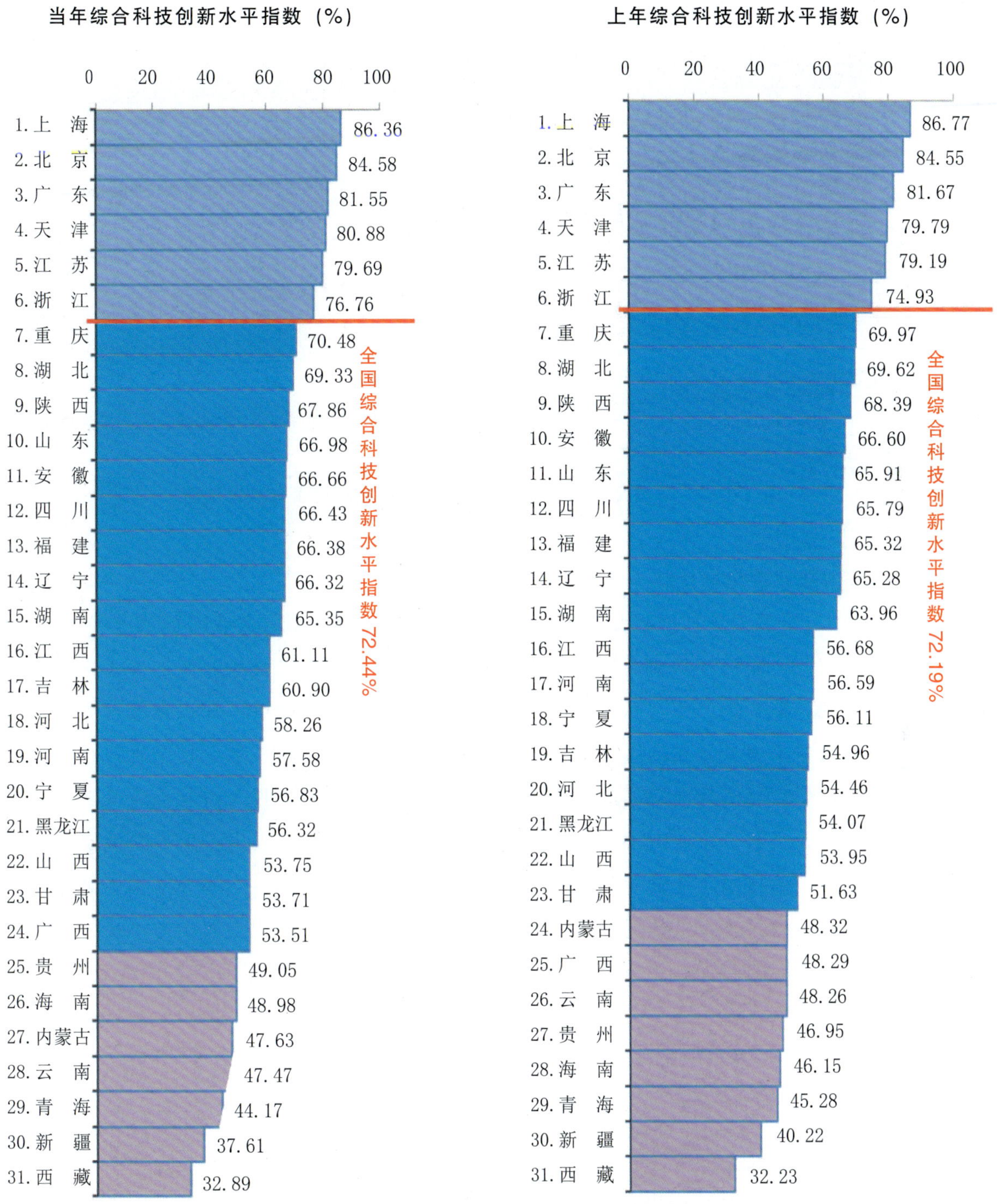

图1-3-1　甘肃及全国省（市、区）综合科技创新水平指数

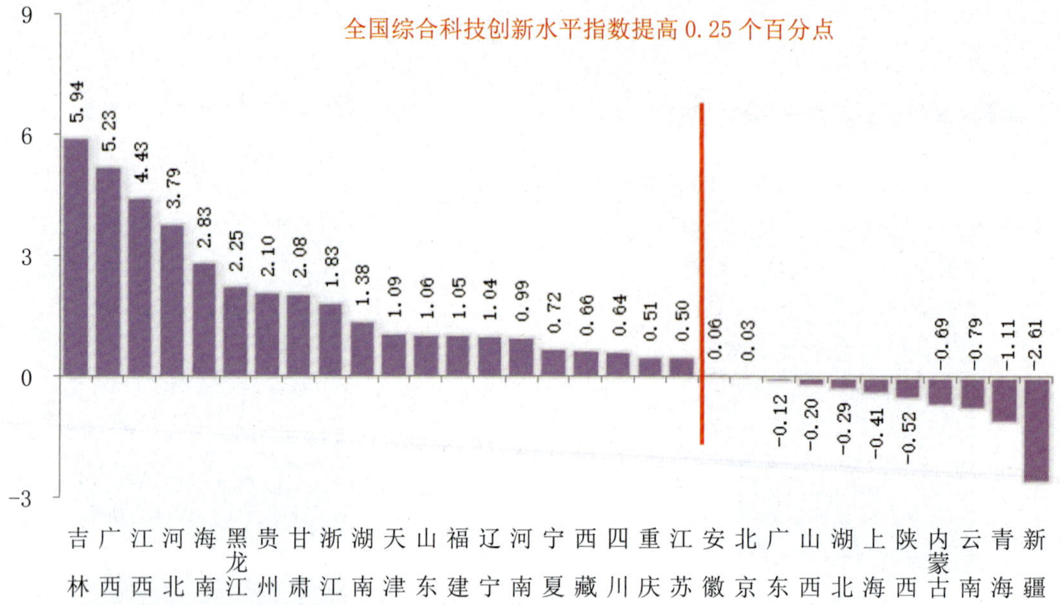

图 1-3-2 甘肃及全国综合科技创新水平指数提高百分点排序图

2.主要科技创新评价指标比较

从表1-3-1中可以看出，甘肃省高技术产业利润率、知识密集型服务业增加值占生产总值比重、万人科技论文数、万人输出技术成交额、信息传输、软件和信息技术服务业增加值占生产总值比重等指标居全国前列。资本生产率、高技术产品出口额占商品出口额比重、知识密集型服务业劳动生产率、科学研究和技术服务业新增固定资产占比重等指标居全国中游水平。甘肃省科技创新水平不断提升，科技支撑引领经济社会发展的能力不断夯实，但新产品销售收入占营业收入比重、万人研究与发展（R&D）人员数、企业R&D研究人员占比重、地方财政科技支出占地方财政支出比重、万人发明专利拥有量、高技术产业营业收入占工业营业收入比重、劳动生产率等指标仍然在全国排位靠后，反映出地方财政科技投入强度不够，单位劳动生产率偏低，创新创业动力不足，与其他省市差距较大。

表1-3-1 甘肃省科技创新评价主要指标及与全国的比较

指标	全国	甘肃	
		指标	位次
万人研究与发展（R&D）人员数（人年）	35.80	10.14	27
万人大专以上学历人数（人）	1457.77	1192.77	24
万人R&D研究人员数（人年）	15.73	6.87	22
企业R&D研究人员占比重（%）	46.04	20.86	27

续表1-3-1

指标	全国	甘肃	
		指标	位次
R&D经费支出与GDP比值(%)	2.24	1.26	21
地方财政科技支出占地方财政支出比重(%)	2.92	0.74	28
企业R&D经费支出占营业收入比重(%)	1.31	0.67	24
科学研究和技术服务业新增固定资产占比重(%)	1.21	0.75	21
万人科技论文数(篇)	3.59	2.88	14
万名就业人员专利申请数(件)	54.83	19.30	23
万人发明专利拥有量(件)	13.89	2.90	28
万人输出技术成交额(万元)	1268.69	753.37	14
高技术产业营业收入占工业营业收入比重(%)	14.88	3.66	29
知识密集型服务业增加值占生产总值比重(%)	16.39	15.48	8
高技术产品出口额占商品出口额比重(%)	29.23	15.84	18
新产品销售收入占营业收入比重(%)	19.87	7.28	26
高技术产业利润率(%)	6.61	18.03	2
知识密集型服务业劳动生产率(万元/人)	51.93	55.82	19
劳动生产率(万元/人)	9.89	5.98	30
资本生产率(万元/万元)	0.30	0.26	16
综合能耗产出率(元/千克标准煤)	17.45	10.59	24
万人移动互联网用户数(户)	9833.07	9074.52	20
信息传输、软件和信息技术服务业增加值占生产总值比重(%)	3.30	2.78	15

数据来源：《中国区域科技创新评价报告2021》。

（二）甘肃科技创新水平与西部省区比较

《中国区域科技创新评价报告2021》显示，甘肃综合科技创新水平在西部12个省（市、区）中位于第5位。科技活动产出、科技创新环境2项指标具有相对优势，高新技术产业化、科技活动投入、科技促进经济社会发展3项指标处于全国中下游水平。见表1-3-2。

表 1-3-2　甘肃及西部省区综合科技创新水平及5个一级指标比较

指标 \ 省(市、区) 全国位次	重庆	陕西	四川	宁夏	甘肃	广西	贵州	内蒙古	云南	青海	新疆	西藏
科技创新环境	13	8	19	21	20	27	29	23	28	26	30	31
科技活动投入	11	16	18	17	22	26	23	27	25	29	30	31
科技活动产出	11	4	8	21	20	19	22	28	27	29	30	31
高新技术产业化	3	11	7	25	21	8	27	26	19	28	31	30
科技促进经济社会发展	5	12	8	18	26	23	28	24	30	27	29	31
在全国的总排位	7	9	12	20	23	24	25	27	28	29	30	31
在西部的总排位	1	2	3	4	5	6	7	8	9	10	11	12

1.科技创新环境

一级指标“科技创新环境”排序中，甘肃省位于全国第20位，与上年一致，位于西部省区第4位。二级指标“科技人力资源”在全国排名第23位，比上年上升1位；“科研物质条件”在全国排名第11位，比上年下降1位；“科技意识”在全国排名第19位，与上年一致。见图1-3-3、表1-3-3。

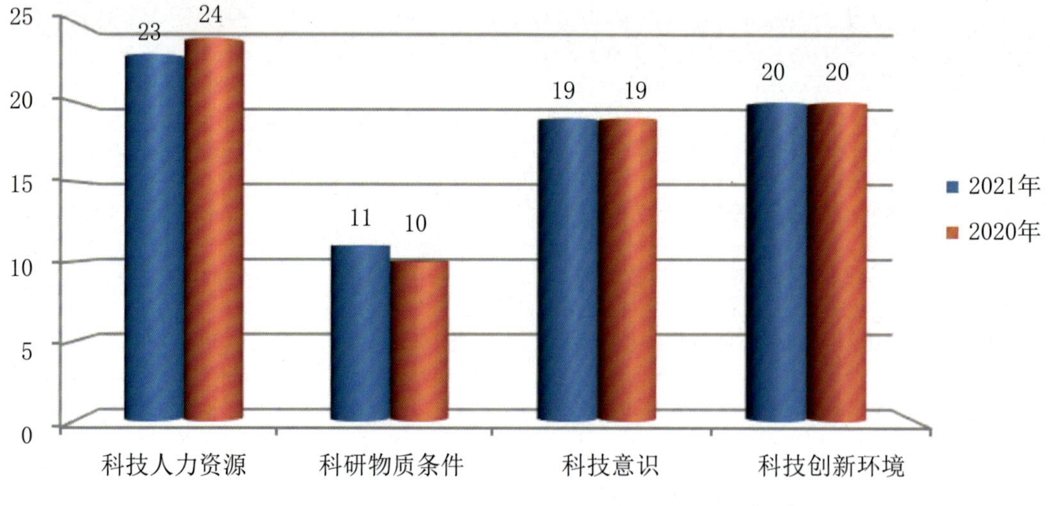

图1-3-3　甘肃“科技创新环境”指标在全国的排序

表1-3-3 “科技创新环境”中的二级指标部分省区比较

省（区）	科技人力资源		科研物质条件		科技意识	
	数值(%)	全国排名(位)	数值(%)	全国排名(位)	数值(%)	全国排名(位)
甘 肃	61.88	23	60.64	11	42.26	19
陕 西	90.87	8	62.97	10	48.25	15
新 疆	55.06	29	27.52	30	34.89	31
青 海	57.37	26	36.25	27	38.34	25
宁 夏	68.73	19	43.23	20	44.95	17

2.科技活动投入

一级指标“科技活动投入”排序中，甘肃省位于全国第22位，比上年上升2位，位于西部省区第5位。二级指标“科技活动人力投入”在全国排名第22位，比上年上升3位；“科技活动财力投入”在全国排名第22位，比上年上升1位。见图1-3-4、表1-3-4。

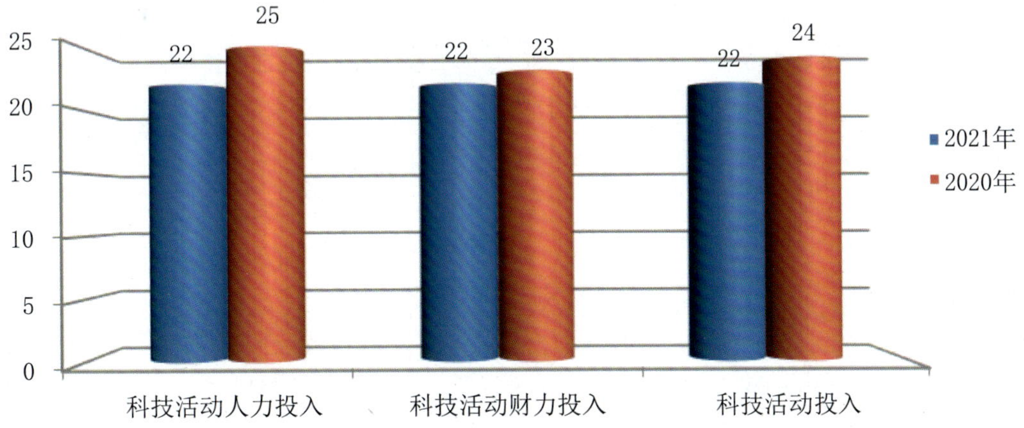

图1-3-4 甘肃“科技活动投入”指标在全国排序

表1-3-4 “科技活动投入”中的二级指标部分省区比较

省（区）	科技活动人力投入		科技活动财力投入	
	数值(%)	全国排名(位)	数值(%)	全国排名(位)
甘 肃	70.80	22	33.78	22
陕 西	74.86	19	52.59	13
新 疆	47.51	30	16.01	30
青 海	62.45	28	18.99	29
宁 夏	85.05	13	45.94	18

3.科技活动产出

一级指标“科技活动产出”排序中，甘肃省位于全国第20位，比上年下降2位，位于西部省区第5位。二级指标“科技活动产出水平”在全国排名第20位，比上年下降2位；“技术成果市场化”在全国排名第17位，比上年上升4位。见图1-3-5、表1-3-5。

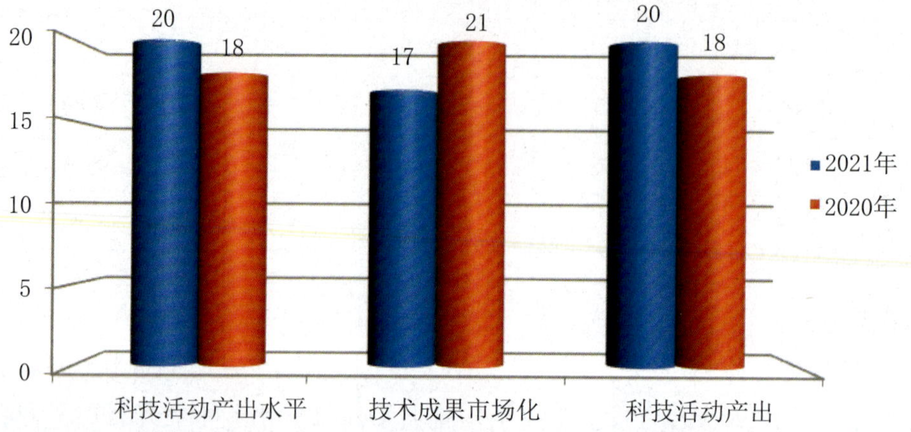

图1-3-5　甘肃“科技活动产出”指标在全国排序

表1-3-5　“科技活动产出”中的二级指标部分省区比较

省（区）	科技活动产出水平		技术成果市场化	
	数值（%）	全国排名（位）	数值（%）	全国排名（位）
甘　肃	52.64	20	51.34	17
陕　西	88.89	4	60.13	9
新　疆	34.06	29	21.41	30
青　海	31.94	30	40.86	25
宁　夏	46.13	22	50.64	23

4.高新技术产业化

一级指标“高新技术产业化”排序中，甘肃省位于全国第21位，比上年上升1位，位于西部省区第6位。二级指标“高新技术产业化水平”在全国排名第23位，比上年下降1位；“高新技术产业化效益”在全国排名第6位，比上年上升5位。见图1-3-6、表1-3-6。

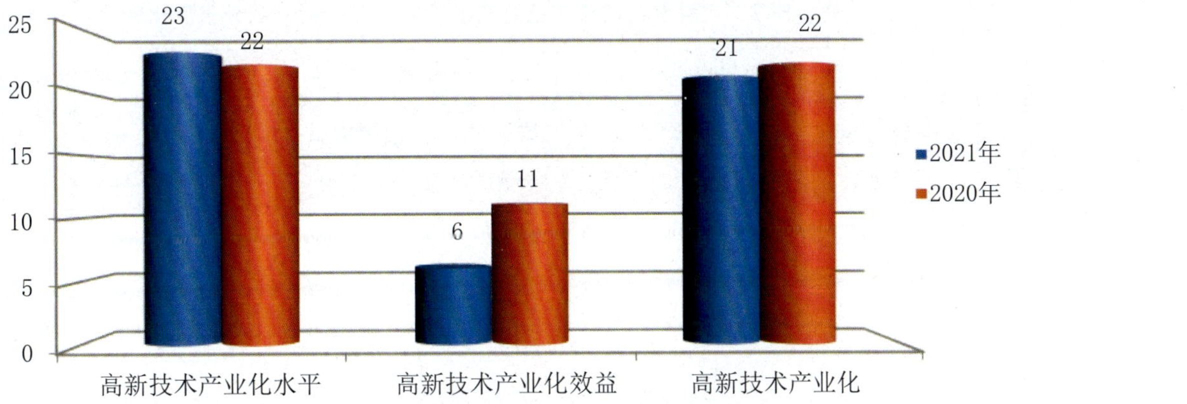

图1-3-6 甘肃“高新技术产业化”在全国的排序

表1-3-6 “高新技术产业化”中的二级指标部分省区比较

省（区）	高新技术产业化水平		高新技术产业化效益	
	数值（%）	全国排名（位）	数值（%）	全国排名（位）
甘 肃	29.50	23	88.42	6
陕 西	56.07	10	76.64	26
新 疆	12.79	31	58.93	31
青 海	19.93	29	80.29	21
宁 夏	22.29	26	88.96	5

5.科技促进经济社会发展

一级指标“科技促进经济社会发展”排序中，甘肃省位于全国第26位，比上年上升1位，位于西部省区第7位。二级指标“经济发展方式转变”指标在全国排名第28位，与上年一致；“环境改善”指标在全国排名第20位，比上年上升4位；“社会生活信息化”指标在全国排名第18位，比上年下降6位。见图1-3-7、表1-3-7。

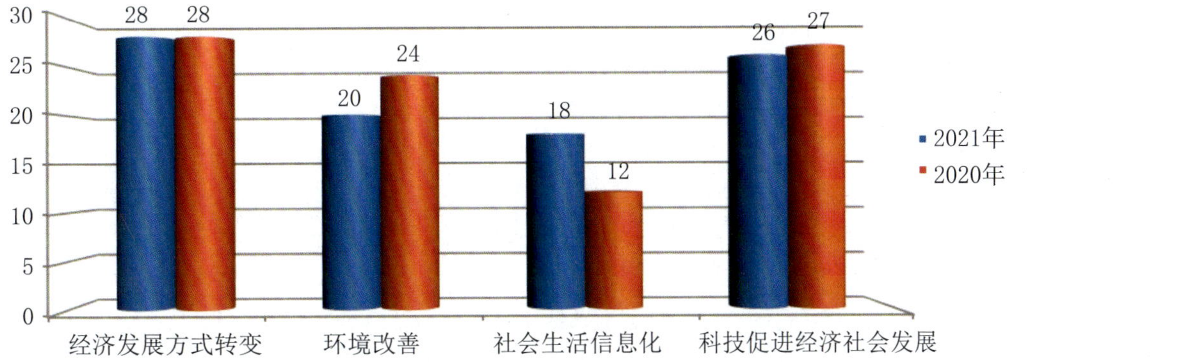

图1-3-7 甘肃“科技促进经济社会发展”在全国的排序

表1-3-7 “科技促进经济社会发展”中的二级指标部分省区比较

省（区）	经济发展方式转变		环境改善		社会生活信息化	
	数值（%）	全国排名（位）	数值（%）	全国排名（位）	数值（%）	全国排名（位）
甘肃	43.83	28	82.01	20	72.28	18
陕西	56.11	18	88.66	6	77.93	12
新疆	48.98	25	80.64	23	54.96	31
青海	47.36	26	79.86	24	66.61	25
宁夏	46.94	27	88.57	7	82.27	9

二、市州综合科技进步水平评价

根据综合科技进步水平指数显示，甘肃省市州综合科技创新水平有升有降。与上年比较，甘肃省综合科技进步水平指数提高了4个百分点，达到了62.56%。从科技进步水平看，可将甘肃省14个市州划分为以下五类。见图1-3-8~9。

第一类：综合科技进步水平指数高于甘肃省平均水平（62.56%）的地区，包括兰州。

第二类：综合科技进步水平指数低于甘肃省平均水平（62.56%），但高于50%的地区，包括金昌、张掖、天水和嘉峪关。

第三类：综合科技进步水平指数在50%以下，但高于40%的地区，包括酒泉、白银和武威。

第四类：综合科技进步水平指数在40%以下，但高于30%的地区，包括定西、庆阳和临夏。

第五类：综合科技进步水平指数在30%以下的地区，包括陇南、平凉和甘南。

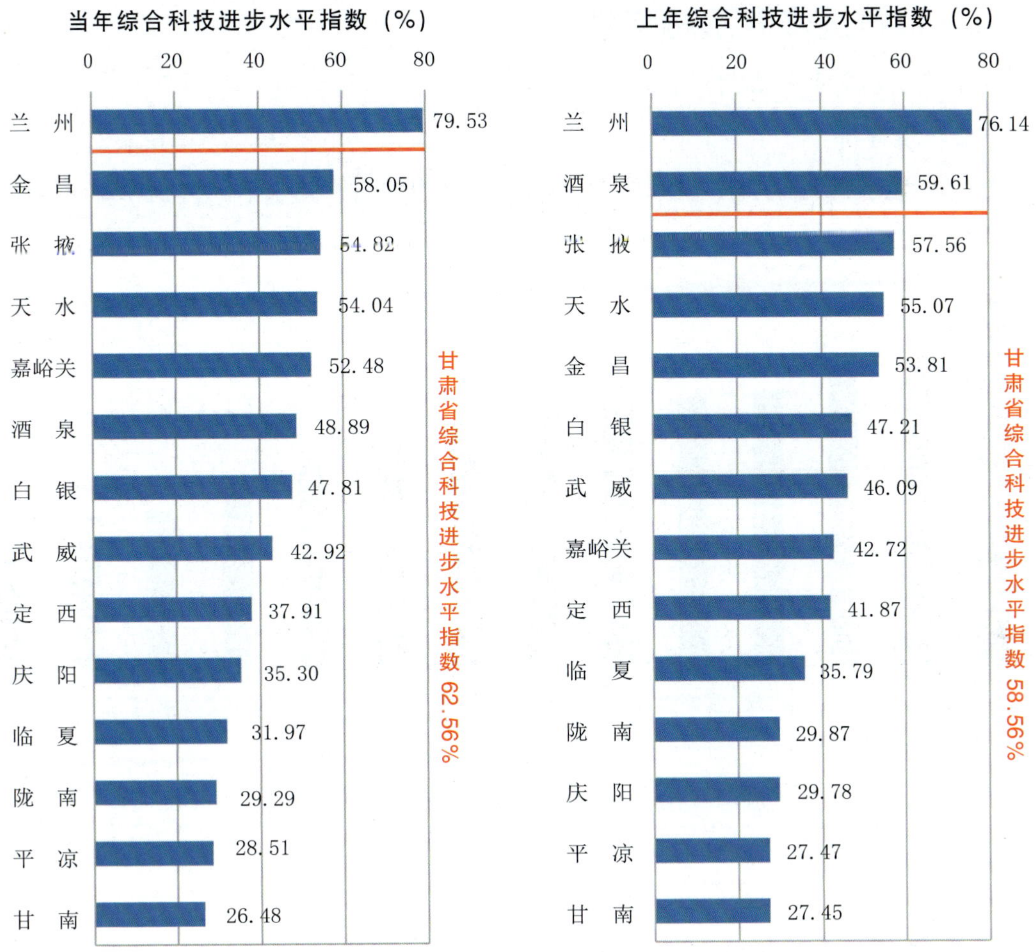

图1-3-8 各市州综合科技进步水平指数排序图

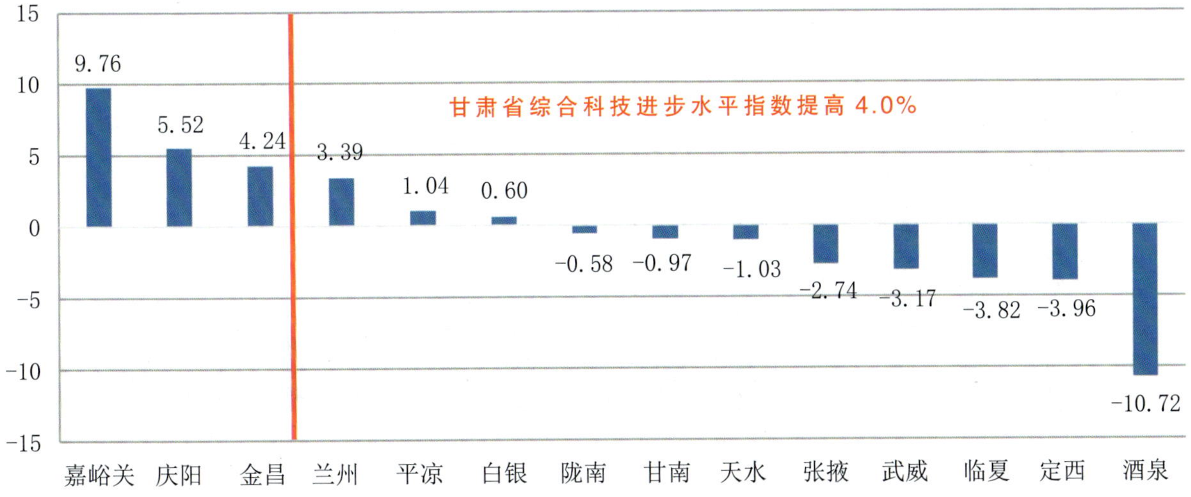

图1-3-9 各市州综合科技进步水平指数提高百分点排序图

三、市州科技进步各级指标评价

（一）市州科技进步一级指标评价

1.科技进步环境评价

在科技进步环境指标的排序中，兰州排在第1位，高于甘肃省平均水平（74.21%）。见图1-3-10。

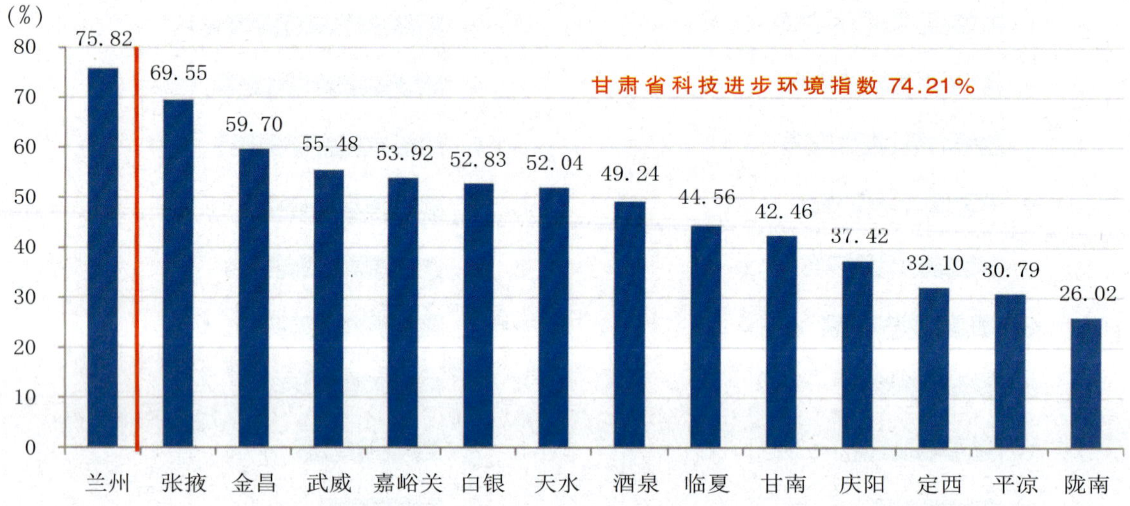

图1-3-10　各市州科技进步环境指数排序图

2.科技活动投入评价

在科技活动投入指标的排序中，嘉峪关、兰州、张掖、白银、金昌和天水排在前6位，高于甘肃省平均水平（44.43%）。见图1-3-11。

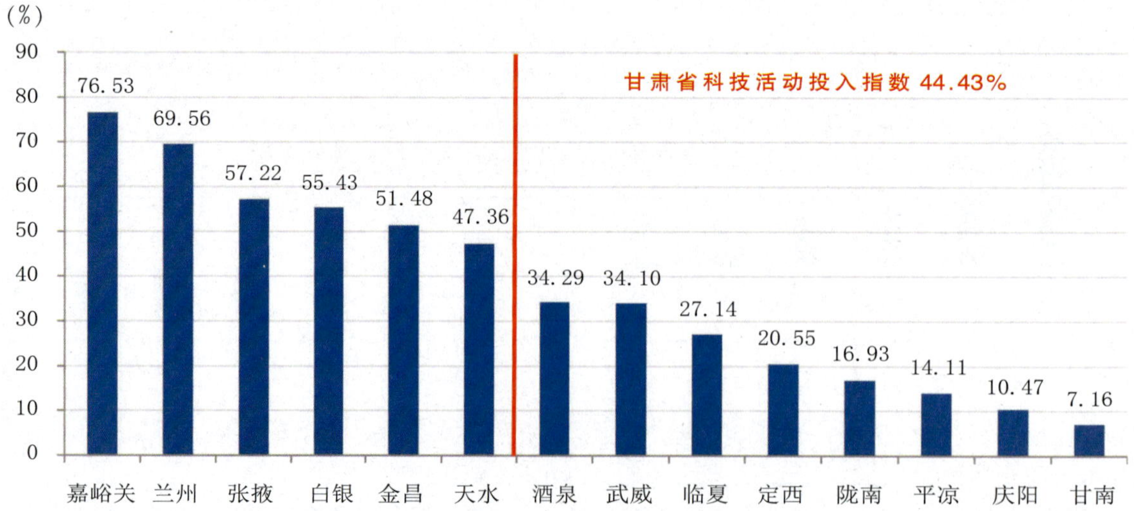

图1-3-11　各市州科技活动投入指数排序图

3.科技活动产出评价

在科技活动产出指标的排序中，兰州、酒泉、张掖、金昌排在前4位，高于甘肃省平均水平（53.19%）。见图1-3-12。

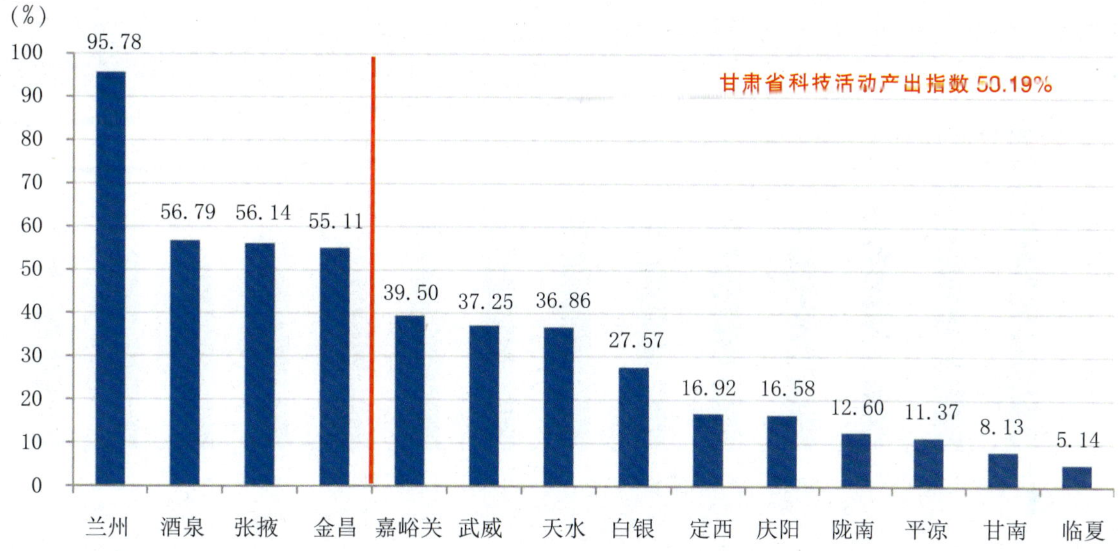

图1-3-12　各市州科技活动产出指数排序图

4.高新技术产业化评价

在高新技术产业化指标的排序中，天水、兰州排在前2位，高于甘肃省平均水平（67.04%）。见图1-3-13。

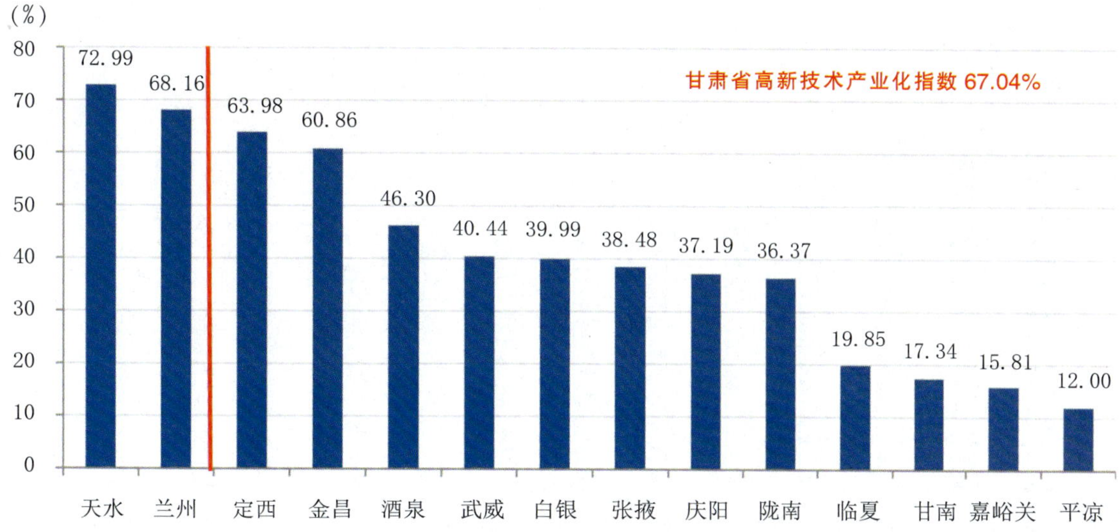

图1-3-13　各市州高新技术产业化指数排序图

5.科技促进经济社会发展评价

在科技促进经济社会发展指标的排序中，兰州排在第1位，高于甘肃省平均水平（78.51%）。见图1-3-14。

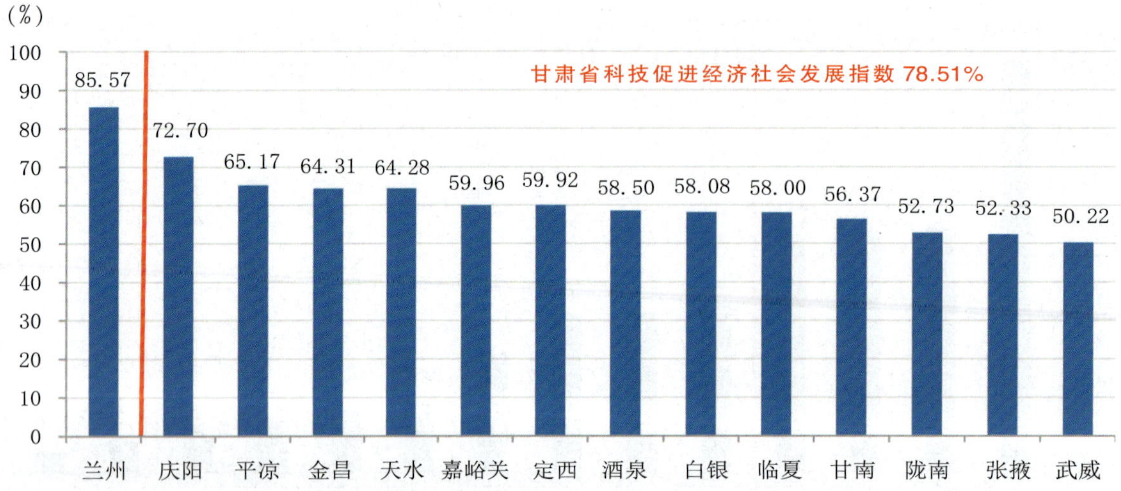

图1-3-14 各市州科技促进经济社会发展指数排序图

（二）市州科技进步二级指标评价

1.科技人力资源评价

从科技人力资源指数看，各地区均未超过甘肃省平均水平（79.02%）。见图1-3-15。

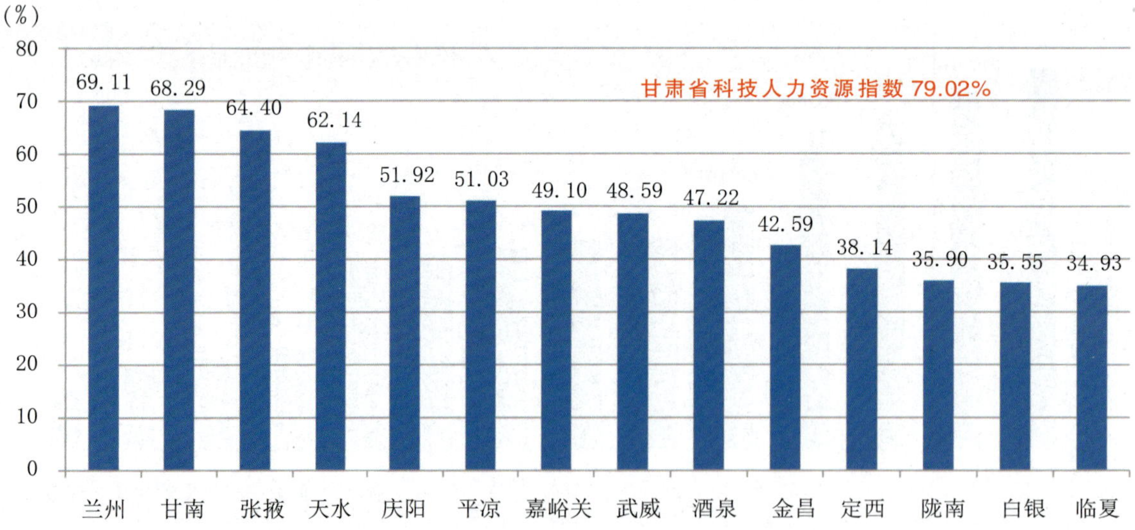

图1-3-15 各市州科技人力资源指数排序图

2.科研物质条件评价

从科研物质条件指数看，白银、兰州、金昌3市高于甘肃省平均水平（69.29%）。见图1-3-16。

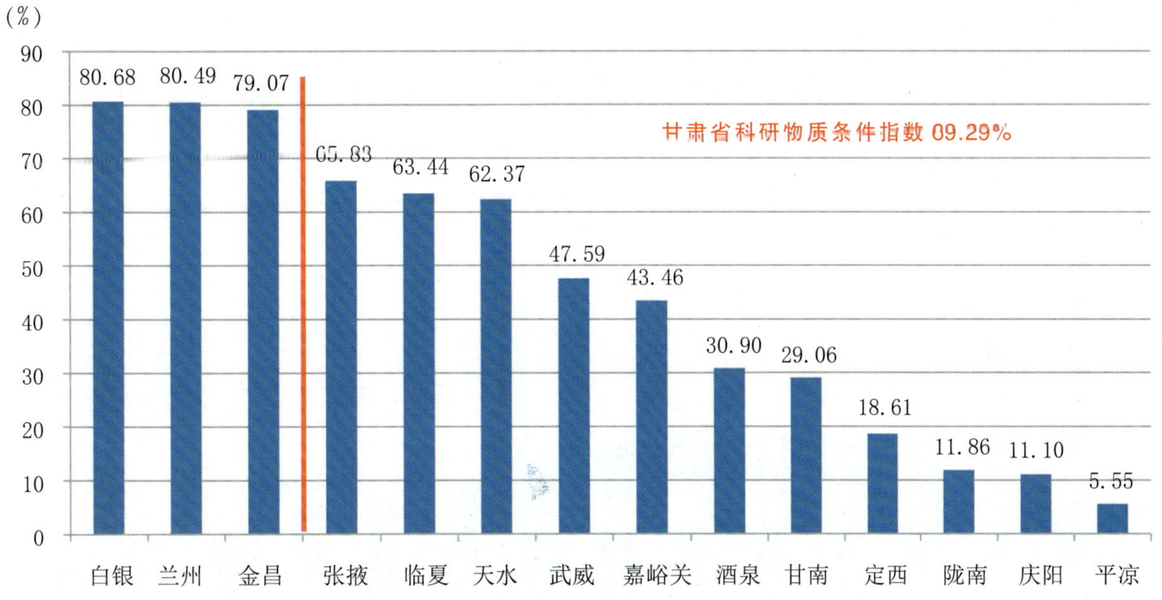

图1-3-16　各市州科研物质条件指数排序图

3.科技意识评价

从科技意识指数看，张掖、兰州2市高于甘肃省平均水平（72.73%）。见图1-3-17。

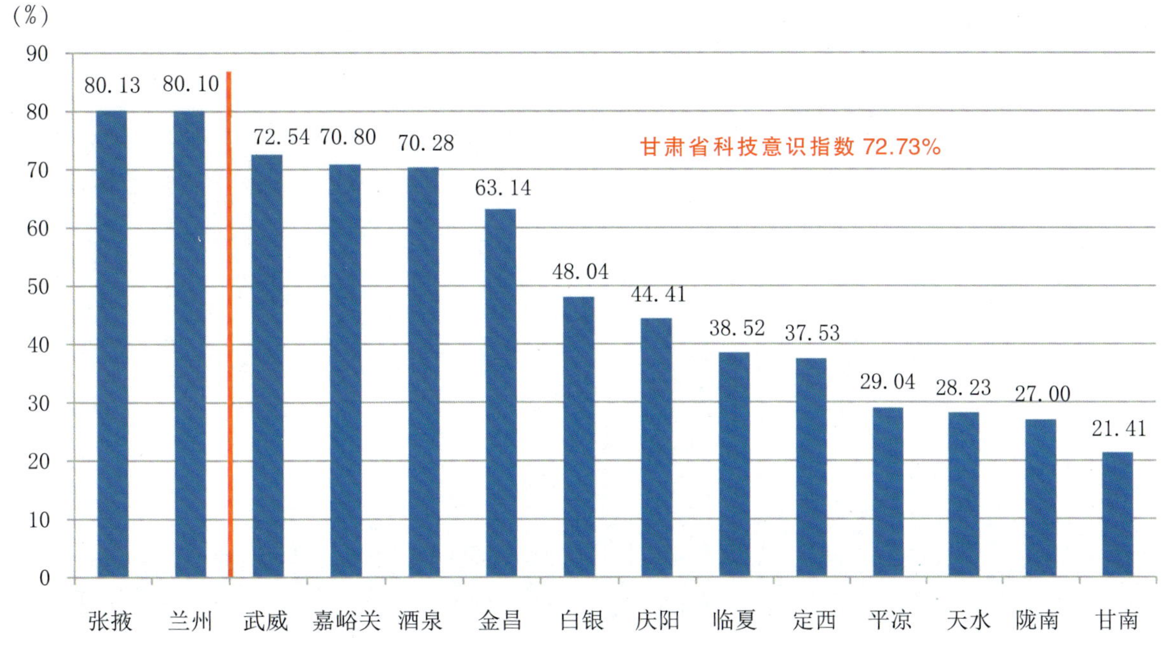

图1-3-17　各市州科技意识指数排序图

4.科技活动人力投入评价

从科技活动人力投入指数看，嘉峪关、兰州、金昌、酒泉、白银、张掖、临夏、武威8市州高于甘肃省平均水平（32.24%）。见图1-3-18。

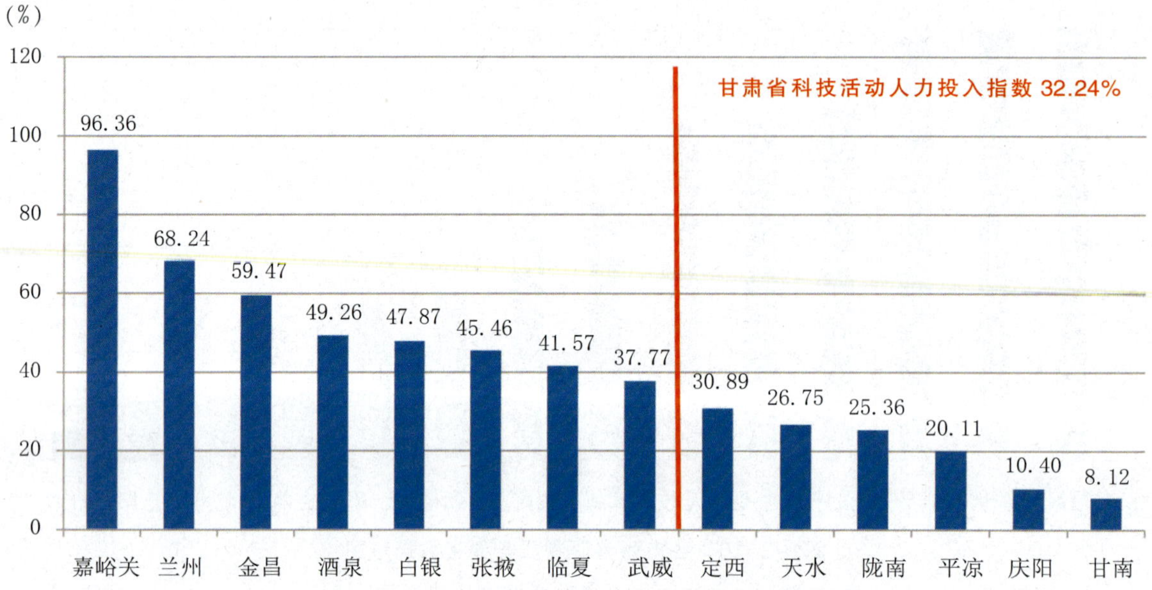

图1-3-18 各市州科技活动人力投入指数排序图

5.科技活动财力投入评价

从科技活动财力投入指数看，兰州、嘉峪关、张掖、白银、天水5市高于甘肃省平均水平（49.65%）。见图1-3-19。

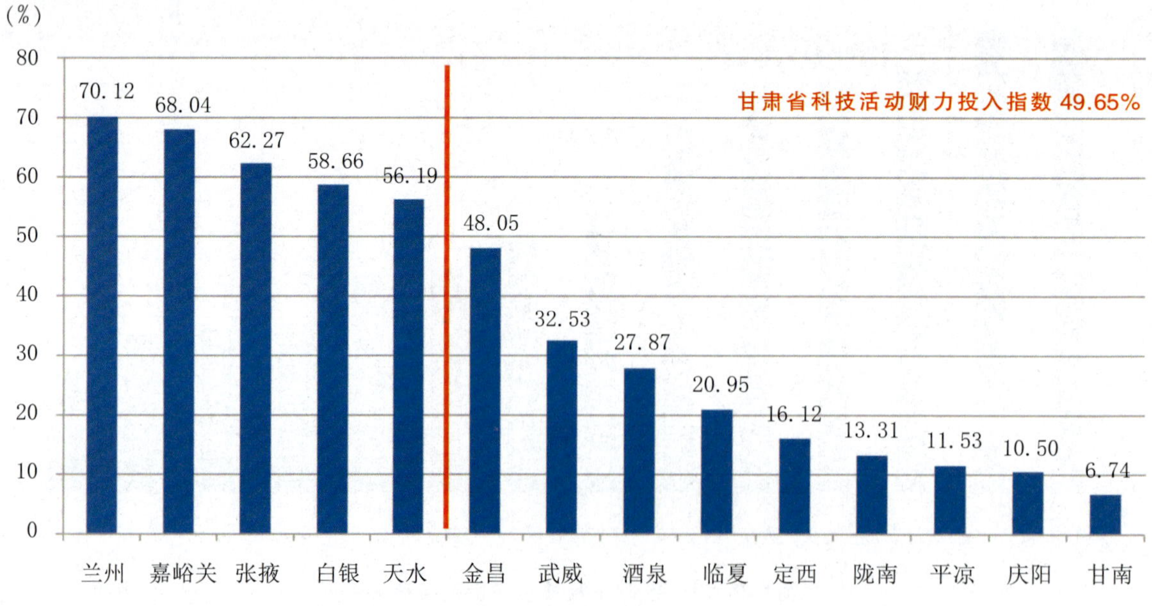

图1-3-19 各市州科技活动财力投入指数排序图

6.科技活动产出水平评价

从科技活动产出水平指数看，兰州、嘉峪关、金昌3市高于甘肃省平均水平（46.87%）。见图1-3-20。

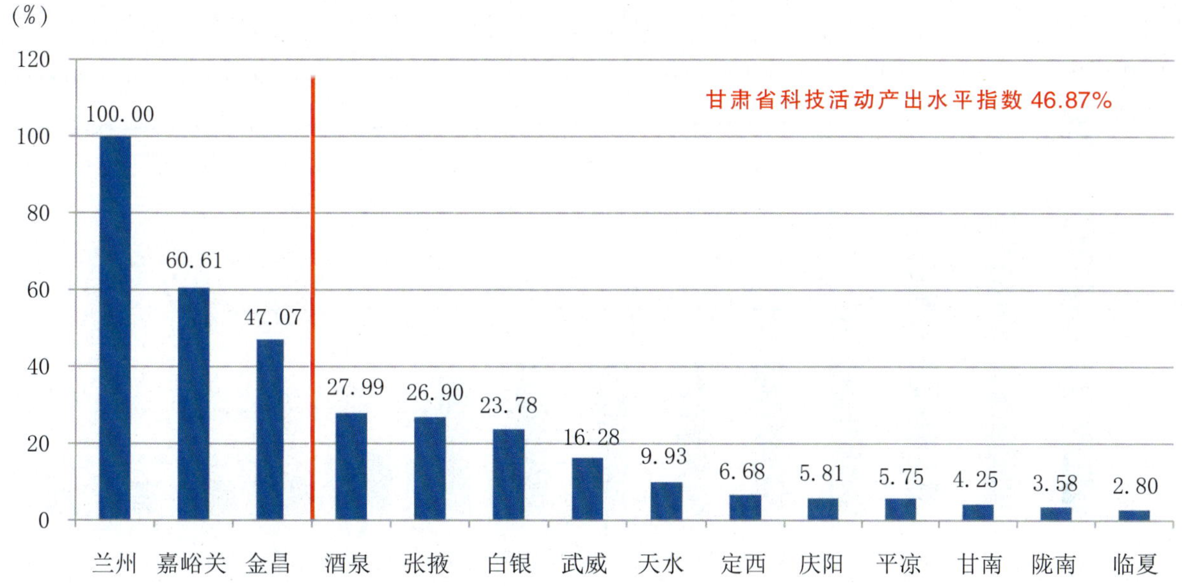

图1-3-20　各市州科技活动产出水平指数排序图

7.技术成果市场化评价

从技术成果市场化指数看，张掖、酒泉、兰州、天水、武威、金昌6市高于甘肃省平均水平（62.66%）。见图1-3-21。

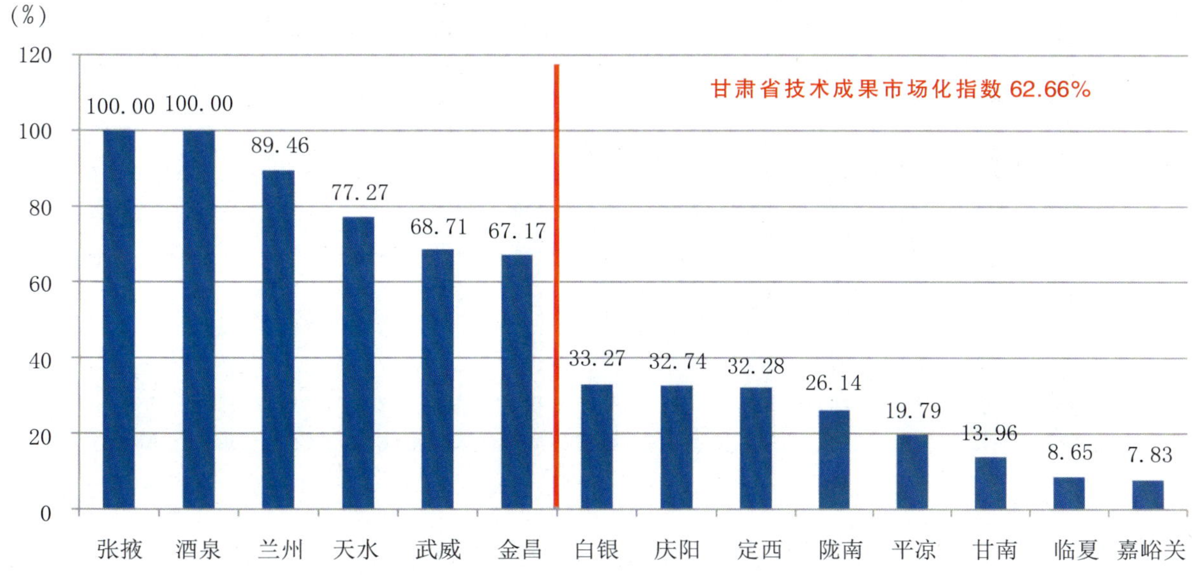

图1-3-21　各市州技术成果市场化指数排序图

8.高新技术产业化水平评价

从高新技术产业化水平指数看，天水、金昌、定西、兰州、张掖5市高于甘肃省平均水平(38.12%)。见图1-3-22。

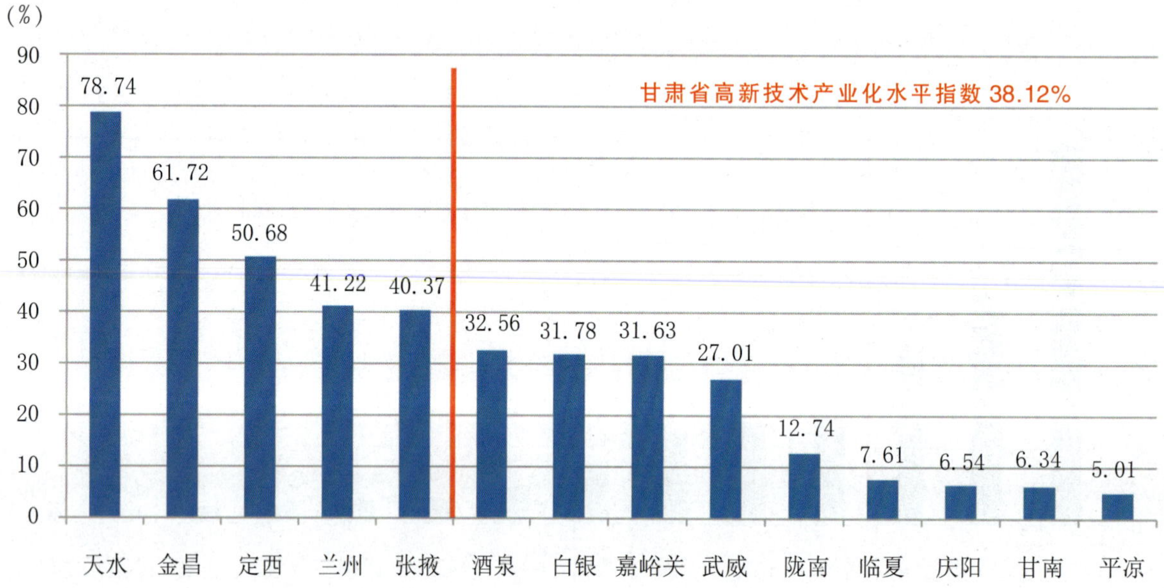

图1-3-22　各市州高新技术产业化水平指数排序图

9.高新技术产业化效益评价

从高新技术产业化效益指数看，各地区均未超过甘肃省平均水平（95.96 %）。见图1-3-23。

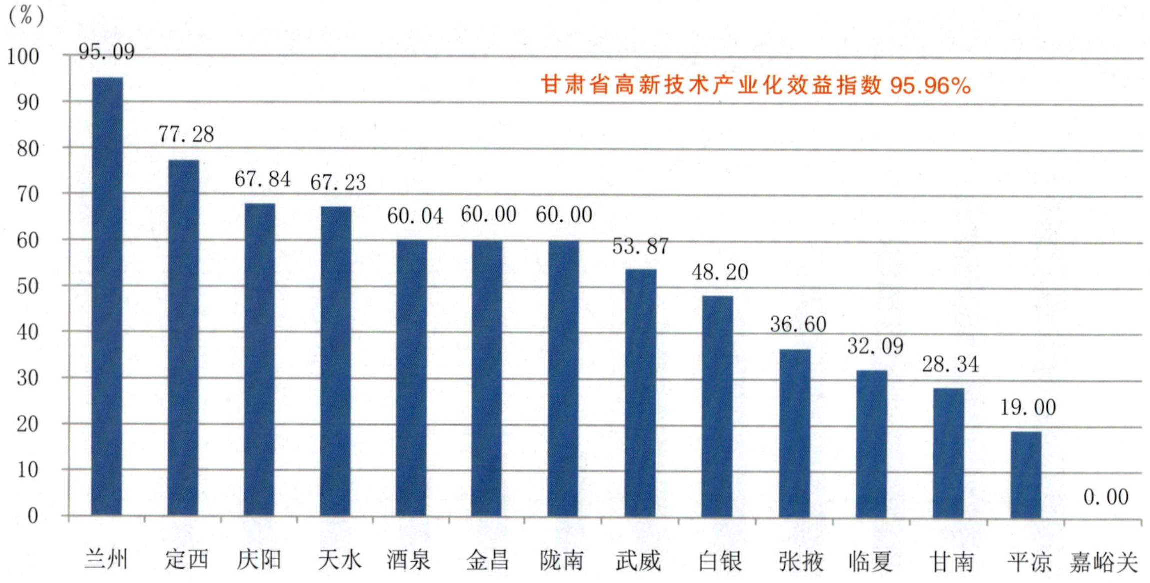

图1-3-23　各市州高新技术产业化效益指数排序图

10.经济发展方式转变

从经济发展方式转变指数看，兰州和庆阳2市高于甘肃省平均水平（77.92 %）。见图1-3-24。

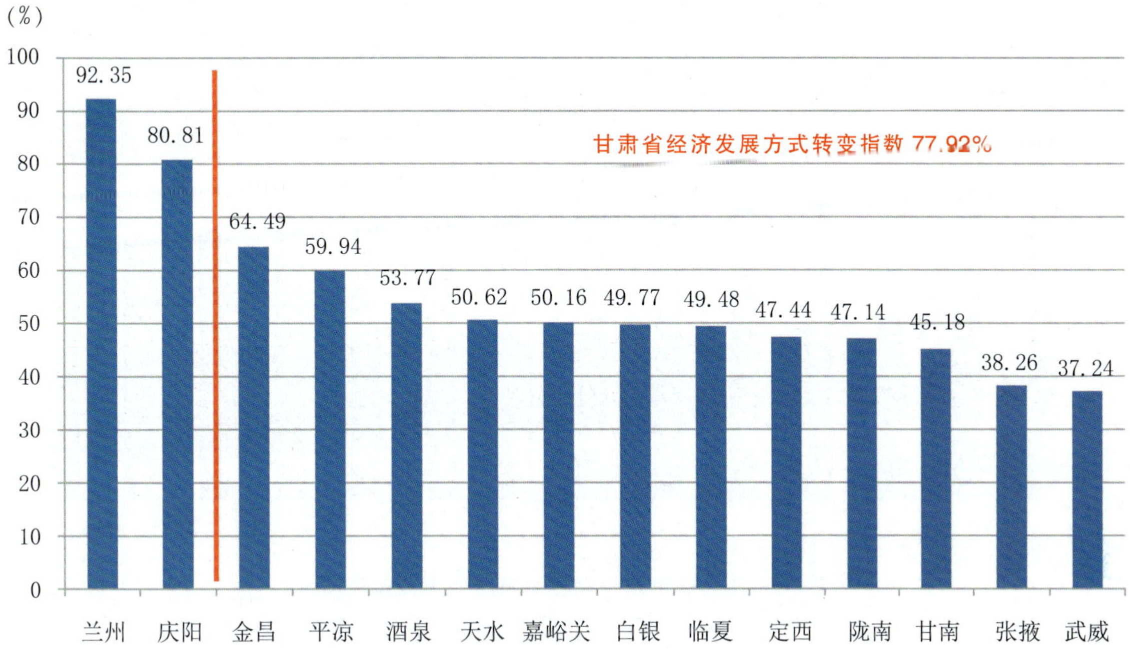

图1-3-24　各市州经济发展方式转变指数排序图

11.环境改善评价

从环境改善指数看，定西、临夏、平凉、兰州、嘉峪关、武威、白银、庆阳8市州高于甘肃省平均水平（82.01%）。见图1-3-25。

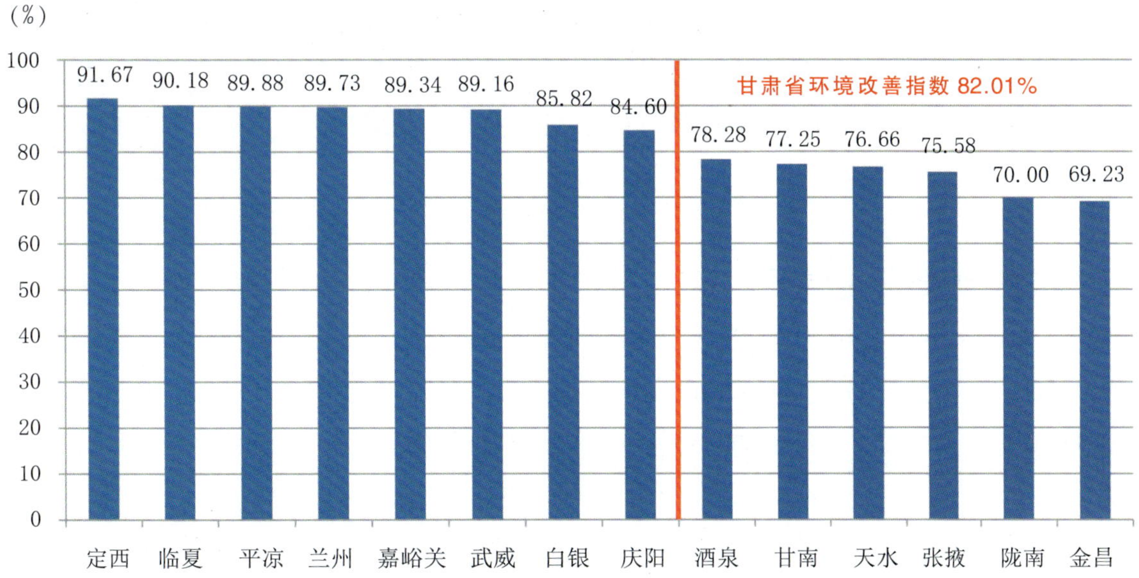

图1-3-25　各市州环境改善指数排序图

12.社会生活信息化评价

从社会生活信息化指数看，天水市高于甘肃省平均水平（77.87%）。见图1-3-26。

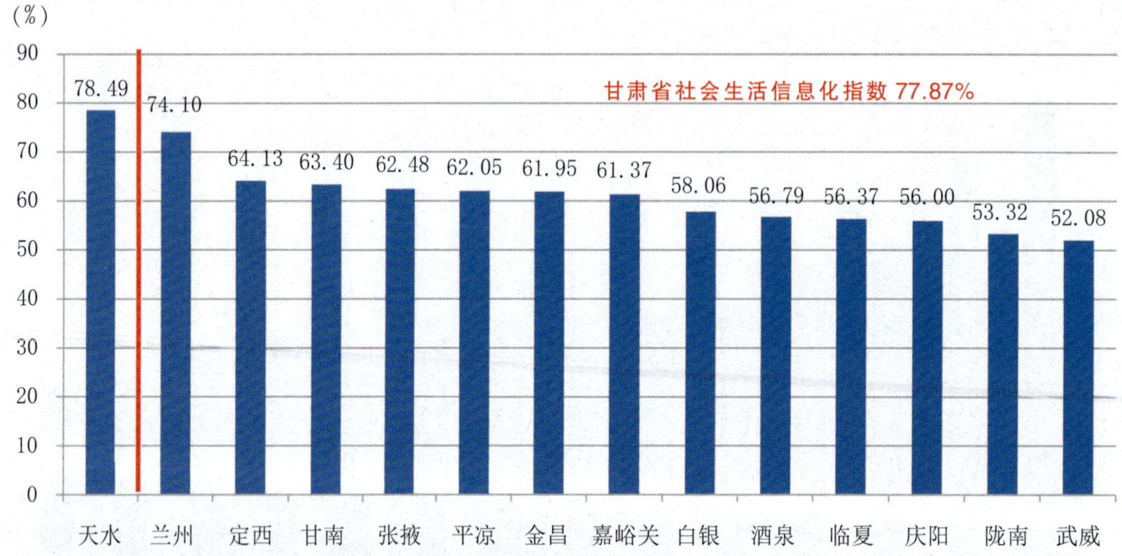

图1-3-26 各市州社会生活信息化指数排序图

第四节 年度科技计划

2020年，甘肃省级科技计划组织以习近平新时代中国特色社会主义思想和党的十九大精神为统揽，深入贯彻落实习近平总书记对甘肃重要讲话和指示精神，围绕甘肃省政府工作报告和省委经济工作会议等确定的目标任务，通过年度科技计划实施，充分发挥科技创新在供给侧结构性改革中的基础、关键和引领作用，激发各类科技创新主体活力，科技创新对甘肃省高质量发展的支撑引领能力持续增强。

一、年度预算资金情况

2020年，甘肃省级科技计划预算资金52 674.94万元，省级科技计划项目当年投入资金27 600.35万元，2019年立项项目结转资金2940万元，落实《甘肃省支持科技创新若干措施》奖补事项376项，投入资金8000万元，科技奖励资金666万元，项目前期费用600万元，中央引导地方科技发展资金3955万元。

二、支持重点方向

(一) 扎实推进科技扶贫和乡村振兴战略

贯彻落实党中央、国务院和甘肃省委省政府关于脱贫攻坚工作的决策部署，整合科技创新资源，全面推进科技扶贫，以特色农牧业、农产品加工业、现代服务业等为重点，依靠科技创新培育壮大富民产业。发挥省市县科技力量，推动乡村振兴战略实施，发展壮大科技扶贫队伍，组织实施科技特派员精准扶贫创新创业专项行动，引导地方推进产学研结合，优先在贫困地区示范应用新品种、新技术和新成果。

(二) 解决十大生态产业发展技术瓶颈

围绕节能环保、清洁生产、清洁能源、循环农业、中医中药、文化旅游、通道物流、军民融合、数据信息、先进制造等产业发展技术瓶颈开展攻关，推动十大生态产业加速发展，使生态产业成为甘肃省经济发展的重要增长极。

(三) 改善优化科技生态环境

加快科技体制机制改革，着力解决和改革政策协调配套不够与创新活力亟需释放的矛盾，加强重大科技基础设施建设，强化基础研究，突破人才发展瓶颈。

(四) 强化区域创新资源布局

以兰州白银国家自主创新示范区、兰白科技创新改革试验区和榆中生态创新城建设为重点，优化配置科技创新资源，推动区域创新资源共享，加快创新型甘肃建设。加强与重点区域、重点省份科技合作，巩固合作成效。

(五) 培育壮大创新型企业群体

加快构建以企业为主体的技术创新体系，引导企业加大研发投入，探索责任共担的自筹项目管理机制，打造一批技术创新水平高、成长性好、人才支撑作用强的创新型企业群体和“科技小巨人”企业。

(六) 加快发展民生科技

在人口健康特别是突发性公共卫生事件防控技术领域、黄河流域生态环境保护和高质量发展、公共安全、防灾减灾四个领域大力推进技术研发和应用，加强科学普及和宣传。

(七) 促进“一带一路”国际科技合作

以“一带一路”倡议为主题，推动“丝绸之路”科技走廊建设，“引进来，走出去”，重点支持甘肃省高校、科研院所、企业与沿线国家开展全方位、多领域的科技创新合作。

（八）突出科技成果转移转化

围绕甘肃省科技成果转移转化的关键问题和薄弱环节，深化科研院所、高校与企业合作，加强新技术、新产品、新工艺的推广与应用，努力提高科技对经济增长的贡献率。

三、科技计划组织方式

2020年，甘肃省级科技计划采用“常年受理、定期评审、科学论证、分批下达”的项目管理模式。强化科技创新体系建设，建立健全基于对科技人员信任前提下的制度体系，赋予科研人员更大自主权。完善科技计划形成机制，探索运用定向委托、定向择优等方式，形成目标导向、问题导向和非共识项目导向的技术攻关机制，促进科技与经济深度融合。

（一）强化重大项目顶层设计

围绕甘肃省委省政府重大决策部署和区域创新布局，瞄准经济社会高质量发展的重大科技需求，按照需求导向原则，从基础前沿、重大共性关键技术到应用示范进行全链条创新设计和一体化组织实施。

（二）完善项目遴选推荐和决策机制

严格按照项目管理办法，充分发挥学术委员会、智库、专家的咨询职责，强化“外脑”在科技战略、科技预算等方面的建议作用，多方面听取和吸收意见建议，组织遴选和推荐优质项目，切实提高项目质量。

（三）稳步推进项目管理方式

按照“两头严、中间松”原则，对项目立项和验收环节严格把关，对项目中间执行阶段充分放权。在科技计划无偿资助的基础上，探索建立部门协同、银行贷款、企业自筹的研发经费投入方式，用财政资金引导社会加大科研投入。

（四）高度重视科研诚信

贯彻落实中共中央办公厅国务院办公厅《关于进一步加强科研诚信建设的若干意见》，按照国家五部委“不唯论文、不唯职称、不唯学历、不唯奖项”的改革要求，在项目组织和遴选中关注项目申报单位、项目申报人的科研诚信，突出项目负责人的品德、能力、业绩导向，注重标志性成果的质量、贡献和影响，对于不符合诚信要求的项目不得组织推荐。

（五）深化专业机构管理项目工作

按照科技管理向创新服务转变的改革精神和科技领域“放管服”改革要求，继续深化和扩大项目管理专业机构参与项目管理工作。科技重大专项、重点研发计划等计划委托项目管理专业机构承担部分管理任务。

（六）提升项目评价评审工作水平

按照《甘肃省科技评价评审专家行为规范（试行）》和《甘肃省科技专家库管理办法》相关要求，进一步规范参与项目评审专家行为，建立评审专家对评审意见终身负责的体制机制。强化项目管理风险防控和监管问效，建立“公平公正、权责明晰、行为规范、科学高效”的项目评审立项工作机制，进一步提升项目立项评审和管理运行水平。

四、计划安排情况

2020年，甘肃省级科技计划项目新立项2236项，当年资金投入27 600.35万元，项目平均资助强度12.34万元；2019年立项项目结转资金2940万元；“创新30条”奖补事项376项，投入资金8000万元。

（一）科技重大专项

加强高层设计，做好精细服务，力促项目提质增效，着重突出脱贫攻坚、构建生态产业体系和可持续发展、科技成果转移转化、兰州白银国家自主创新示范区和兰白科技创新改革试验区建设、“一带一路”国际科技合作等重点，通过开展核心关键技术的研发和产业化，着力提升科技创新对甘肃省经济社会发展的支撑能力。加强项目、基地、人才的紧密结合，对部分项目全链条设计并组织。组织项目14项，资金4880万元。支持科技重大专项——应对新冠肺炎专项1项，资金1000万元，2019年拨付结转资金2940万元。

（二）重点研发计划

重点研发计划在工业、农业、社会发展、国际科技合作等领域组织实施。工业领域重点围绕装备制造、新型功能材料、新能源集成利用、高端石化产品、半导体和集成电路技术、大数据及人工智能、工业互联网+5G、基于北斗和区块链技术创新应用以及重点产业“三化”改造等方向开展关键共性技术的研究开发与集成创新。农业领域重点围绕农业种质资源创新、化学肥料和农药减施增效综合技术研发、粮食丰产增效科技创新、现代食品加工及技术装备等共性关键技术的研发与示范推广。社会发展领域重点围绕生态环境与资源利用、污染防治、循环经济与可持续发展、中药现代化与生物技术、人口健康、公共安全、节水技术、文化发展等方面开展共性关键技术研发。国际科技合作项目以具备国际科技合作基础的科研团队为依托，围绕重点国别和区域，引进外方的科学技术和智力，开展新产品、新技术、新工艺、新设备的联合研发和技术集成。组织项目328项，资金6463万元。

(三) 技术创新引导计划

技术创新引导计划包括科技型中小企业技术创新基金（含科技“小巨人”企业培育）、软科学、民生科技、区域科技合作、促进技术交易及转移转化成果奖励等专项。重点支持高新技术企业、省级科技创新型企业、科技型中小企业开展的研发项目；着力解决制约甘肃省经济社会发展中日益复杂的决策问题，为决策科学提供战略性研究；提升科技促进社会管理创新和服务基层社会建设的能力，围绕人口健康、生态环境、公共安全、城镇化发展等领域的先进适用科技成果开展集成和示范应用；重点紧盯甘肃省贫困地区主导（特色）产业发展技术需求，示范应用一批综合集成技术和先进实用技术成果，使科技成果更好更多地支撑贫困地区富民产业发展，带动贫困户实现脱贫致富；持续深化甘肃省与外省（区）科技合作，根据重点省份和区域与甘肃省签署的科技合作协议，开展科技创新、技术攻关、成果转化、共建创新平台。组织项目407项，资金5181.35万元。

(四) 创新基地和人才计划

科技创新基地重点开展基础前沿研究、产业共性关键技术研发、科技成果转移转化及产业化、科技资源共享等科技服务。优化整合现有省重点实验室、工程技术研究中心、技术创新中心、科技创新服务平台、众创空间、国际科技合作基地、引才引智基地等创新基地平台；通过绩效评估，对评估优秀的创新基地给予补助。科技人才专项通过甘肃省自然科学基金、杰出青年基金、基础研究创新群体、甘肃省高端外国专家引进等计划组织项目，重点向重点实验室、引才引智基地等科技创新平台倾斜。组织项目1487项，资金11 376万元。

第五节 “十三五”时期甘肃科技发展主要指标

一、科技人员

2020年，甘肃专业技术人员数达到60.52万人，比2016年增长5.66%；R&D全时人员投入达到2.68万人年，比2016年增长4.09%；每万名就业人员研发人员数达到20.15人年，比2016年增长21.17%；规模以上工业企业R&D人员数达到13 807人，比2016年下降24.05%。见表1-5-1。

表1-5-1 “十三五”时期甘肃科技人员情况

	年度	数量	年均增长率
专业技术人员数（万人）	2016	57.27	1.39%
	2017	58.07	
	2018	57.89	
	2019	59.10	
	2020	60.52	
	年度	数量	年均增长率
R&D全时人员（人年）	2016	25760.4	1.01%
	2017	23738.8	
	2018	22213.9	
	2019	25956.2	
	2020	26813.5	
	年度	数量	年均增长率
每万名就业人员之研发人员（人年/万人）	2016	16.63	4.92%
	2017	15.28	
	2018	14.28	
	2019	16.75	
	2020	20.15	
	年度	数量	年均增长率
规模以上工业企业R&D人员数（人）	2016	18179	-6.65%
	2017	18901	
	2018	13861	
	2019	15688	
	2020	13807	

二、科技经费

"十三五"期间，甘肃累计投入R&D经费492.33亿元，年均增长5.96%；2020年R&D投入占GDP比例达到1.22%，与2016年持平；财政科技投入占财政支出的比重达到0.77%，比2016年减少0.06个百分点；规模以上工业企业R&D投入占营业收入的比重达到0.69%，比2016年增加0.04个百分点；规模以上工业企业R&D投入占全社会R&D投入达到47.55%，比2016年减少10.99个百分点。见表1-5-2。

表1-5-2 "十三五"时期甘肃省科技经费投入情况

	年度	数量	年均增长率
R&D经费投入（亿元）	2016	86.99	5.96%
	2017	88.41	
	2018	97.05	
	2019	110.24	
	2020	109.64	
	年度	数量	年均增长率
R&D投入占GDP比例(%)	2016	1.22	0.00%
	2017	1.19	
	2018	1.18	
	2019	1.26	
	2020	1.22	
	年度	数量	年均增长率
财政科技投入占财政支出的比重(%)	2016	0.83	-1.86%
	2017	0.78	
	2018	0.68	
	2019	0.74	
	2020	0.77	

续表1-5-2

	年度	数量	年均增长率
规模以上工业企业 R&D投入占营业收入比例(%)	2016	0.65	1.50%
	2017	0.55	
	2018	0.53	
	2019	0.67	
	2020	0.69	
	年度	数量	年均增长率
规模以上工业企业 R&D投入占全社会R&D投入比重(%)	2016	58.54	-5.07%
	2017	52.81	
	2018	49.07	
	2019	45.85	
	2020	47.55	

三、科技计划项目

“十三五”期间，甘肃新上省级科技计划项目5807项，投入省级财政经费16.34亿元。除2019年外，省级科技计划项目立项数量维持稳定并有增长，项目经费基本维持稳定。见表1-5-3。

表1-5-3 “十三五”时期甘肃省科技计划项目情况

	年度	数量	年均增长率
省级科技计划 项目数量 (项)	2016	967	23.55%
	2017	1142	
	2018	1108	
	2019	337	
	2020	2253	

续表1-5-3

	年度	数量	年均增长率
省级科技计划项目经费（万元）	2016	35777	-3.64%
	2017	43277	
	2018	36070	
	2019	17392.48	
	2020	30840.35	

“十三五”期间，省级科技计划项目区域分布格局基本稳定。平均每年兰州市承担项目占总立项数的68.4%，财政拨款占总拨款的66.7%，其他13市（州）承担项目占总立项数的31.6%，财政拨款占总拨款的33.3%。见表1-5-4。

表1-5-4 “十三五”时期省级科技计划（新上项目）区域分布

地区	项目数（项）					项目财政总经费（万元）				
	2016	2017	2018	2019	2020	2016	2017	2018	2019	2020
兰　州	672	780	782	172	1860	24765	27186	23834	11531.48	21358.35
嘉峪关	8	14	14	4	12	410	1037	502	200	818
金　昌	14	21	14	7	15	1041	1690	810	340	1131
白　银	31	40	25	12	19	1492	2073	927	350	713
天　水	43	41	44	24	70	2186	2639	2137	875	1063
武　威	18	26	23	18	48	608	956	1085	810	915
张　掖	25	38	50	7	58	793	1232	1056	125	589
平　凉	16	20	13	12	14	352	485	382	405	243
酒　泉	22	48	33	12	41	1236	1787	1870	375	1580
庆　阳	28	29	20	5	40	802	866	329	105	406
定　西	30	34	32	19	39	865	1221	1098	816	1052
陇　南	19	19	19	18	18	355	860	837	835	750
临　夏	27	17	27	17	14	547	475	787	325	168
甘　南	14	15	12	10	5	325	770	416	300	54
合　计	967	1142	1108	337	2253	35777	43277	36070	17392.48	30840.35

四、科技产出

“十三五”期间，甘肃专利申请量累计达到132 523件，年均增长12.33%，专利授权量累计达到67 490件，年均增长27.37%；万人发明专利拥有量2020年达到3.14件，年均增长12.94%；技术合同成交额233.16亿元，年均增长11.51%。36个项目获得国家科学技术奖励。见表1-5-5。

表1-5-5 “十三五”时期甘肃科技产出情况

	年度	数量	年均增长率
	2016	20276	
	2017	24448	
专利申请量（件）	2018	27882	12.33%
	2019	27637	
	2020	32280	
	年度	数量	年均增长率
	2016	7975	
	2017	9672	
专利授权量（件）	2018	13958	27.37%
	2019	14894	
	2020	20991	
	年度	数量	年均增长率
	2016	39.33	
	2017	39.56	
专利授权量达到申请量的比例（%）	2018	50.06	13.40%
	2019	53.89	
	2020	65.03	
	年度	数量	年均增长率
	2016	1.93	
	2017	2.32	
万人发明专利拥有量（件/万人）	2018	2.62	12.94%
	2019	2.82	
	2020	3.14	

续表1-5-5

	年度	数量	年均增长率
PCT国际专利申请受理（件）	2016	8	60.43%
	2017	46	
	2018	37	
	2019	15	
	2020	53	
	年度	数量	年均增长率
技术合同成交数（项）	2016	5252	8.96%
	2017	5850	
	2018	5072	
	2019	5921	
	2020	7403	
	年度	数量	年均增长率
技术市场成交合同金额（亿元）	2016	150.8	11.51%
	2017	163	
	2018	180.9	
	2019	196.4	
	2020	233.16	
	年度	数量	年均增长率
科技论文数（篇）	2015	15337	3.14%
	2016	15475	
	2017	15132	
	2018	15980	
	2019	17357	
	年度	数量	年均增长率
登记省级科技成果（项）	2016	1276	13.80%
	2017	1070	
	2018	1176	
	2019	1479	
	2020	2140	

续表1-5-5

	年度	数量	年均增长率
获得国家科技奖励（项）	2016	7	9.32%
	2017	4	
	2018	6	
	2019	9	
	2020	10	

五、高技术产业

见表1-5-6，表1-5-7。

表1-5-6 “十三五”时期甘肃高技术产业发展情况

	年度	数量	年均增长率
高技术产业企业数（个）	2015	124	-3.17%
	2016	121	
	2017	/	
	2018	119	
	2019	109	
	年度	数量	年均增长率
高技术产业从业人员平均人数（人）	2015	27626	1.34%
	2016	27897	
	2017	/	
	2018	28734	
	2019	29133	
	年度	数量	年均增长率
高技术产业营业收入（亿元）	2015	179	11.63%
	2016	196.1	
	2017	/	
	2018	237	
	2019	278	

续表1-5-6

	年度	数量	年均增长率
高技术产业利润总额（亿元）	2015	27.2	16.44%
	2016	24.3	
	2017	/	
	2018	33	
	2019	50	

数据来源：《中国高技术产业统计年鉴》（2016—2020年）

表1-5-7 “十三五”时期高新技术企业主要经济指标

	年度	数量	年均增长率
企业认定数（个）	2016	436	29.57%
	2017	612	
	2018	897	
	2019	1052	
	2020	1229	
	年度	数量	年均增长率
工业总产值（亿元）	2016	649.24	18.20%
	2017	987.08	
	2018	1094.22	
	2019	1082.58	
	2020	1267.37	

续表1-5-7

	年度	数量	年均增长率
主营业务收入（亿元）	2016	665.02	30.72%
	2017	1096.94	
	2018	1409.26	
	2019	1554.09	
	2020	1941.52	
	年度	数量	年均增长率
净利润总额（亿元）	2016	35.58	34.92%
	2017	95.19	
	2018	94.02	
	2019	94.01	
	2020	117.9	
	年度	数量	年均增长率
上缴税金总额（亿元）	2016	36.56	19.07%
	2017	55.41	
	2018	83.58	
	2019	61.21	
	2020	73.5	
	年度	数量	年均增长率
科技活动经费支出（亿元）	2016	41.56	16.90%
	2017	46.93	
	2018	56.95	
	2019	56.22	
	2020	77.61	

数据来源：《甘肃省科技统计数据》。

第二章　科技投入产出

第一节　科技活动投入

一、科技活动机构

（一）R&D活动机构

2020年，甘肃省有R&D活动机构729个，比上年减少0.41%。其中企业498个，增长3.11%；科研机构77个，减少6.1%；高等院校86个，增长1.18%；其他单位68个，减少17.07%。有R&D活动的机构按执行部门分布及与上年对比分别见图2-1-1、图2-1-2。

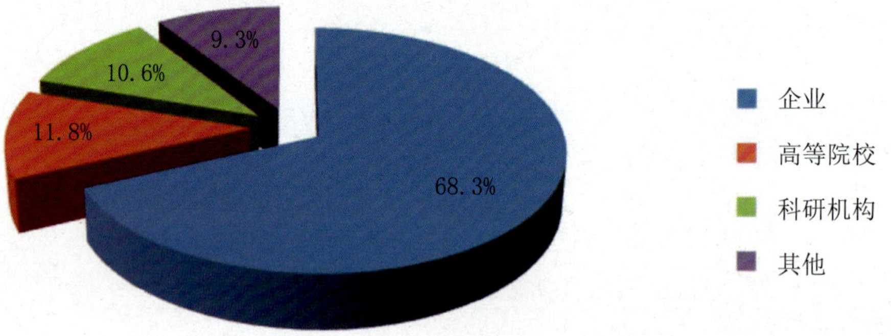

图2-1-1　2020年甘肃省R&D活动机构按执行部门分布

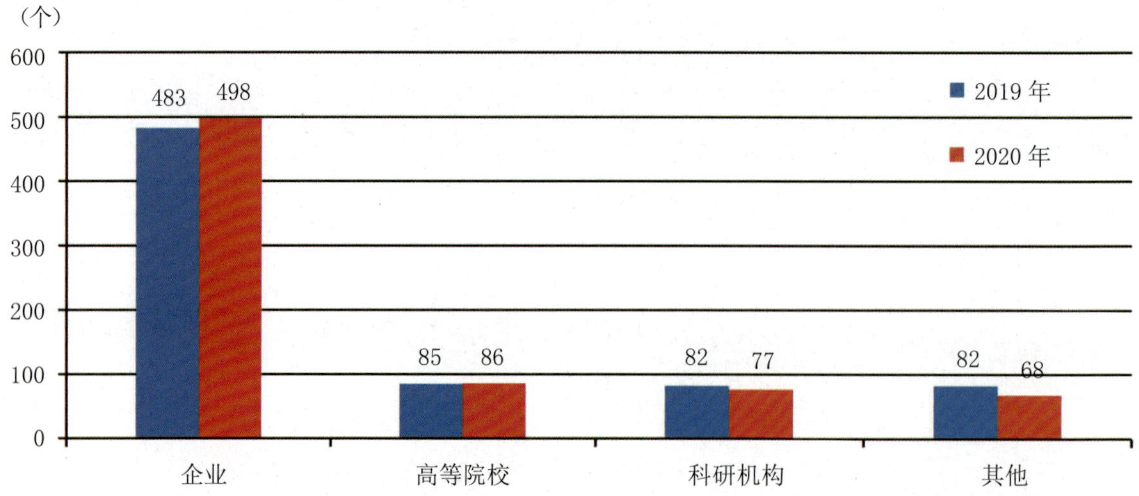

图2-1-2　甘肃省R&D活动机构按执行部门分布对比（2019-2020年）

按地域划分，兰州R&D活动机构230个，占31.58%；张掖120个，占16.52%；武威102个，占13.94%，以上3个市开展R&D活动的机构总数占到甘肃省的六成以上。与上年对比，兰州、武威、酒泉和金昌4个市州开展R&D活动的机构数量都有所减少，其余10个市州均有不同程度的增长，其中庆阳和定西2个市州有R&D活动的机构增幅较大，分别比上年增长76.92%和38%。见图2-1-3。

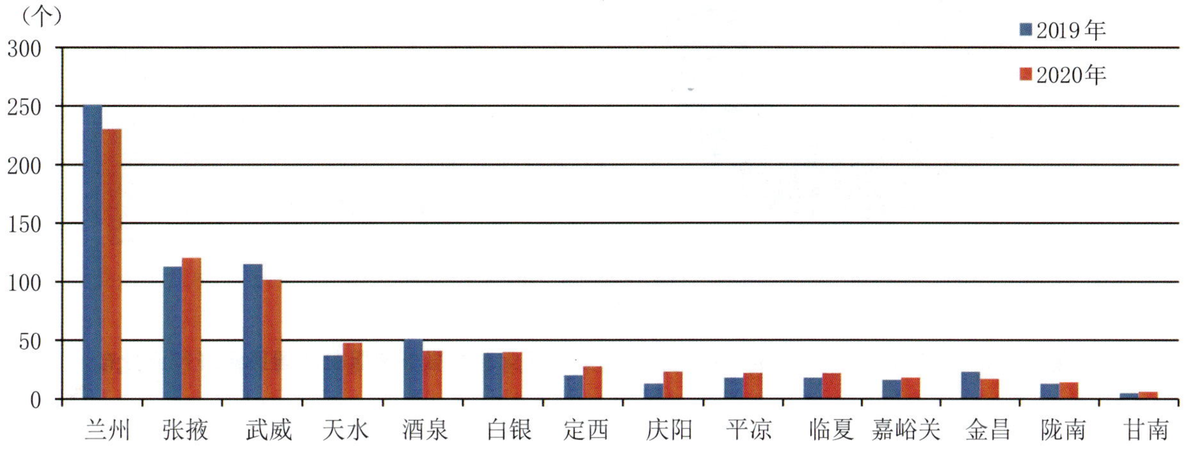

图2-1-3 甘肃省R&D活动机构按地域分布情况（2019-2020年）

（二）科学研究和技术服务业事业单位分布情况

截至2020年底，甘肃省拥有科学研究和技术服务业事业单位178个，比上年增长11.95%；其中有R&D活动的单位126家，比上年增长0.8%，占单位总数的70.79%。按隶属关系分，中央部门属9个，省级部门属60个，地市及县区级部门属74个。见图2-1-4。

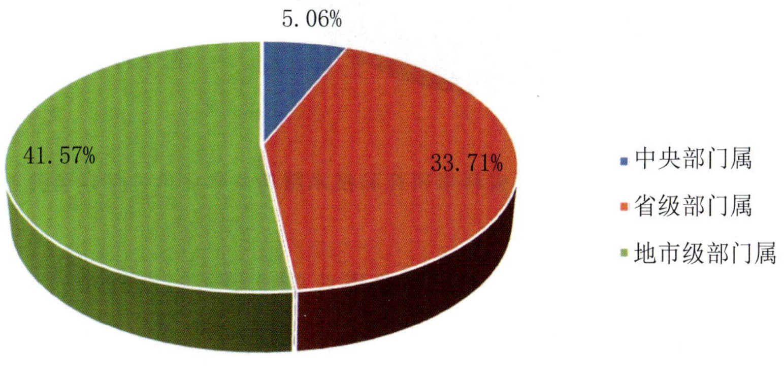

图2-1-4 2020年甘肃省科学研究和技术服务业事业单位按隶属关系分布

按服务的国民经济行业划分，甘肃省科学研究和技术服务业事业单位分布在11个行业中，主要服务于科学研究和技术服务业、农林牧渔业，单位数分别是97个和57个，这两个行业的单位占单位

2020年，甘肃省地方财政科技支出占财政支出的比重为0.77%，比上年提高0.03个百分点。其中省本级财政科技支出占省本级财政支出的比重为1.55%，比上年提高0.13个百分点；市州级财政科技支出占市州级财政支出的比重为0.59%，比上年提高0.03个百分点。见图2-1-9。

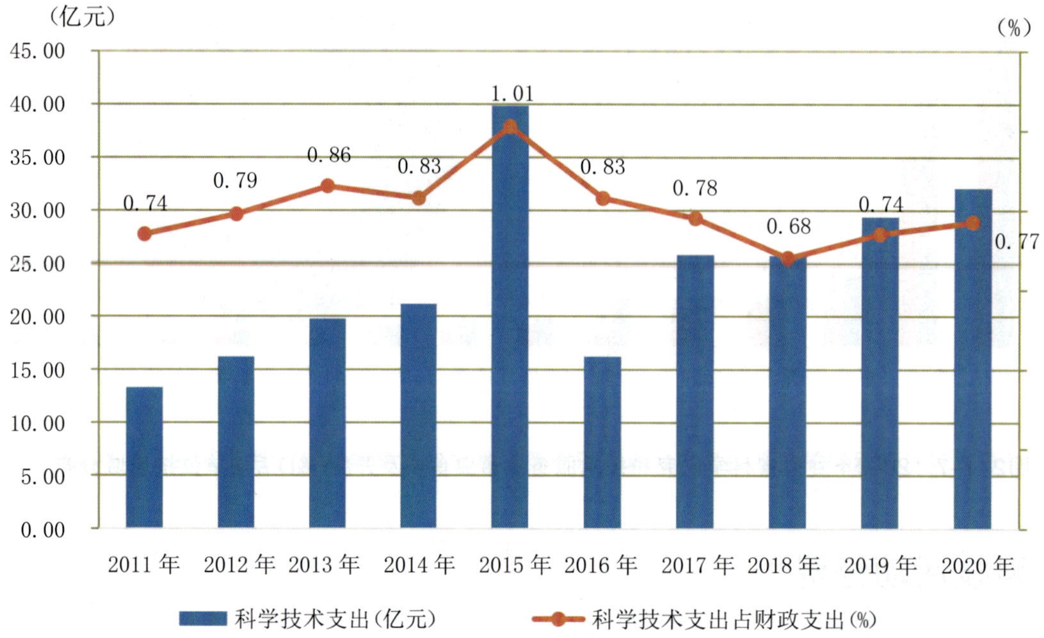

图2-1-9 近十年甘肃省地方财政科技支出及占财政支出比重情况

按财政部制定的《2007年政府收支分类科目》中科技支出科目分设10款，依次为科学技术管理事务、基础研究、应用研究、技术研究与开发、科技条件与服务、社会科学、科学技术普及、科技交流与合作、科技重大项目、其他科学技术支出。2020年，甘肃省财政科技支出中用于技术条件与服务、技术研究与开发、科学技术管理事务的经费支出居前三位，占财政科技总支出的比重分别为19.72%、18.84%和15.22%，这三项支出总额占到五成。见表2-1-1。

表2-1-1 近五年甘肃省财政科技支出情况

	2016 年	2017 年	2018 年	2019 年	2020 年
财政科技支出(亿元)	26.23	25.83	25.74	29.39	32.07
科学技术管理事务	2.32	2.33	3.38	3.30	4.88
基础研究	0.45	0.16	0.38	0.19	0.28
应用研究	3.28	3.95	4.59	3.11	4.08
技术研究与开发	9.56	7.16	7.96	6.75	6.04
技术条件与服务	3.40	6.10	4.90	5.86	6.32
社会科学	0.41	0.44	0.46	0.50	0.48
科学技术普及	5.16	1.74	1.83	2.03	2.63

续表2-1-1

	2016 年	2017 年	2018 年	2019 年	2020 年
科技交流与合作	0	0	0	2.50	2.50
科技重大专项	0.013	0.38	0.01	0.02	0.04
其他科学技术支出	1.64	3.57	2.24	5.12	4.81
财政支出(亿元)	3150.03	3304.44	3772.23	3951.60	4163.40
财政科技支出占财政支出的比重(%)	0.83	0.78	0.68	0.74	0.77

按地域划分，2020年，兰州地方财政科技支出最高，达到7.61亿元，占地市级总量的37.8%；其地方财政科技支出占财政支出的比重位居第二位，仅低于嘉峪关（1.6%），达到1.56%。其余13个市州的地方财政科技支出普遍偏小，占地市级总量的比例均不足10%，其中嘉峪关市的地方财政科技支出占地市级总量的比例不足3%；地方财政科技支出占财政支出的比重总体偏低，除嘉峪关（1.6%）、兰州（1.56%）和金昌（1.15%）外，其余11个市州的地方财政科技支出占财政支出的比重均不足1%，其中甘南、庆阳和临夏最低，分别为0.34%、0.3%和0.25%。与上年对比，甘肃省12个市州的地方财政科技支出有增长，其中金昌增幅最高，达121.59%；其次是平凉，增长99.49%；嘉峪关、甘南、白银、武威、张掖、酒泉、陇南和天水8个市州的地方财政科技支出也呈两位数的速度增长；相反，兰州和庆阳2个市的地方财政科技支出有所下降，特别是庆阳降幅很大，比上年下降30.88%。甘肃省10个市州的地方财政科技支出占财政支出的比重提高，其中嘉峪关和金昌提升较多，分别比上年提高0.87和0.67个百分点；相反，有4个市州的比重下降，其中庆阳降幅较大，比上年下降0.17个百分点。见图2-1-10~11。

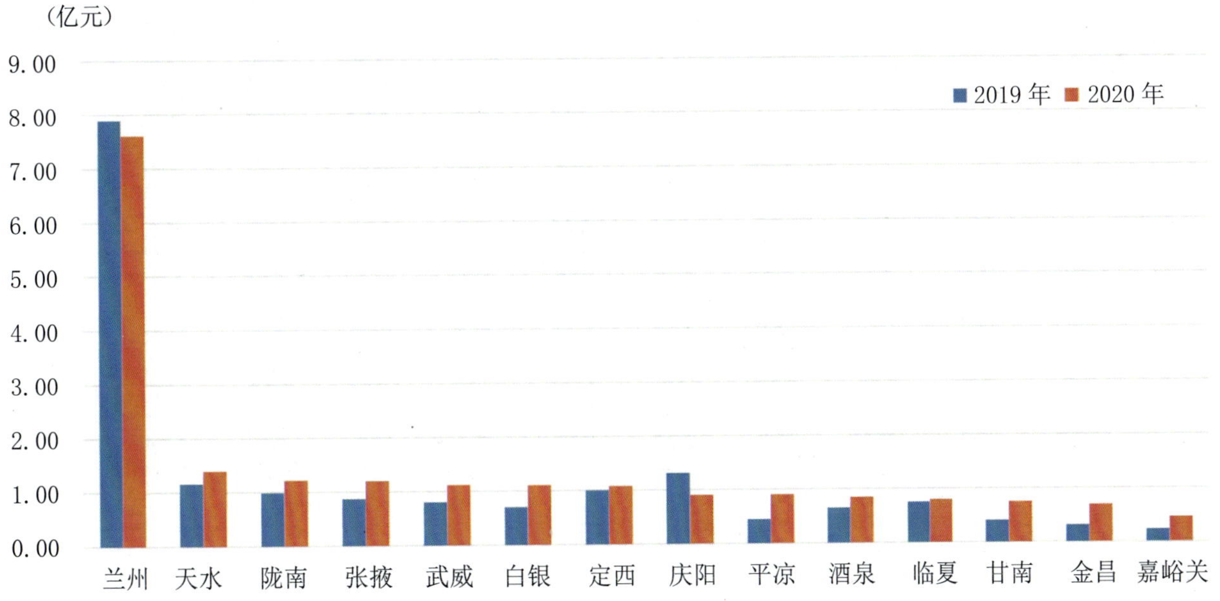

图2-1-10 甘肃省市州地方财政科技支出情况（2019-2020年）

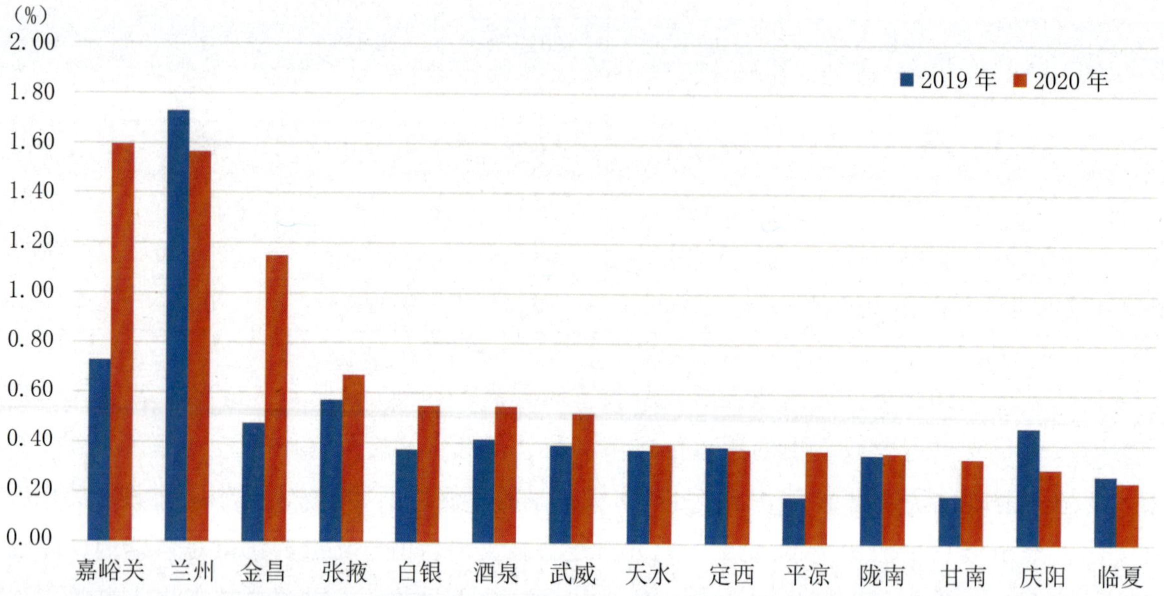

图2-1-11　甘肃省市州地方财政科技支出占地方财政支出的比重（2019-2020年）

（二）R&D经费投入

2020年，甘肃省R&D经费投入总量为109.64亿元，比上年减少0.60亿元，下降0.54%。R&D经费投入强度（R&D经费与GDP的比值）达到1.22%，比上年下降0.04个百分点。见图2-1-12。

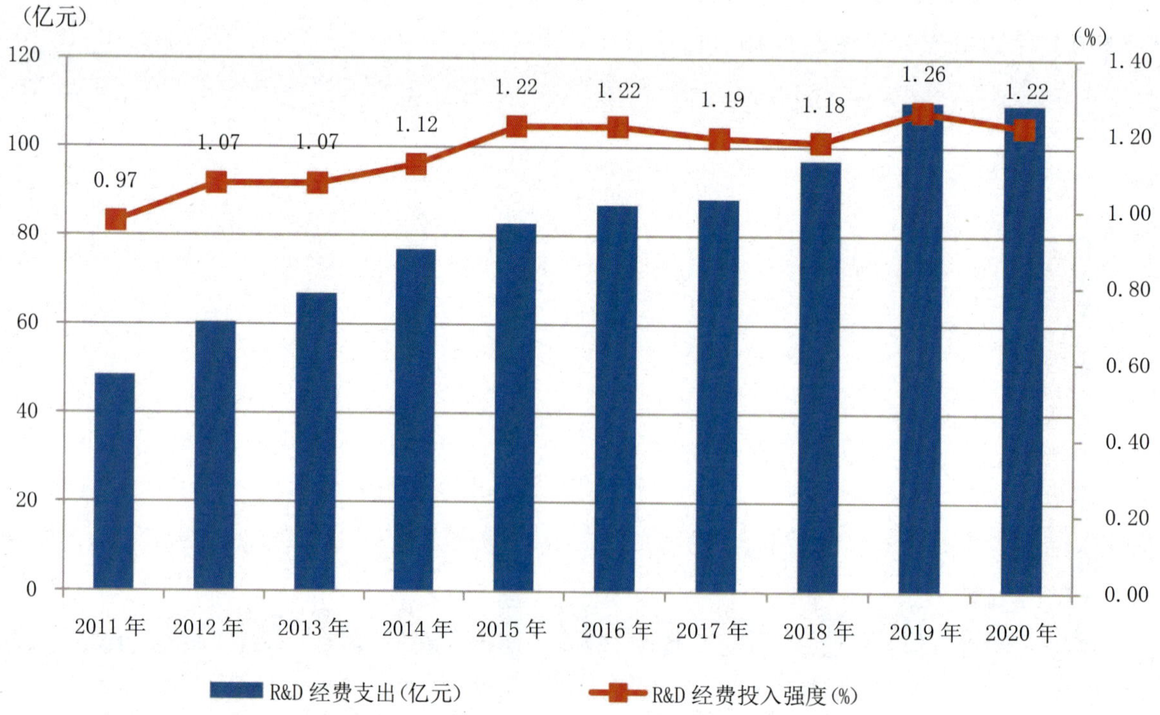

图2-1-12　近十年甘肃省R&D经费投入及强度

按执行部门划分，企业58.73亿元，比上年增长5.13%；科研机构34.41亿元，比上年减少4.81%；高等院校12.81亿元，比上年减少10.74%；其他单位3.70亿元，比上年减少4.93%。见图2-1-13。

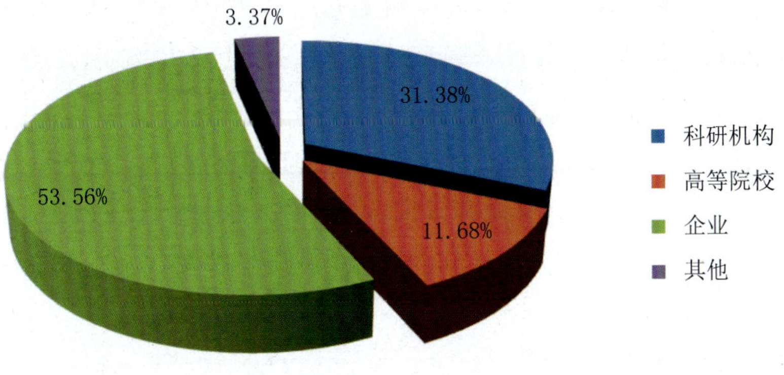

图2-1-13　2020年甘肃省R&D经费投入按执行部门分布

按活动类型划分，基础研究经费16.10亿元，占14.68%，比上年减少13.28%；应用研究经费23.96亿元，占21.85%，较上年无变化；试验发展经费69.59亿元，占63.47%，比上年增长2.76%。

按经费来源分，政府资金39.82亿元，占36.32%，比上年减少25.35%；企业资金64.55亿元，占58.88%，比上年增长24.38%；境外资金0.10亿元，占0.09%，比上年减少8.35%；其他资金5.17亿元，占4.71%，比上年增长5.64%。见图2-1-14。

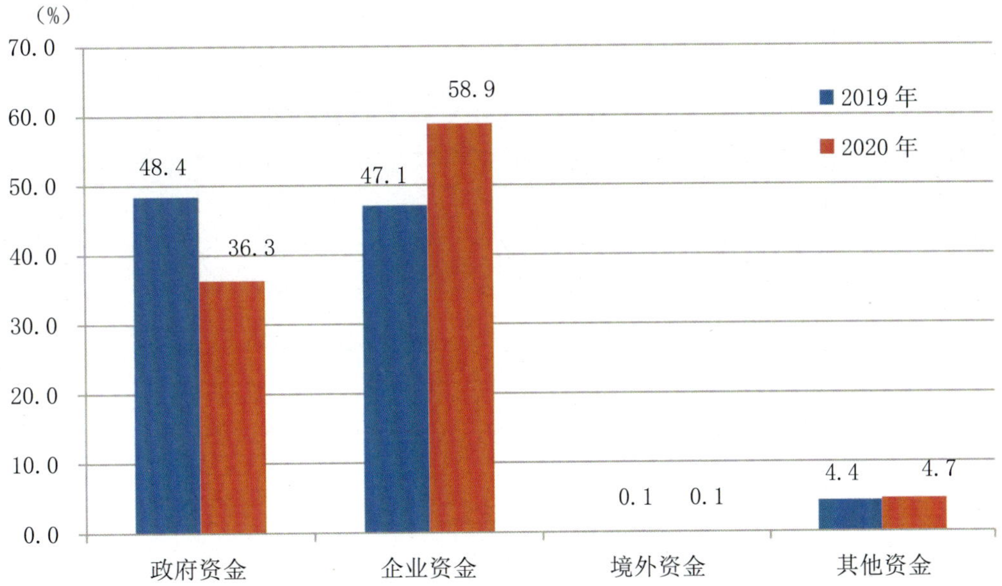

图2-1-14　甘肃省R&D经费投入经费来源比例（2019-2020年）

按地域划分，2020年，市州R&D经费投入排在前三的依次是兰州、嘉峪关和天水，分别为61.21亿元、9.04亿元和8.46亿元，这3个市R&D经费投入占到了甘肃省的七成以上。与上年对比，10个市州R&D经费投入均有增长，其中甘南和庆阳增幅过百，分别为131.72%和123.74%；第三是定西，增长83.32%。兰州、嘉峪关、白银和武威4个市州的R&D经费投入较上年有所减少，其中白银和嘉峪关2个市降幅较大，分别下降42.87%和8.88%。

从各市州R&D经费投入强度来看，5个市州超过甘肃省平均水平（1.22%），即嘉峪关、兰州、金昌、天水和张掖，其R&D经费投入强度依次为3.21%、2.12%、1.77%、1.27%和1.26%；9个市州低于甘肃省平均水平（1.22%），其中定西、临夏、陇南、庆阳、平凉和甘南6个市州R&D经费投入强度均不足0.5%。与上年对比，有8个市州的R&D经费投入强度均有增长，其中金昌、定西和庆阳3市增长较多，分别比上年提升了0.44、0.15和0.13个百分点；此外，有6个市州R&D经费投入强度呈现下降，其中嘉峪关和兰州2市减少较多，分别下降0.29和0.13个百分点。见表2-1-2。

表2-1-2　2019-2020年甘肃省及各市州R&D经费投入与强度

	2019年度		2020年度	
	R&D经费投入（亿元）	R&D经费投入强度（%）	R&D经费投入（亿元）	R&D经费投入强度（%）
甘肃省	110.24	1.26	109.64	1.22
兰　州	63.92	2.25	61.21	2.12
嘉峪关	9.92	3.50	9.04	3.21
金　昌	4.52	1.33	6.34	1.77
白　银	6.59	1.36	3.77	0.76
天　水	7.67	1.21	8.46	1.27
酒　泉	4.13	0.67	4.99	0.76
张　掖	5.82	1.30	5.88	1.26
武　威	3.49	0.71	3.28	0.62
定　西	0.90	0.22	1.65	0.37
陇　南	0.65	0.15	1.18	0.26
平　凉	0.86	0.19	0.93	0.20
庆　阳	0.78	0.10	1.74	0.23
临　夏	0.88	0.29	0.91	0.28
甘　南	0.11	0.05	0.26	0.12

（三）科学研究与技术服务业事业单位R&D经费支出

2020年，甘肃省科学研究和技术服务业事业单位R&D经费支出30.9亿元，比上年下降4.48%，占甘肃省全社会R&D经费支出的比重为28.18%，占比下降1.16个百分点。

按隶属关系划分，中央部门属单位的R&D经费支出20.53亿元，占总支出的66.45%；省级部门属6.96亿元，占总支出的22.53%；地市及县区级部门属2.58亿元，占总支出的8.34%。

按活动类型划分，用于基础研究的经费支出为10.1亿元，比上年下降12.56%；用于应用研究的经费支出为13.63亿元，比上年增长8.06%；用于试验发展的经费支出为7.17亿元，比上年下降12.4%。见图2-1-15。

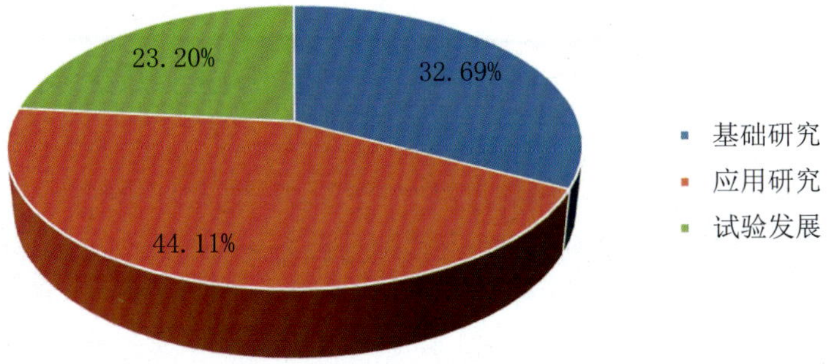

图2-1-15　2020年甘肃省科学研究和技术服务业事业单位R&D经费按活动类型划分

按经费来源划分，R&D经费支出中来自政府资金25.5亿元，比上年下降10.7%；企业资金2.72亿元，比上年增长22.69%；境外资金0.08亿元，比上年减少8.17%；其他资金2.6亿元，比上年增长74.97%。见图2-1-16。

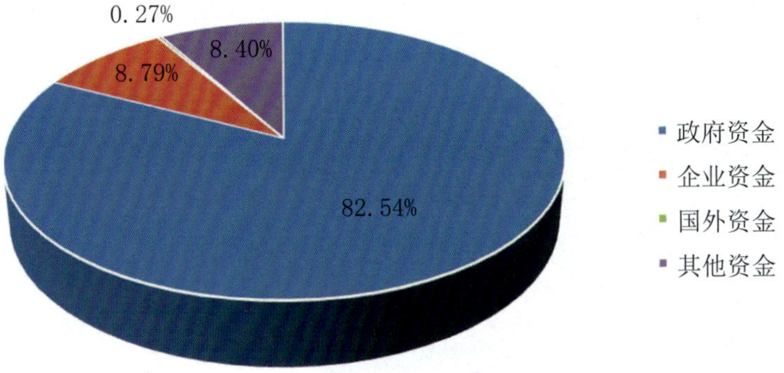

图2-1-16　2020年甘肃省科学研究和技术服务业事业单位R&D经费按来源划分

按地域划分，科学研究和技术服务业事业单位R&D经费支出主要来自兰州市，达到了25.83亿元，占经费总额的83.59%。与上年对比，有6个市州的科学研究和技术服务业事业单位R&D经费支出呈现增长，其中平凉增幅较大，比上年增长25.66%；其次是临夏，增长16.67%；第三是武威，增长13.53%。见图2-1-17。

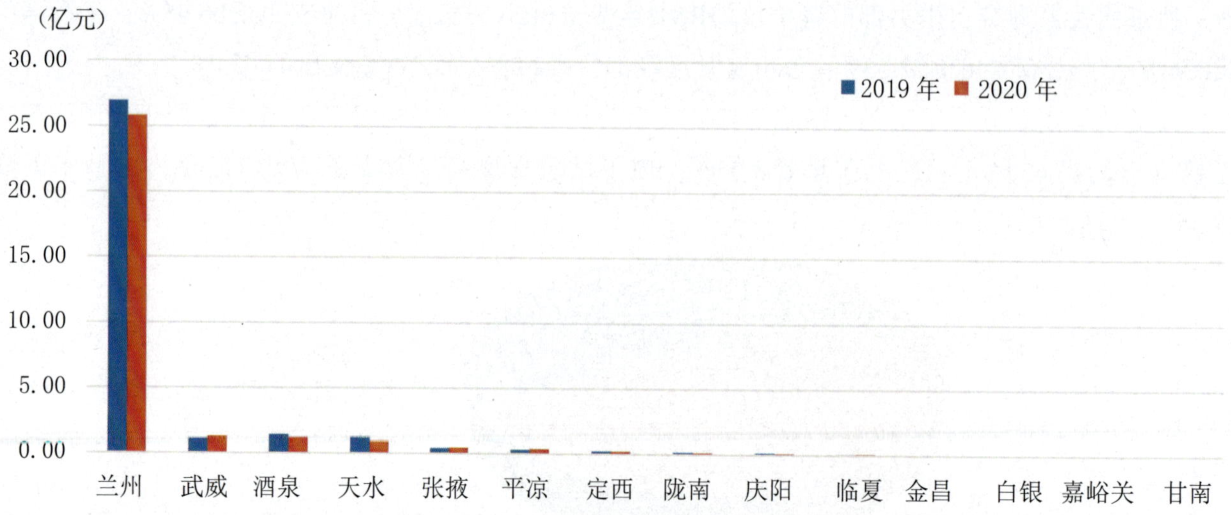

图2-1-17 甘肃省科学研究和技术服务业事业单位R&D经费按地域划分（2019-2020年）

三、科技活动人员

（一） R&D人员

2020年，甘肃省R&D人员共有43 082人，比上年减少6.44%，其中女性人员12 902人，占29.95%。R&D人员按执行部门分，企业16 592人，比上年减少11.03%；高等院校15 945人，比上年减少0.72%；科研机构8227人，比上年增长13.27%；其他单位2318人，比上年减少43.09%。见图2-1-18。

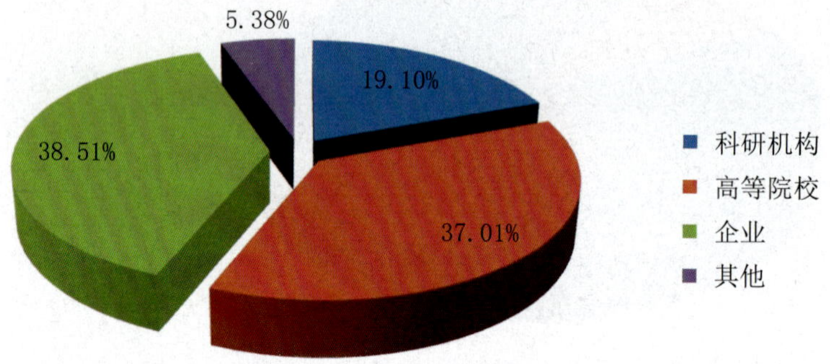

图2-1-18 2020年甘肃省R&D人员按执行部门分布

按实际工作时间计算，2020年，甘肃省R&D人员折合全时当量为26 813.5人年，比上年增长3.30%；其中研究人员为18 533.4人年，占69.12%，占比提升1.37个百分点。按活动类型划分，基础研究人员为6652人年，比上年增长6.10%，占24.81%；应用研究人员为7177.8人年，比上年增长2.44%，占26.77%；试验发展人员为12 982.9人年，比上年增长2.39%，占48.42%。见图2-1-19。

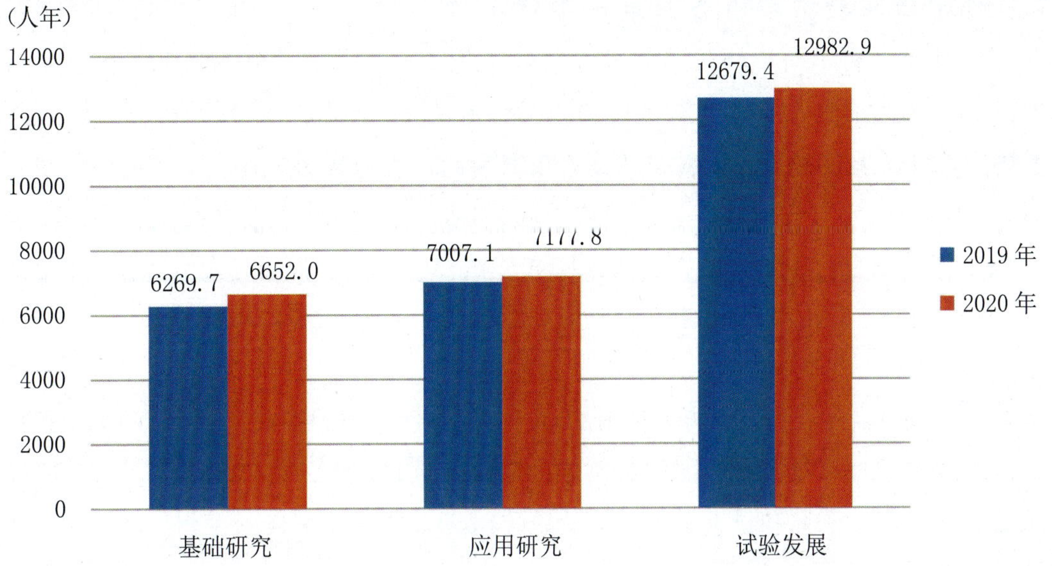

图2-1-19 甘肃省R&D人员按活动类型分布（2019-2020年）

按地域划分，兰州R&D人员数量最多，达到26 707人，占甘肃省总量的61.99%；其次是天水，有R&D人员3054人，占7.09%；第三是张掖，有R&D人员2565人，占5.95%。与上年对比，甘肃省8个市的R&D人员数量均有增长，其中平凉和定西2个市的增幅均最大，分别增长39.15%和45.24%；此外，兰州、武威、酒泉、白银、金昌和嘉峪关6个市的R&D人员数量有所减少。见图2-1-20。

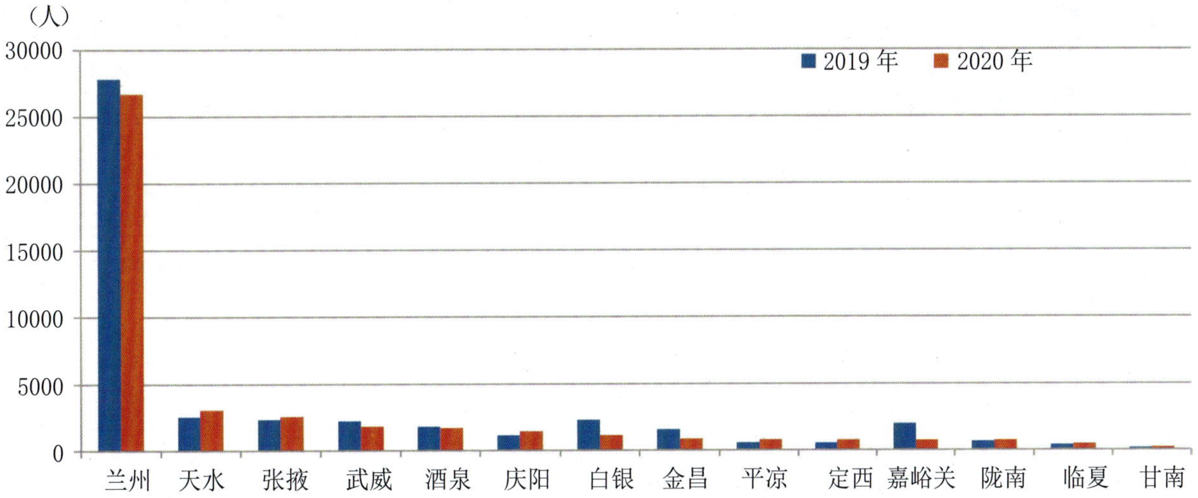

图2-1-20 甘肃省R&D人员按地域分布（2019-2020年）

（二）科学研究与技术服务业事业单位人员

2020年，甘肃省科学研究与技术服务业事业单位机构从业人员16 442人，比上年增长6.97%；其中科技活动人员12 764人，比上年增长10.09%，占从业人员的比重为77.63%，占比提高2.2个百分点；其中有R&D人员8909人，占科技活动人员数量的比重为69.8%。

在甘肃省科学研究与技术服务业事业单位机构R&D人员中，女性2592人，占R&D人员总数的35.38%。按工作量划分，R&D全时人员有6682人，占75%；R&D非全时人员2227人，占25%。按学历划分，博士毕业1915人，占21.5%；硕士毕业2906人，占32.62%；本科毕业3203人，占35.95%；其他885人，占9.93%。

按类属关系划分，中央部门属单位的R&D人员4538人，占50.94%；省级部门属单位的R&D人员2408人，占27.03%；地市及县区级部门属单位的R&D人员1517人，占17.03%。

按地域划分，科学研究和技术服务业事业单位R&D人员主要来自于兰州，达到6401人，占R&D人员总数的71.85%。见图2-1-21。

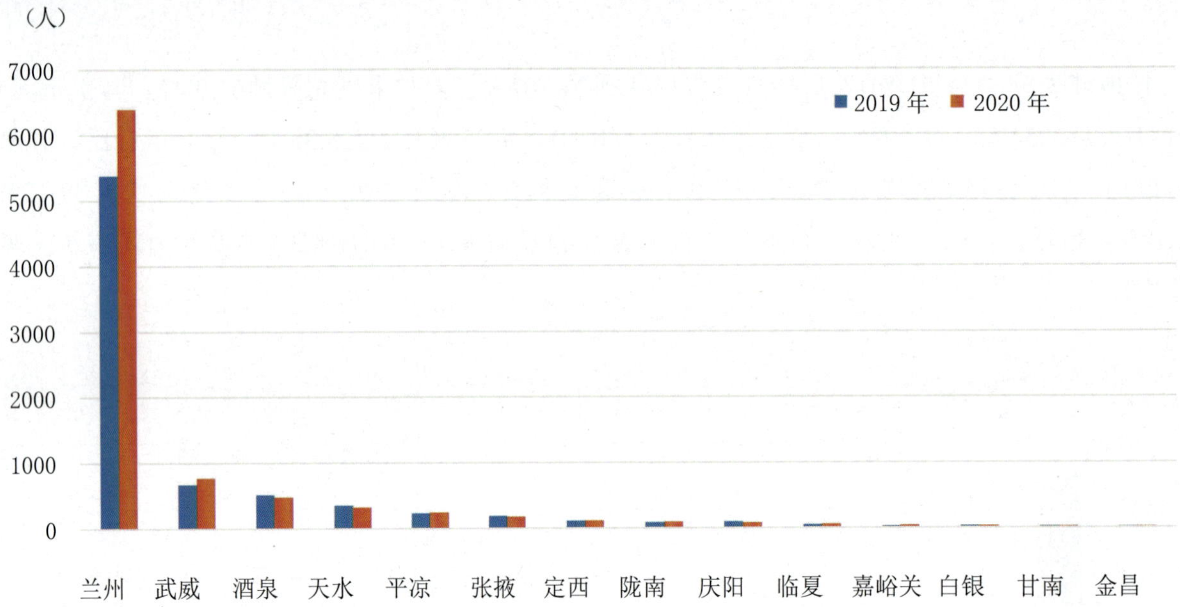

图2-1-21　甘肃省科学研究和技术服务业事业单位R&D人员按地域分布（2019-2020年）

第二节　专利申请与授权

一、甘肃省专利申请与授权

（一）专利申请

2020年，甘肃省专利申请32 280件，比上年增加4643件，同比增长16.80%。其中发明专利5866件，占总量的18.17%；实用新型专利23 845件，占总量的73.87%，同比增长24.02%；外观设计专利2569件，占总量的7.96%，同比增长9.09%。

在32 280件专利申请中，职务专利申请20 401件，占申请总量的63.20%；非职务专利申请11 879件，占申请总量的36.80%。在职务专利申请中，企业12 066件，占总量的37.38%；高等院校5405件，占总量的16.74%；科研机构1748件，占总量的5.42%；机关团体1182件，占总量的3.66%。见图2-2-1。

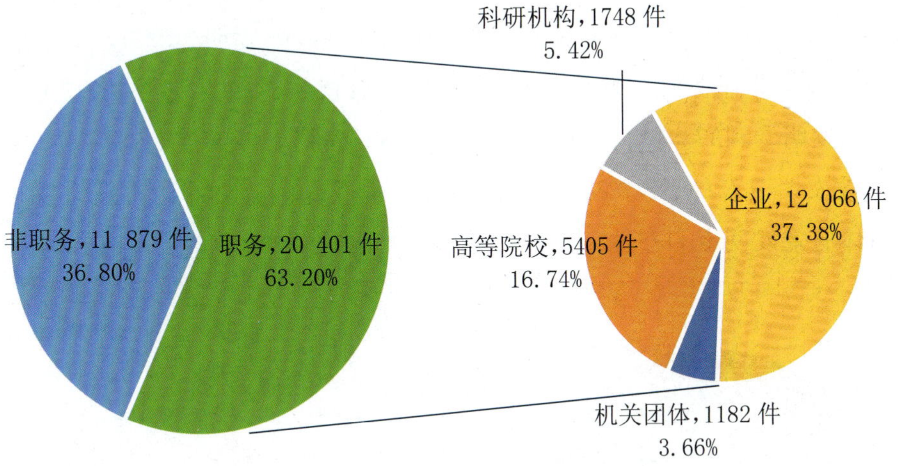

图2-2-1　2020年甘肃省专利申请人类型分布

（二）专利授权

2020年，甘肃省授权专利20 991件，比上年增加6097件，同比增长40.94%，其中发明专利授权1446件，占6.89%，同比增长25.30%；实用新型专利授权17 503件，占83.38%，同比增长49.32%；外观设计专利授权2042件，占9.73%，同比增长1.19%。

在20 991件授权专利中，职务授权专利15 039件，占71.64%；非职务授权专利5952件，占28.36%。在职务授权专利中，企业授权专利9277件，占授权总量的44.20%；高等院校授权专利3909件，占授权总量的18.62%；科研机构授权专利970件，占授权总量的4.62%；机关团体授权883件，占授权总量的4.21%。见图2-2-2。

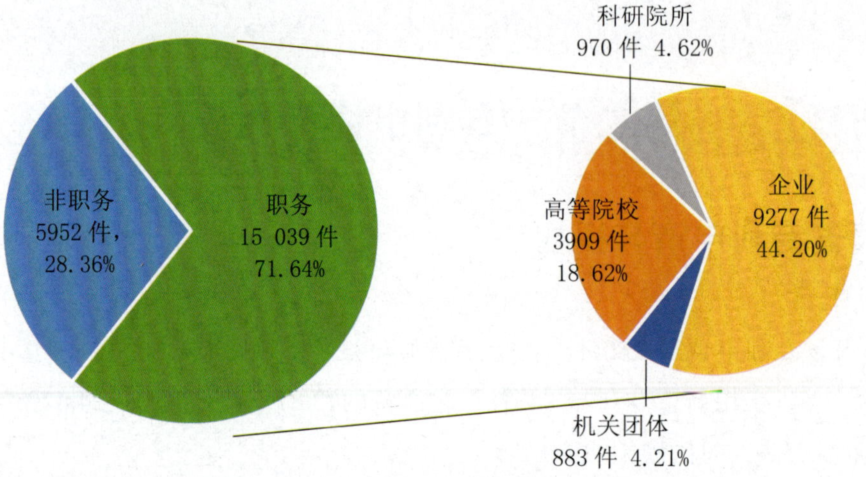

图2-2-2 2020年甘肃省专利权人类型分布

（三）有效发明专利

截至2020年底，甘肃省拥有有效发明专利8310件，比上年增加878件，同比增长11.81%，每万人口发明专利拥有量3.14件，比上年增加0.32件。其中职务有效发明专利7657件，占甘肃省有效发明专利总量的92.14%；非职务有效发明专利653件，占甘肃省有效发明总量的7.86%。在职务有效发明中，企业有效发明专利3738件，占甘肃省有效发明总量的44.98%；高等院校有效发明专利1643件，占甘肃省有效发明总量的19.77%；科研机构有效发明专利2201件，占甘肃省有效发明总量的26.49%；机关团体有效发明专利75件，占甘肃省有效发明总量的0.90%。见图2-2-3。

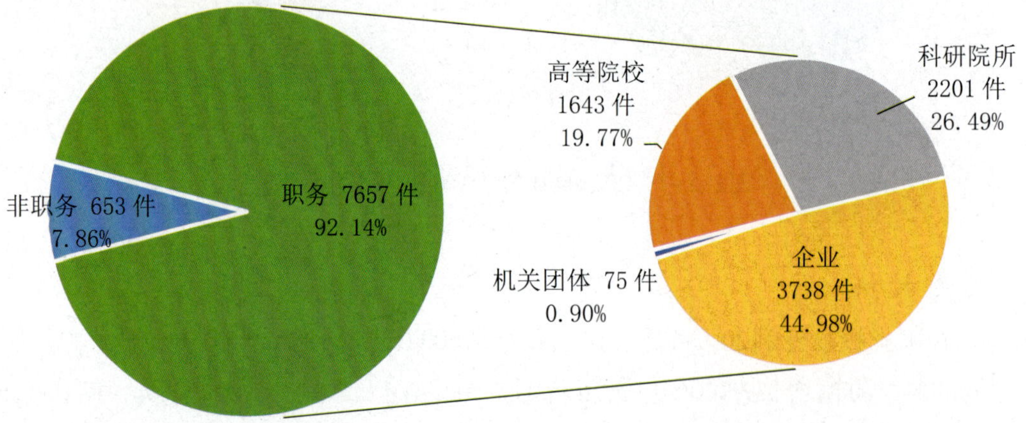

图2-2-3 2020年甘肃省职务、非职务有效发明专利占比分布

（四）PCT国际专利申请

2020年，甘肃省PCT国际专利申请53件，比2019年增加38件，同期全国PCT国际专利申请量为66948件。

二、市（州）专利申请与授权

（一）专利申请与授权

2020年，甘肃省14个市（州）除了酒泉市和庆阳市的专利申请量较上年有下降外，其余市（州）专利申请量较上年均有不同程度的增加，其中平凉市、临夏州、白银市3市（州）的专利申请增幅居甘肃省前三位。职务申请占比超过甘肃省平均水平的地区有嘉峪关市（81.53%）、金昌市（79.94%）、兰州市（72.78%）、张掖市（72.29%）；平凉市、庆阳市和甘南州非职务专利申请的比重均在60%以上。见表2-2-1。

2020年，兰州市授权专利数量最多，达到9289件，其次是张掖市（2192件）和酒泉市（1493件）。平凉市、庆阳市和临夏州的非职务专利授权数量高于职务专利授权数量。兰州市、武威市和天水市授权发明专利数量增加。此外，兰州市企业专利申请量以及高校、科研院所的专利授权量都超过其他市州，张掖市企业专利授权数量位居甘肃省第二位。见表2-2-2。

表2-2-1　2020年各市州职务与非职务三种专利申请分布　　单位：件

项目/区域	职务					非职务					2020年	2019年	增幅(%)
	发明	实用新型	外观	小计	占比(%)	发明	实用新型	外观	小计	占比(%)			
甘肃	4767	13931	1703	20401	63.20	1099	9914	866	11879	36.80	32280	27637	16.80
兰州	3403	6214	608	10225	72.78	440	3245	140	3825	27.22	14050	13728	2.35
嘉峪关	171	554	12	737	81.53	6	160	1	167	18.47	904	691	30.82
金昌	160	678	3	841	79.94	22	181	8	211	20.06	1052	910	15.60
白银	271	711	33	1015	49.39	104	909	27	1040	50.61	2055	1174	75.04
酒泉	71	816	116	1003	61.27	40	567	27	634	38.73	1637	1714	-4.49
张掖	133	1647	328	2108	72.29	98	682	28	808	27.71	2916	2228	30.88
武威	113	837	140	1090	53.04	61	825	79	965	46.96	2055	1649	24.62
天水	150	591	28	769	49.20	77	629	88	794	50.80	1563	1405	11.25
定西	68	512	38	618	44.21	44	668	68	780	55.79	1398	970	44.12
平凉	51	429	4	484	31.82	98	880	59	1037	68.18	1521	664	129.07
庆阳	88	447	50	585	39.82	64	695	125	884	60.18	1469	1592	-7.73
陇南	53	322	105	480	62.75	29	228	28	285	37.25	765	442	73.08
临夏	16	154	231	401	52.01	10	175	185	370	47.99	771	383	101.31
甘南	19	19	7	45	36.29	6	70	3	79	63.71	124	87	42.53

表2-2-2 2020年各市州职务与非职务专利授权分布 单位：件

项目 区域	职务				非职务				合计				比上年同期增减			
	发明	实用新型	外观	小计	发明	实用新型	外观	小计	发明	实用新型	外观	合计	发明	实用新型	外观	合计
甘肃	1368	12319	1352	15039	78	5184	690	5952	1446	17503	2042	20991	292	5781	24	6097
兰州	1130	5721	460	7311	35	1817	126	1978	1165	7538	586	9289	325	2439	167	2931
嘉峪关	29	379	4	412	0	86	3	89	29	465	7	501	-21	106	-16	69
金昌	41	692	3	736	1	73	5	79	42	765	8	815	-2	265	-5	258
白银	43	571	49	663	4	249	28	281	47	820	77	944	-4	347	-50	293
酒泉	11	825	155	991	4	459	39	502	15	1284	194	1493	0	355	140	495
张掖	28	1434	301	1763	2	368	59	429	30	1802	360	2192	-4	363	-98	261
武威	25	794	78	897	14	487	63	564	39	1281	141	1461	6	359	-29	336
天水	26	562	47	635	2	238	81	321	28	800	128	956	4	308	-8	304
定西	8	382	54	444	2	312	59	373	10	694	113	817	-4	287	83	366
平凉	6	194	0	200	9	385	52	446	15	579	52	646	0	259	-6	253
庆阳	12	410	61	483	3	438	102	543	15	848	163	1026	-1	420	-136	283
陇南	7	189	89	285	2	75	43	120	9	264	132	405	-3	159	12	168
临夏	0	137	35	172	0	172	27	199	0	309	62	371	-4	159	-32	123
甘南	2	29	16	47	0	25	3	28	2	54	19	75	0	-45	2	-43

（二）有效发明专利

2020年，甘肃省14个市（州）除定西市、武威市、天水市、陇南市和临夏州外，其余市（州）万人发明专利拥有量都有所增加，酒泉市、张掖市和平凉市增幅较大，酒泉市增幅达到了130.49%，增幅最高。见表2-2-3。

表2-2-3 2020年各市州有效发明专利数量分布 单位：件

区域 \ 项目	专利权人类型							2019年底	比2019年增加	上年末万人均	人口(万人)	2020年万人均发明专利拥有量
	合计	企业	高校	科研院所	机关团体	职务	非职务					
甘肃	8310	3738	1643	2201	75	7657	653	7432	878	2.82	2647.43	3.14
兰州	5618	1741	1583	1928	50	5302	316	4897	721	13.05	379.09	14.82
嘉峪关	251	236	0	2	0	238	13	228	23	9.05	25.31	9.92
金昌	403	392	5	0	0	397	6	370	33	7.9	45.82	8.80
白银	420	238	0	162	0	400	20	381	39	2.2	174.08	2.41
酒泉	214	169	0	14	1	184	30	209	5	0.82	113.22	1.89
张掖	298	192	22	35	5	254	44	283	15	1.85	123.76	2.41
武威	260	157	1	46	6	210	50	242	18	2.29	182.5	1.42
天水	280	225	10	10	5	250	30	276	4	1.32	336.89	0.83
定西	191	160	1	2	1	164	27	191	0	0.68	282.58	0.68
平凉	95	52	0	2	2	56	39	86	9	0.35	212.53	0.45
庆阳	95	37	19	0	2	58	37	88	7	0.41	227.88	0.42
陇南	96	65	0	0	3	68	28	91	5	0.39	264.31	0.36
临夏	61	49	0	0	0	49	12	63	−2	0.31	207.14	0.29
甘南	28	25	2	0	0	27	1	27	1	0.37	72.32	0.39

三、主要创新主体专利申请与授权

（一）企业专利申请与授权

2020年，甘肃省企业专利申请共计12 066件，占甘肃省专利申请量的37.38%，比2019年增加894件，同比增长8.00%。其中，发明专利申请1981件，占甘肃省发明专利申请的33.77%，比2019年减少421件，同比下降17.53%。见表2-2-4。

2020年，甘肃省企业专利授权共计9277件，占甘肃省专利授权的44.20%，比上年增加2133件，同比增长29.86%。其中，发明专利授权361件，占甘肃省发明专利授权的24.97%，占比低于2019年。有效发明专利共计3738件，占甘肃省有效发明专利总量的44.98%，占比低于2019年，数量比2019年增加116件，同比增长3.20%。见表2-2-5。

表2-2-4　2020年甘肃省企业专利申请量前十位　　单位：件

序号	企业名称	2020年			
		总计	发明	实用新型	外观设计
1	甘肃酒钢集团宏兴钢铁股份有限公司	365	129	233	3
2	金川集团股份有限公司	295	104	190	1
3	鑫建水泥制品厂	131	24	107	0
4	天华化工机械及自动化研究设计院有限公司	79	40	39	0
5	榆中睿发喜来乐食品有限责任公司	76	11	63	2
6	甘肃锦世化工有限责任公司	76	5	71	0
7	华亭煤业集团有限责任公司	70	6	64	0
8	中核四〇四有限公司	69	33	36	0
9	甘肃路桥建设集团有限公司	66	11	55	0
10	中国市政工程西北设计研究院有限公司	63	13	50	0

表2-2-5　2020年甘肃省企业专利授权量前十位　　单位：件

序号	单位	总量	发明	实用新型	外观设计	有效发明
1	金川集团股份有限公司	386	36	349	1	292
2	甘肃酒钢集团宏兴钢铁股份有限公司	150	14	136	0	129
3	敦煌工美文化创意有限责任公司	70	0	0	70	0
4	甘肃枣—枣农产品科技发展有限公司	52	0	40	12	0
5	甘肃路桥建设集团有限公司	41	1	40	0	13
6	中核四〇四有限公司	41	8	33	0	23
7	中国市政工程西北设计研究院有限公司	38	0	38	0	12
8	民勤县光芒太阳能光伏科技开发有限公司	37	0	37	0	0
9	甘肃省交通规划勘察设计院股份有限公司	35	1	34	0	2
10	甘肃静涵商贸有限责任公司	33	0	33	0	0

（二）高等院校专利申请与授权

2020年，甘肃省高等院校专利申请共计5404件，比上年减少296件，同比下降5.19%。其中，发明专利申请1491件，比上年减少73件，同比下降4.67%。见表2-2-6。

表2-2-6　2020年甘肃省高等院校专利申请量前十位　　单位：件

序号	高校名称	申请总量	发明	实用新型	外观设计
1	兰州理工大学	945	414	365	166
2	兰州交通大学	839	163	524	152
3	兰州大学	775	396	371	8
4	甘肃农业大学	391	80	305	6
5	西北民族大学	294	62	211	21
6	西北师范大学	269	135	112	22
7	兰州工业学院	184	13	166	5
8	河西学院	159	29	125	5
9	陇东学院	146	46	87	13
10	甘肃建筑职业技术学院	137	2	129	6

2020年，甘肃省高等院校专利授权共计3909件，比2019年增加1185件，同比增长43.50%。其中发明专利授权529件，比上年增加162件，同比增长44.14%。高等院校有效发明专利1643件，比2019年增加275件，同比增长20.10%。见表2-2-7。

表2-2-7　2020年甘肃省高等院校专利授权量前十位　　单位：件

序号	高校名称	授权总量	发明	实用新型	外观设计	有效发明
1	兰州交通大学	490	43	391	56	149
2	兰州理工大学	443	148	188	107	421
3	兰州大学	356	127	229	0	516
4	甘肃农业大学	298	43	249	6	136
5	西北民族大学	223	22	184	17	69
6	西北师范大学	203	96	103	4	215
7	陇东学院	197	7	157	33	18
8	兰州工业学院	167	0	163	4	1
9	甘肃机电职业技术学院	130	0	129	1	0
10	河西学院	126	7	103	16	22

（三）科研机构专利申请与授权

2020年，甘肃省科研机构专利申请1748件，比2019年增加126件，同比增长7.77%。其中发明专利申请1115件，占63.79%，比2019年增加10件，同比增长0.91%。在1748件专利申请中，中央驻甘科研机构847件，占科研机构专利申请量的48.46%；省属科研机构901件，占科研机构专利申请量的51.54%。见表2-2-8。

表2-2-8　2020年甘肃省科研机构专利申请量前十位　　单位：件

序号	院所名称	申请总量	发明	实用新型	外观设计
1	中国科学院兰州化学物理研究所	316	301	15	0
2	中国科学院寒区旱区环境与工程研究所	166	97	69	0
3	西北矿冶研究院	162	106	56	0
4	甘肃省农业科学院	147	52	91	4
5	兰州空间技术物理研究所	118	117	0	1
6	中国农业科学院兰州兽医研究所	106	100	6	0
7	国网甘肃省电力公司电力科学研究院	105	81	24	0
8	中国科学院近代物理研究所	93	79	14	0
9	甘肃省治沙研究所	63	10	48	5
10	甘肃省科学院生物研究所	48	28	20	0

2020年，甘肃省科研机构授权专利共计970件，比2019年增加100件。其中发明专利授权464件，比2019年增加154件。中央驻甘科研机构获得授权专利399件，占甘肃省科研机构授权专利总量的41.13%。省属科研机构获得专利授权571件，占甘肃省科研机构授权专利总量的58.87%。科研机构有效发明专利拥有2201件，比2019年增加554件。见表2-2-9。

表2-2-9　2020年甘肃省科研机构专利授权量前十位　　单位：件

序号	专利权人名称	总计	发明	实用新型	外观设计	有效发明
1	中国科学院兰州化学物理研究所	156	144	12	0	433
2	甘肃省治沙研究所	71	11	57	3	43
3	中国农业科学院兰州兽医研究所	63	59	4	0	288
4	中国科学院近代物理研究所	60	47	13	0	200
5	西北矿冶研究院	55	20	35	0	158
6	中国科学院寒区旱区环境与工程研究所	47	23	23	1	28

续表2-2-9

序号	专利权人名称	总计	发明	实用新型	外观设计	有效发明
7	兰州空间技术物理研究所	46	46	0	0	279
8	中国科学院西北生态环境资源研究院	38	20	18	0	167
9	国网甘肃省电力公司电力科学研究院	37	12	25	0	30
10	中国农业科学院兰州畜牧与兽药研究所	35	30	5	0	147

四、核心专利技术领域

2020年，甘肃省的授权核心专利技术领域主要在A部、B部，与2019年的分布基本相同，但在八个大部中的授权专利数量比2019年有所增加，其中A部增加的授权专利数量最多。发明专利技术方面，2020年授权发明专利技术主要集中在C部、G部、A部和B部，占全部发明授权专利的81.19%。从IPC分布大类看，甘肃省2020年的发明授权专利和实用新型授权专利主要分布在116个IPC大类中，其中授权专利在50件以上的大类有60个，这些都是甘肃省核心专利技术的分布领域。从地域分布看，甘肃省市（州）的授权专利技术领域集中度差别较大，职务授权专利和非职务授权专利的技术领域分布在数量上差异也比较明显。

第三节　技术市场

2020年，甘肃省深入实施创新驱动发展战略，加快落实《中华人民共和国促进科技成果转化法》《甘肃省促进科技成果转化条例》《甘肃省技术市场条例》《甘肃省促进科技成果转移转化行动方案》等成果转移转化政策，持续优化科技成果转移转化环境，技术市场交易表现活跃，成交额快速增长，交易质量不断提高，消化吸收能力不能增强，技术扩散度进一步提升，有力推动了甘肃省科技成果资本化与产业化。

一、基本情况

2020年，甘肃省登记各类技术合同7403项，比上年增长25.0%；成交金额233.16亿元，比上年增长18.7%，是“十三五”期间增长最快的一年，高于“十三五”期间甘肃省技术成交额年均增速7.2个百分点。技术合同表现得越来越“值钱”，2020年甘肃省平均每项技术交易成交额为314.9万元，比“十三五”初期增加了27.8万元/项，增长了9.7%。见图2-3-1。

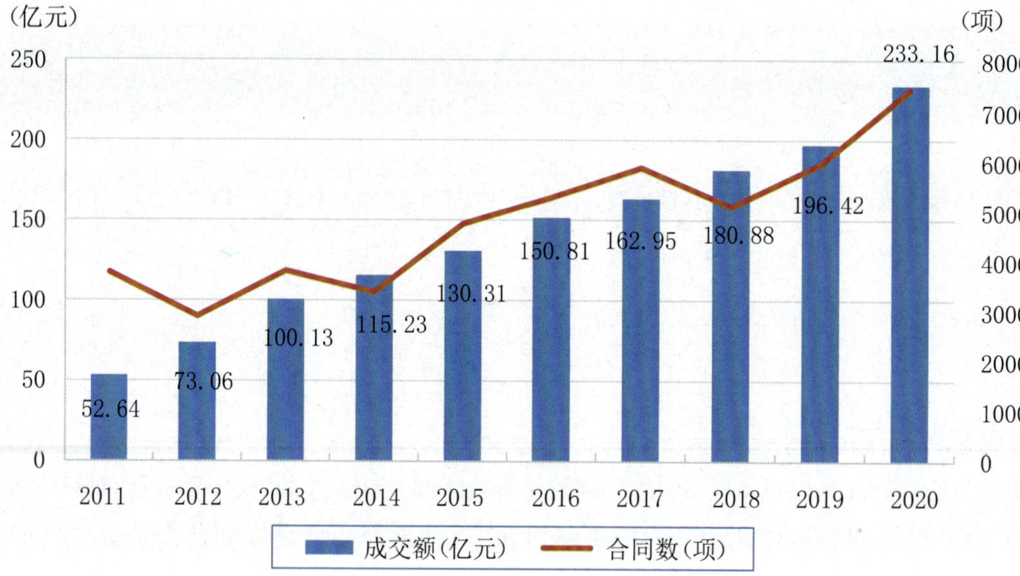

图2-3-1 2011-2020年甘肃省技术市场合同数和成交额情况

二、交易特点

(一)技术服务合同稳居首位，技术咨询合同大幅增长

2020年，甘肃省技术交易的四类合同中，技术服务合同4804项，成交额181.63亿元，占成交总额的77.9%，比上年增长10.5%；技术咨询合同950项，成交额30.69亿元，占13.2%，比上年增长315.4%；技术开发合同1473项，成交额16.78亿元，占7.2%，比上年增长17.6%；技术转让合同176项，成交额4.06亿元，占1.7%，比上年减少60.7%。技术服务合同成交数量和金额均居首位，技术咨询合同成交额增幅最大。见图2-3-2。

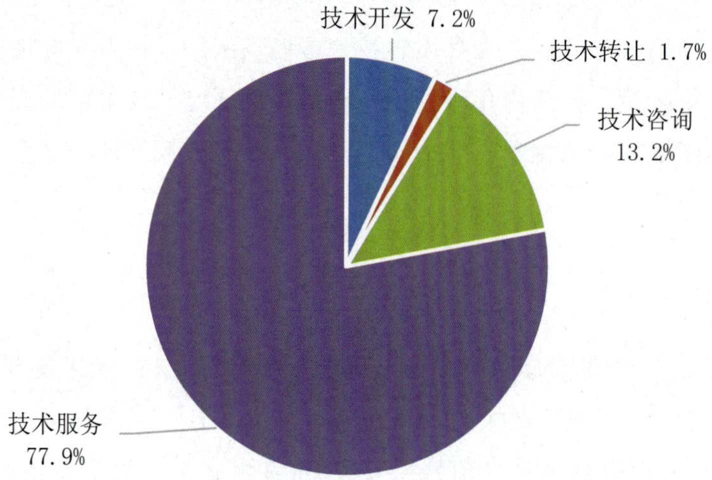

图2-3-2 2020年甘肃省技术交易按合同类别占比

（二）技术应用及服务领域广泛，农业类技术交易居多

从技术服务的社会经济目标看，甘肃省技术交易重点服务于农林牧渔业发展、社会发展和社会服务、基础设施及城市和农村规划三大社会经济目标，其中：农林牧渔业的技术交易居首位，成交额达到59.08亿元，占总成交额的25.3%；社会发展和社会服务的成交额位居第二，成交额42.71亿元，占总成交额的18.3%。见图2-3-3。

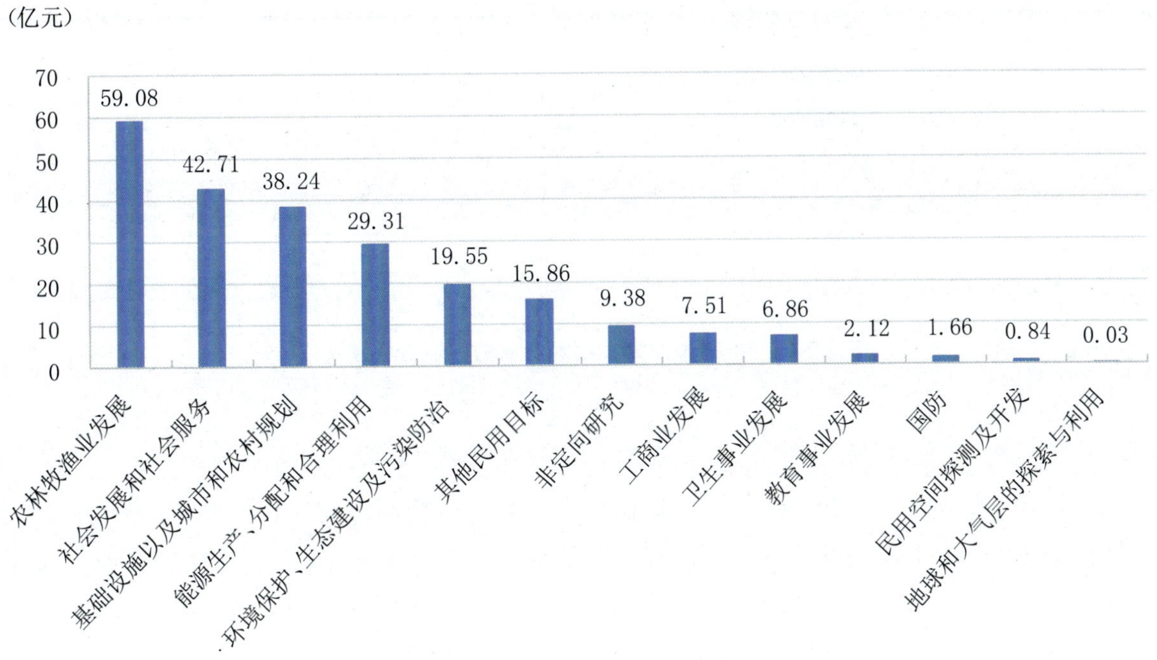

图2-3-3　2020年甘肃省技术交易服务的社会经济目标情况

从技术应用的领域看，甘肃省技术交易主要应用于农业、新能源与高效节能、现代交通、城市建设与社会发展、先进制造五大技术领域，成交额共计177.79亿元，占总成交额的近八成；其中应用于农业领域的技术最多，成交额达61.72亿元，占总成交额的26.5%。从技术领域的增长看，甘肃省在核应用、现代交通、新能源高效节能、新材料及其应用、城市建设与社会发展、生物、医药和医疗器械及电子信息等领域均有不同程度的增长，其中核应用技术交易增幅最高，成交额是上年的26.5倍；现代交通和新能源高效节能的技术发展也非常快，成交额分别是上年的2.4倍和1.6倍。见图2-3-4。

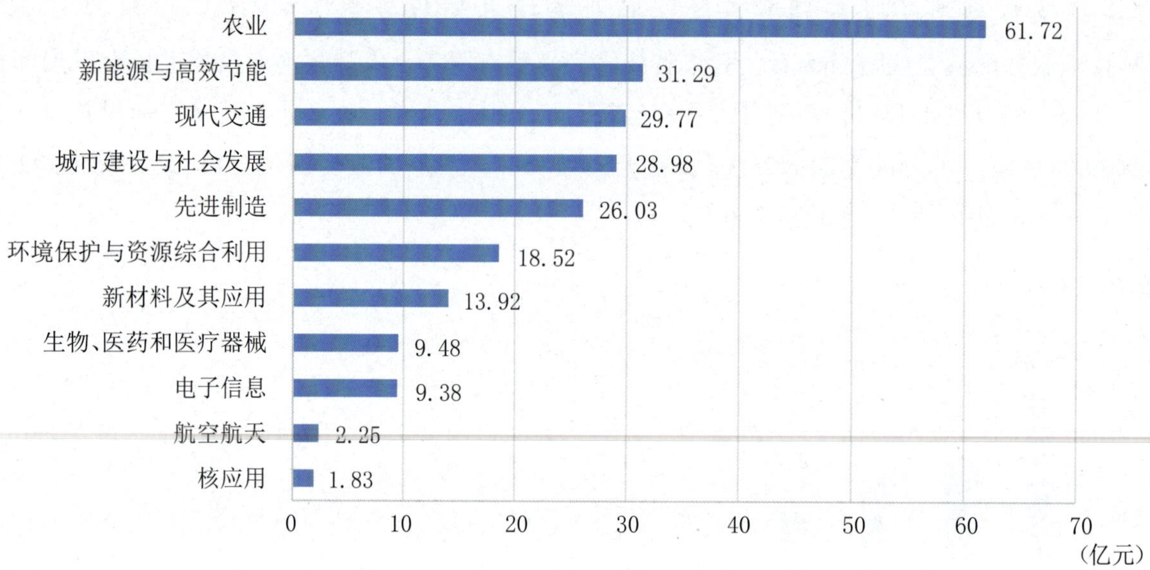

图2-3-4 2020年甘肃省技术交易的领域分布情况

（三）技术输出覆盖省内外多地，技术出口活跃度增强

从技术输出的角度来看，2020年，甘肃省流向省内的技术合同5148项，成交额106.06亿元，占总成交额的45.5%，比上年增长48.1%。流向国内其他省（区、市）的技术合同2236项，成交额124.8亿元，占总成交额的53.5%，比上年增长1.7%。其中，输出到浙江和江苏的技术成交额最高，均超过10亿元，分别为13.02亿元和10.05亿元；技术成交额在5亿~10亿元的省份依次是北京、陕西、青海、内蒙古、新疆、重庆、河北、山东。见图2-3-5。

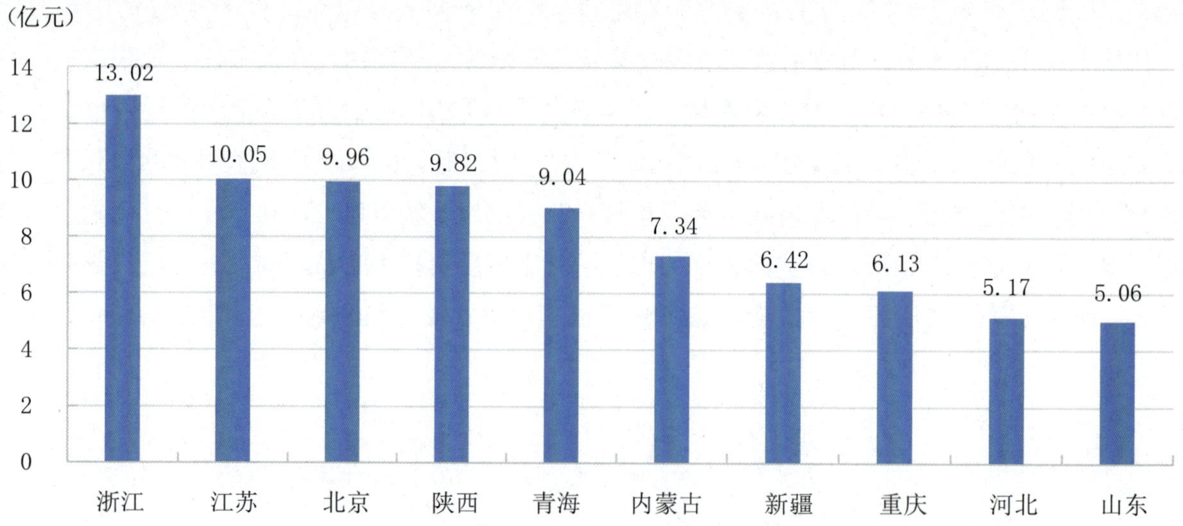

图2-3-5 2020年甘肃省对外输出技术成交额前十位的省份

2020年甘肃省技术流向港澳台及国外19项，成交额2.31亿元，占总成交额的1.0%。其中流向香港3项，成交额2319.2万元；其余16项技术出口至欧洲、北美洲、非洲、亚洲、大洋洲和拉丁美洲，共计16项合同，成交额为2.07亿元，比上年增长30.8%。技术出口的国家主要包括：英国3项，成交额1.49亿元；美国2项，成交额0.4亿元；俄罗斯3项，成交额0.13亿元。见图2-3-6。

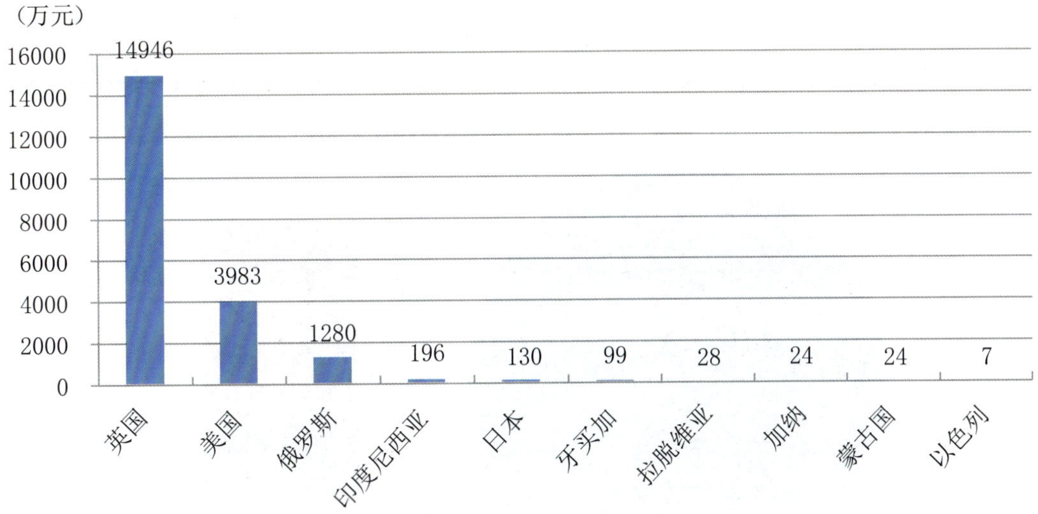

图2-3-6　2020年甘肃省技术出口情况

（四）技术吸纳稳步发展，略高于输出技术

从技术吸纳的角度来看，2020年，甘肃省共吸纳各类技术8525项，技术成交额235.58亿元，高出甘肃省技术输出成交额2.42亿元，比上年下降1.7%。

从吸纳技术的地域分布来看，吸纳省内技术5148项，成交额106.06亿元，占吸纳技术总成交额的45%；吸纳省外技术3377项，成交额129.51亿元，占吸纳技术总成交额的55%。甘肃省从28个省（区、市）吸纳了各类技术，吸纳技术成交额上亿元的地区有13个，北京、陕西和江苏排名前三位，依次为39.73亿元、33.81亿元和17.95亿元。见图2-3-7。

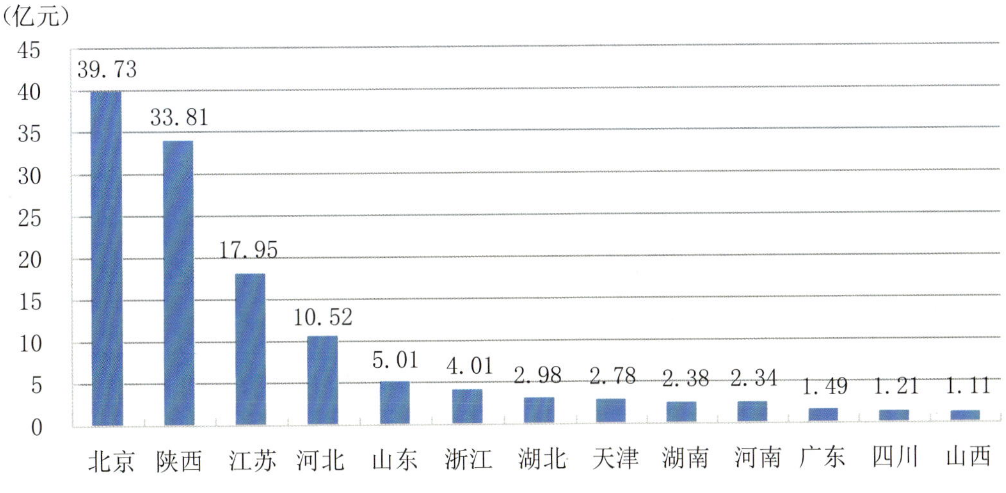

图2-3-7　2020年甘肃省吸纳省外技术成交额上亿元的地区

续表2-3-2

序号	卖方名称	合同数(项)	成交额(亿元)
6	玉门市艾郎风电科技发展有限公司	1	5.56
7	甘谷祁连山水泥有限公司	33	4.61
8	甘肃酒钢集团西部重工股份有限公司	8	4.34
9	酒泉凯地农业科技开发有限公司	14	3.88
10	甘肃前进牧业科技有限责任公司	3	2.70

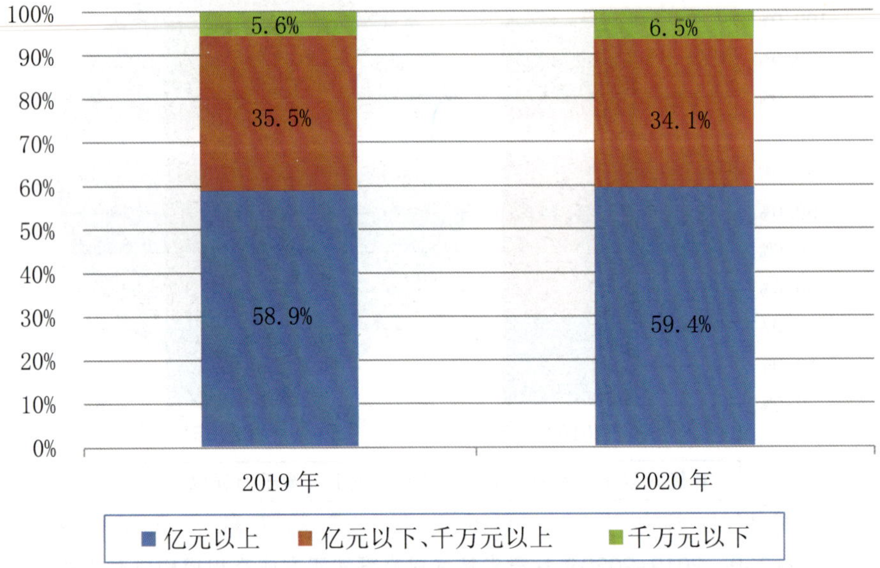

图2-3-10　2019-2020年甘肃省技术成交额按卖方成交规模构成对比图

(七) 企业仍是输出技术的主体，高校转移转化成效显著

2020年，甘肃省企业、科研机构和高校三大创新主体共登记技术合同7156项，成交额228.36亿元，比上年增长19.7%，占总成交额的97.9%。从三大创新主体来看，开展技术交易的企业有605家，比上年增加158家，技术成交额达到了190.78亿元，占总成交额的81.8%，比上年增长29.0%；开展技术交易的科研机构41家，比上年减少6家，技术成交额32.27亿元，占13.8%，比上年下降18.1%；开展技术交易的高校17家，比上年增加5家，技术成交额5.31亿元，占2.3%，比上年增长54.4%。反映出甘肃省企业技术创新主体地位凸显，高校成果转移转化的意识不断增长，科研机构成果市场活力表现不足。见图2-3-11。

2020年甘肃省技术流向港澳台及国外19项，成交额2.31亿元，占总成交额的1.0%。其中流向香港3项，成交额2319.2万元；其余16项技术出口至欧洲、北美洲、非洲、亚洲、大洋洲和拉丁美洲，共计16项合同，成交额为2.07亿元，比上年增长30.8%。技术出口的国家主要包括：英国3项，成交额1.49亿元；美国2项，成交额0.4亿元；俄罗斯3项，成交额0.13亿元。见图2-3-6。

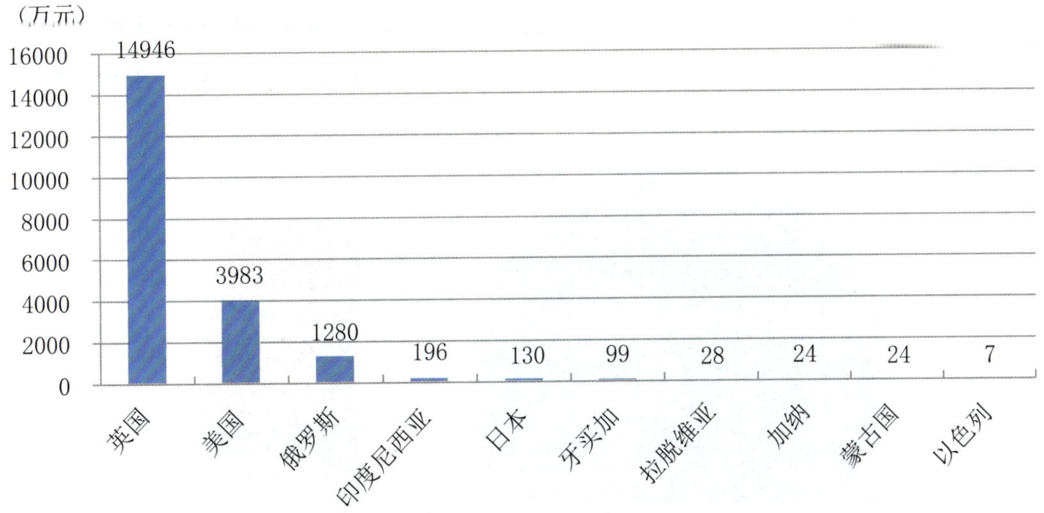

图2-3-6　2020年甘肃省技术出口情况

（四）技术吸纳稳步发展，略高于输出技术

从技术吸纳的角度来看，2020年，甘肃省共吸纳各类技术8525项，技术成交额235.58亿元，高出甘肃省技术输出成交额2.42亿元，比上年下降1.7%。

从吸纳技术的地域分布来看，吸纳省内技术5148项，成交额106.06亿元，占吸纳技术总成交额的45%；吸纳省外技术3377项，成交额129.51亿元，占吸纳技术总成交额的55%。甘肃省从28个省（区、市）吸纳了各类技术，吸纳技术成交额上亿元的地区有13个，北京、陕西和江苏排名前三位，依次为39.73亿元、33.81亿元和17.95亿元。见图2-3-7。

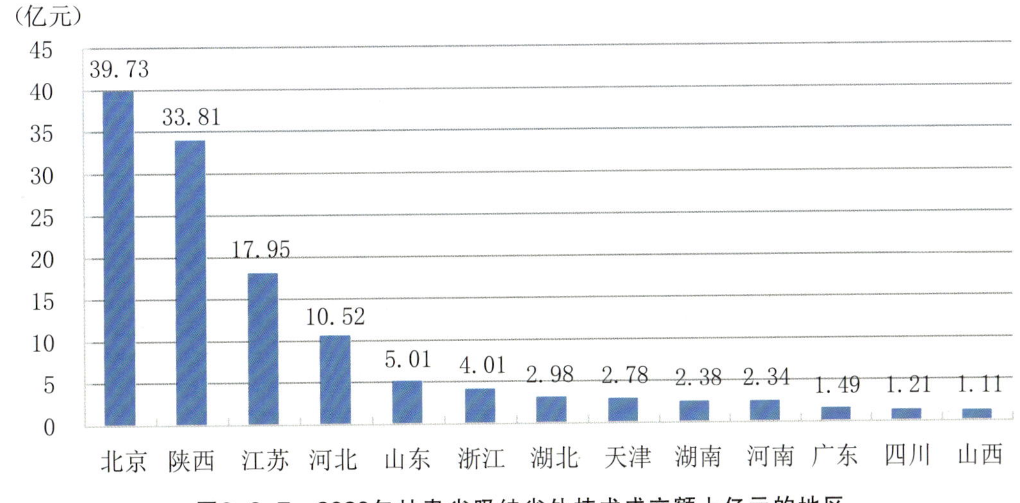

图2-3-7　2020年甘肃省吸纳省外技术成交额上亿元的地区

续表2-3-2

序号	卖方名称	合同数(项)	成交额(亿元)
6	玉门市艾郎风电科技发展有限公司	1	5.56
7	甘谷祁连山水泥有限公司	33	4.61
8	甘肃酒钢集团西部重工股份有限公司	8	4.34
9	酒泉凯地农业科技开发有限公司	14	3.88
10	甘肃前进牧业科技有限责任公司	3	2.70

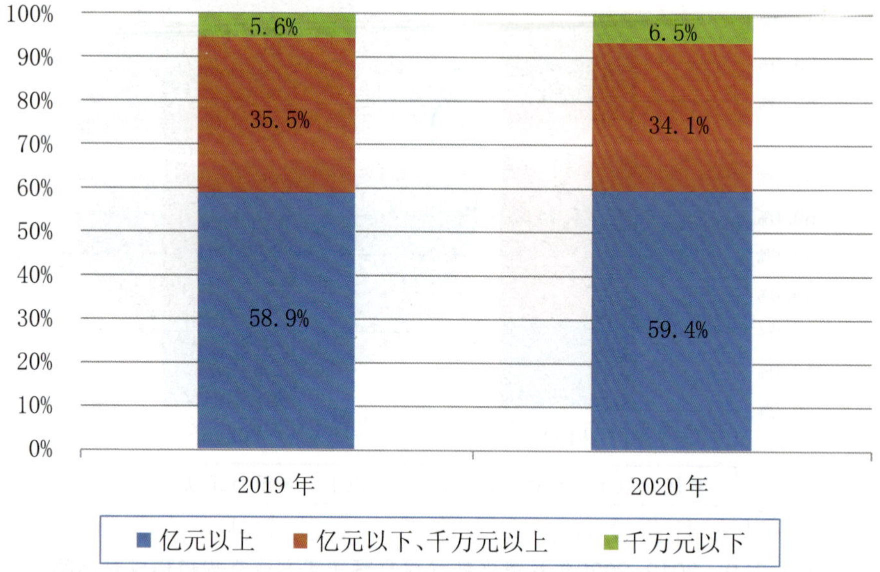

图2-3-10　2019-2020年甘肃省技术成交额按卖方成交规模构成对比图

（七）企业仍是输出技术的主体，高校转移转化成效显著

2020年，甘肃省企业、科研机构和高校三大创新主体共登记技术合同7156项，成交额228.36亿元，比上年增长19.7%，占总成交额的97.9%。从三大创新主体来看，开展技术交易的企业有605家，比上年增加158家，技术成交额达到了190.78亿元，占总成交额的81.8%，比上年增长29.0%；开展技术交易的科研机构41家，比上年减少6家，技术成交额32.27亿元，占13.8%，比上年下降18.1%；开展技术交易的高校17家，比上年增加5家，技术成交额5.31亿元，占2.3%，比上年增长54.4%。反映出甘肃省企业技术创新主体地位凸显，高校成果转移转化的意识不断增长，科研机构成果市场活力表现不足。见图2-3-11。

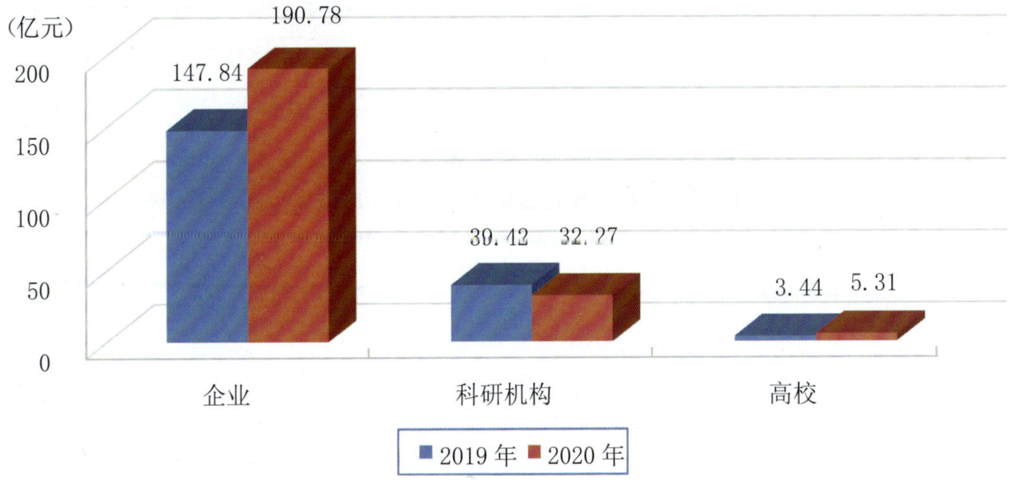

图2-3-11　2019-2020年甘肃省三大创新主体技术交易情况对比

（八）重大技术合同超七成，以农业、新能源与高效节能技术居多

2020年，成交金额千万元以上的重大技术合同共549项，成交额172.15亿元，占总成交额的73.83%，比上年增长16.8%。在这些重大技术中，涉及农业领域的技术合同最多有147项，成交额41.16亿元，占重大技术合同交易总量的23.9%；其次是新能源与高效节能类的重大技术，有58项，成交额28.31亿元，占16.4%；现代交通、先进制造、城市建设与社会发展、环境保护与资源综合利用领域，成交额分别为26.49亿元、21.54亿元、15.51亿元和15.17亿元，这些重大技术的交易提升了甘肃省科技成果转移转化的质量与速度。图2-3-12。

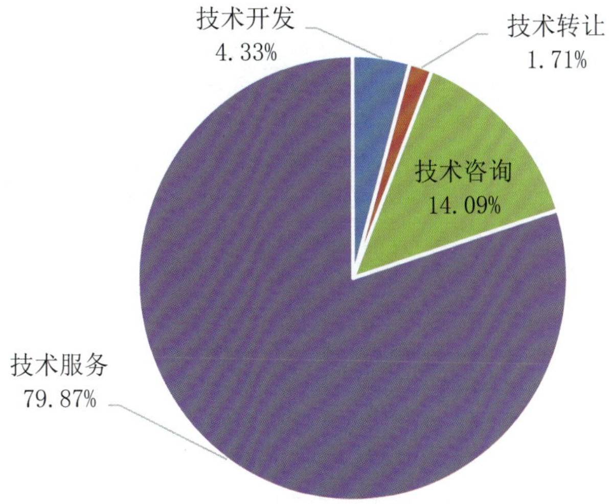

图2-3-12　2020年甘肃省重大技术合同按类型成交额分布

三、甘肃省各技术登记机构交易情况

2020年，甘肃省有16家登记机构实施了技术合同登记，其中兰州技术市场管理办公室登记技术合同成交量最高，登记合同数为2644项，占甘肃省总合同数的36.7%，成交额61.29亿元，占总成交

额的26.3%。按地区划分，兰州市、酒泉市、天水市技术合同成交额分别以81.45亿元、30.98亿元、29.27亿元列甘肃省前三位，总成交额占甘肃省总量的60.8%；从增长幅度看，有6个地区增幅超过甘肃省平均增幅（18.7%），依次是嘉峪关、平凉、陇南、酒泉、金昌和兰州。见表2-3-3。

表2-3-3　2019-2020年甘肃省各技术市场登记机构实施合同登记情况

登记机构名称	2019 年		2020 年	
	合同数(项)	成交额(亿元)	合同数(项)	成交额(亿元)
合计	5921	196.42	7403	233.16
兰州技术市场管理办公室	2255	55.58	2644	61.29
酒泉市科技局	177	24.41	122	30.98
天水市科技局	117	27.56	223	29.27
张掖市科技局	220	25.56	399	24.51
武威市科技局	211	13.12	317	14.14
兰州科技大市场	941	6.04	2046	13.74
庆阳市科技局	56	8.83	75	8.54
嘉峪关市科技局	2	0.41	90	7.30
白银市科技局	71	6.23	92	7.12
定西市生产力促进中心	128	6.23	216	7.07
金昌市科技局	77	5.52	117	6.79
陇南市科技局	105	5.22	96	6.73
平凉市科技局	90	3.79	157	6.68
甘肃省科技发展促进中心	1457	5.56	787	6.42
临夏州科技局	10	1.22	18	1.33
甘南州科技局	4	1.14	4	1.26

第四节 科技成果

一、科技成果总体情况

2020年，甘肃省共登记科技成果2140项，比上年增加661项，增幅44.7%。所有成果均严格按照《甘肃省科技成果登记办法》（甘科成规〔2017〕1号）登记的原则、范围、条件和要求产生。成果登记后，对无涉密要求的科技成果信息及时予以发布，并围绕新一代信息网络、智能绿色制造、现代农业、现代能源等重点领域，对财政资金支持的计划类项目及有转化意愿的发明专利等市场化前景广阔的重大科技成果，借助甘肃科聚网、兰州科技大市场等信息平台进行信息发布，通过信息共享提升科技成果转化成功率。

（一）按成果类别划分

2020年，甘肃省登记的科技成果中，应用技术成果1463项，占68.4%，比上年增长58.7%；基础理论研究成果648项，占30.3%，比上年增长28.6%；软科学成果29项，占1.4%，比上年下降45.3%。

（二）按知识产权划分

2020年，甘肃省登记的科技成果中取得知识产权2886项，其中：发明专利1142项，占39.6%；实用新型846项，占29.3%；软件著作权394项，占13.7%；外观设计58项，占2.0%；其他446项，占15.5%。见图2-4-1。

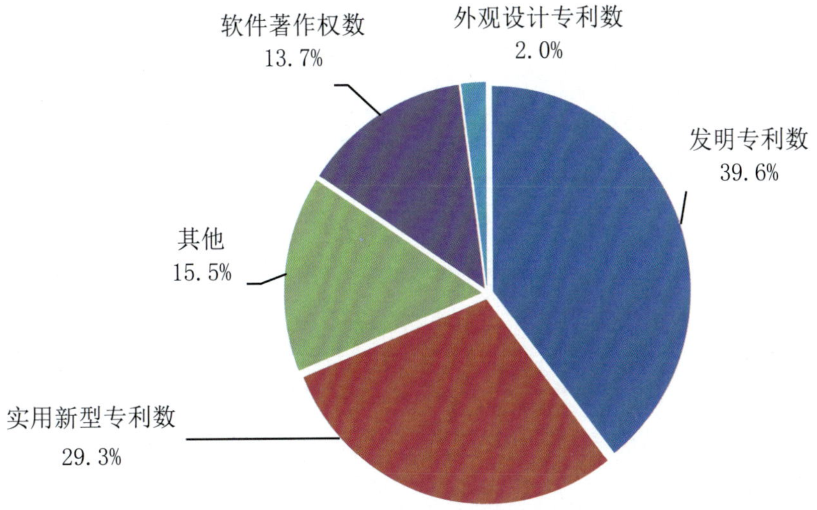

图2-4-1 2020年甘肃省科技成果中知识产权情况

（三）按单位属性划分

2020年，从完成单位的属性划分来看，企业635项，占29.7%；大专院校599项，占28.0%；医疗机构387项，占18.1%；科研机构333项，占15.6%；其他186项，占8.7%。见表2-4-1、见图2-4-2。

表2-4-1　2019-2020年甘肃省科技成果按单位属性分布

年度	成果总数	企业		大专院校		医疗机构		科研机构		其他	
		数量(项)	占比(%)	数量(项)	占比(%)	数量(项)	占比(%)	数量(项)	占比(%)	数量(项)	占比(%)
2019	1479	367	24.8	466	31.5	256	17.3	269	18.2	121	8.2
2020	2140	635	29.7	599	28.0	387	18.1	333	15.6	186	8.7

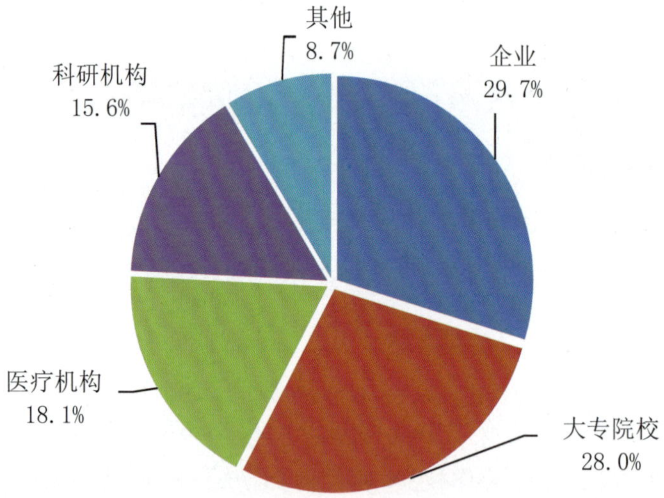

图2-4-2　2020年甘肃省科技成果按登记单位属性划分

（四）按课题来源分类

2020年，甘肃省登记的科技成果以各类科技计划项目为主，政府资金起主导作用，其中来源于各类科技计划项目的成果1056项，比上年增长34.4%，占登记成果总数的49.3%；自选项目601项，比上年增长67.4%，占28.1%；基金项目313项，比上年增长12.6%，占14.6%；横向委托28项，比上年增加24项，占1.3%；其他项目140项，比上年增长了1.8倍，占6.5%；国际合作2项，与上年对比无变化。见图2-4-3。

第四节　社会发展领域科技进展

2020年，甘肃社会发展领域科技工作力度不断强化，科技政策制度更加完善，紧急启动应对新冠肺炎疫情科研攻关特别专项，有效应对新冠肺炎疫情，首台具有自主知识产权的大型医疗设备产业化取得重大突破，临床医学研究中心建设稳步推进，省级科技计划项目有序实施，促进科技创新成果更多更好惠及民生。

一、紧急启动甘肃省应对新冠疫情科研攻关

新冠疫情暴发后行动迅速，甘肃省科技厅打破科研项目的常规申报模式，迅速组织科研项目，共拨付1000万元科研经费用于开展疫情应急防治技术攻关。组织兰州大学第一医院牵头，由相关高校、科研院所、医院、企业等十几家单位参与，在流行病学研究、快速诊断技术、诊疗模式研究、中药协同治疗防控等方面开展科研攻关。目前已经取得了重要成果，该项工作仍在继续推进。

二、推进大科学装置——重离子治癌系统产业化发展

甘肃省科技厅高度关注大科学装置——重离子治疗肿瘤技术及装置研究，推动重离子治疗技术的研发体系建设。2005年以来，甘肃省科技厅积极支持以中国科学院近代物理研究所为核心的单位开展重离子治癌技术研究和设备小型化研究，累计支持各类项目34项、省级研发经费1128万元。建设甘肃省粒子束辐射工程技术研究中心、甘肃省空间辐射生物学重点实验室培育基地、甘肃省重离子束辐射医学应用基础重点实验室等重离子治疗肿瘤技术科技创新平台，推动重离子治癌系统临床应用和产业化。2020年4月，武威重离子治癌系统正式投入临床应用。该成果是解决重点技术“卡脖子”问题的成功案例，被誉为大科学装置回报社会的典范，受到了社会各界的广泛关注。

三、建设文化和科技融合示范基地

文化和科技融合示范基地是科技部、中宣部重点推进的文化领域科技创新平台，也列入2020年甘肃省深化文化体制改革任务台账。2020年12月1日，甘肃省委文化体制改革专项小组专题会议，审议通过了《甘肃省文化和科技融合示范基地暨甘肃省非物质文化遗产传承保护创新坊认定管理办法（试行）》，现已联合甘肃省委宣传部印发实施。目前，甘肃省已有“兰州国家级文化和科技融合示范基地”“敦煌研究院国家文化和科技融合示范基地”。

四、推动科技创新支持“平安中国”建设

科技部、中央政法委牵头，联合多部门印发了《关于加强科技创新支撑平安中国建设的意见》，对科技创新支撑建设平安中国做出安排部署。甘肃省科技厅牵头起草了贯彻落实的实施意见，征求有关部门意见后修改完善实施意见，并印发实施。

五、稳步推进临床医学研究中心建设

临床医学研究中心是科技部推动临床医学研究的重要创新平台，已与国家重点实验室、国家技术创新中心并列成为科技部管理的国家级科技创新基地。2012年，国家启动临床医学研究中心的建设工作，目前已分四批共布局建设了50家临床医学研究中心，涉及20个疾病领域。2017年，科技部、国家卫生计生委、军委后勤保障部和食品药品监管总局发布了《国家临床医学研究中心管理办法（2017年修订）》等文件。2018年，甘肃省认定建立10个省级临床医学研究中心。为适应新形势下国家临床医学研究中心的建设要求，重点加强临床医学研究中心的制度化建设，修订管理办法，与甘肃省卫生健康委员会、甘肃省药品监督管理局联合印发《甘肃省临床医学研究中心管理办法》（甘科社规〔2020〕8号），为规范推动甘肃省临床医学研究中心建设提供依据。2020年，新批复建立15个省级临床医学研究中心。

六、开展“十四五”社会发展科技战略研究

甘肃省科技厅会同兰州大学开展甘肃省“十四五”社会发展科技战略研究，主动对接国家和甘肃省委省政府重大决策和战略，并衔接甘肃省“十四五”科技创新规划和社会发展领域行业部门规划要求，将生态产业体系、黄河流域生态保护和高质量发展、敦煌文物传承保护、临床医学研究中心等重大战略纳入研究内容，形成研究报告等研究成果，为甘肃省“十四五”科技创新规划编制提供了主要参考。

七、积极争取国家重大科研项目

在“十三五”末期，在国家重大科研项目收尾、申报难度增大的情况下，2020年甘肃社会发展领域争取国家重点研发计划项目（含课题）10项，经费7691万元。其中敦煌研究院获批复立项“墓葬壁画原位保护关键技术研究”国家重点研发计划项目，获拨中央财政经费1959万元。“十三五”期间，甘肃社会发展领域牵头实施国家重大科研项目（课题）30项，获拨中央财政经费约3.13亿元。

八、推进社会发展领域科技项目立项及项目管理

2020年，甘肃社会发展领域立项重点研发计划项目50项（总经费690万）、民生科技计划社会发展专题21项（总经费500万元），临床医学研究中心建设经费400万元，组织新冠肺炎科研攻关特别专项1项，总经费1000万元。组织验收社会发展领域重大专项、重点研发、民生计划等各类项目共计40项。

第五节　基础研究工作进展

2020年，甘肃省科技厅认真落实《国务院关于全面加强基础科学研究的若干意见》，紧紧围绕甘肃省委省政府决策部署和科技创新重点任务，着力优化基础研究资源配置，努力提升创新基地体系效能，加强创新型人才队伍培养，基础研究工作逐步进入快车道，有力地支撑了创新型省份建设。

一、创新基地建设取得明显成效

（一）国家级创新基地建设快速推进

坚持国家目标与甘肃省重大需求相结合，聚焦优势特色资源，努力争取国家创新基地建设布局。依托甘肃农业大学建设的省部共建干旱生境作物学国家重点实验室建设运行实施方案已通过科技部专家论证。依托敦煌研究院建设的文物保护领域省部共建国家重点实验室、依托中国科学院近代物理研究所建设的同位素国家重点实验室已经科技部初步同意支持。依托兰州大学建成了甘肃应用数学中心，为甘肃省争取国家基础科学中心奠定了良好的基础。甘南草原生态系统野外科学观测站、庆阳草地农业生态系统野外科学观测研究站和武威绿洲农业高效用水野外科学观测站成功进入2020年度国家野外站优先建设序列。

（二）创新基地体系不断完善优化

聚焦甘肃省重大战略任务和长远发展，统筹布局省级创新基地，加强开放共享，促进协同创新，努力提升创新效能。成立“甘肃省同位素实验室地方事业单位”，拨付800万元专项建设经费，充分发挥省实验室引领支持作用。围绕能源化工、人口健康、旱区农业、防灾减灾和生物资源保护利用等领域，新建12个省级重点实验室，7个省级野外科学观测研究站。首次启动建设3个省科学数据中心，进一步提升科学数据管理、交汇和共享能力水平。落实《甘肃省支持科技创新若干措施》，给予固体润滑国家重点实验室评估优秀奖补经费300万元支持，拨付甘肃省敦煌文物保护研究中心450万建设运行经费。

二、基础研究实力稳步提升

（一）成功加入国家区域创新发展联合基金

积极融入国家科技计划竞争体系，完善基础研究多元化投入机制，经甘肃省政府与国家自然科学基金委协商，甘肃省顺利加入国家区域创新发展联合基金，签订5年合作协议，重点围绕生态保护与修复、生物医药、先进制造、中医药、旱作农业、核科学与技术应用、文物保护等甘肃省特色优势领域实施联合资助，充分发挥国家自然科学基金的导向作用，吸引和集聚了全国的优势科研力量解决了甘肃省经济与社会发展中面临的关键科学问题和技术难题，培养和集聚了一批高层次科技人才，助推甘肃省基础研究原始创新能力提升和关键技术攻关。2020-2021年34个区域创新发展联合基金指南已由国家基金委面向全国正式发布。

（二）承担国家项目能力不断提升

举办了2019年度国家自然科学基金甘肃联络网管理工作会议，宣传解读2020年度国家自然科学基金改革政策，引导鼓励高校、科研院所强化项目申报质量。2020年，甘肃省共有34家单位获批国家自然科学基金项目649项，获得直接资助经费29 969.93万元。其中，地区基金项目创历史新高，获批265项，资助经费达到9301.93万元；优秀青年基金获批7项，较2019年增加了4项。

（三）省自然科学基金资助力度持续加强

坚持自由探索和目标导向相结合，进一步扩大自然科学基金项目的受众面和辐射面，分两批实施甘肃省自然科学基金项目1404项，平均资助率达到30%以上，资助经费5700余万元，倾斜支持了职业院校、大专院校、专升本高校和各市州科研院所（主要是兰外单位），加大了甘肃省杰出青年基金项目和群体项目实施力度，着力发现和培养有潜力的青年科技人才和高水平人才团队。实施甘肃省自然科学基金自筹项目348项，完善多元投入机制，引导、撬动企业和社会力量投入基础研究。

（四）创新人才队伍不断壮大

2020年，甘肃省2人获得何梁何利奖，2人获得国家杰出青年基金资助，7人获得国家优秀青年基金资助，40人获得省杰出青年基金资助，18个团队入选省基础研究创新群体，20人入选拔尖领军人才培养计划，面向海内外选聘生态产业特聘专家9人。截至2020年底，甘肃省拥有两院院士24人（11人为双聘院士），国家杰出青年基金获得者55人、优秀青年基金获得者49人，省杰出青年基金获得者90人、省基础研究创新群体团队56个，“西部之光”人才培养计划入选者65人，省级拔尖人才20人、领军人才917人，生态产业特聘科技专家9人，享受国务院政府特殊津贴1393人。

第六节 国际科技合作交流

2020年，国际科技合作工作聚焦新形势新任务，坚持目标导向和需求导向，理清思路，主动作为，认真做好政策制定、平台搭建、项目组织、专题调研等方面工作，较好地完成了各项任务。

一、制定出台创新能力开放合作政策

为贯彻科技部等11家单位联合印发的《关于加强创新能力开放合作的若干意见》，深入实施创新驱动发展战略，建设打造“一带一路”五大制高点，在征集甘肃省委组织部、甘肃省发展改革委等23家部门推进举措和意见建议的基础上，牵头制定出台《甘肃省加强创新能力开放合作实施意见》，明确工作目标、发展路径和保障措施，围绕基础研究、国际合作、人才引育、技术贸易、开放生态等5个方面提出13条具体措施，形成了集科学研究、技术研发、人文交流、技术贸易为一体的政策引导体系，推进以科技创新为核心的全面开放合作。

二、加强国际科技合作基地建设与管理

一是为加强和规范省级国际科技合作基地的建设、运行和管理，完成《甘肃省国际科技合作基地管理办法》《甘肃省国际科技合作基地评估办法》的制订和修订。二是严格落实年度报告制度，围绕规模与分布、人才引育、交流形式、合作成果等方面，梳理汇总了2017–2018年认定的70家甘肃省国际科技合作基地工作成效，各依托单位开展科技合作的国别已达42个，分布在中西亚地区（5个）、南亚地区（9个）、东北亚地区（2个）、非洲地区（4个）、美洲地区（2个）、中东欧地区（19个）和大洋洲地区（1个）。三是聚集十大绿色生态产业重点领域，主动适应新形势、新常态下国际科技合作工作需要，通过前期调研、定向组织、会议评审、专家论证等方式，与甘肃省外事办联合认定2020年甘肃省国际科技合作基地10家，涉及生物医药、核技术应用、电子与信息技术、农业等技术领域，合作国别8个。四是坚持“以评促管、以评促建”的原则，充分发挥考核评估的“指挥棒”作用，围绕基地的基础条件、运行管理、人才队伍、国际科技合作工作进展成效等内容，采取专家会议评价、现场考察评估的方式，对2017年认定的35家甘肃省国际科技合作基地进行考核评估，评估为“优秀”等次的15家、“合格”等次的20家。

三、以项目为支撑，推进“一带一路”科技创新合作

一是坚持技术导向和需求导向，围绕服务推进丝绸之路“科技走廊”建设，打造“一带一路”技术制高点，组织科研单位争取申报国家项目支持。2020年，争取国家重点研发计划（政府间国际

科技创新合作重点专项）项目2个，获得经费445万元；争取发展中国家技术培训班7项（全额资助3项、半额资助3项、境外培训班1项），“中国—南非青年科学家交流计划”项目1项、“中国—北马其顿科技例会交流”项目1项，累计获得经费238.2万元。启动实施科技部对发展中国家科技援助项目“尼泊尔马铃薯优质高效种薯繁育技术援助”。征集推荐2021年国家重点研发计划政府间国际合作项目14项、战略性项目1项。二是坚持以“一带一路”建设为主题，聚集十大绿色生态产业重点领域，围绕新产品、新设备以及关键共性技术的国际合作研究开发与集成创新，以项目为支撑开展全方位多领域的科技创新合作。推荐立项2020年省级重点研发计划国际科技合作项目2批49项，省级重大专项2项，覆盖农业、新能源、医药等领域。

四、推进重大科技交流合作活动

发挥与科技部上下联动的工作机制，进一步明确活动组织方式和工作方向，及时下发《关于推进中俄科技创新年活动的通知》，督促相关承担单位按照时间节点，采取以线上为主、线上线下融合等多种方式组织开展中俄科技创新年活动。平台搭建方面，兰州交通大学和俄罗斯交通大学共建“中俄先进智能交通技术联合实验室”进展顺利，双方签署战略合作协议，围绕交通运输工程、计算机、自动控制、土木桥隧、机车车辆、智能交通新技术装备等领域开展合作研究与成果转化。学术研讨方面，由中国科学院兰州化学物理研究所主办的“中俄等离子技术应用研讨会”，采取网络会议形式召开，围绕等离子科学技术的理论研究，聚焦等离子技术及表面处理方面的应用开展学术研讨。其他活动采取视频互动、线上讨论、邮件等形式开展交流。交流合作方面，借助第五届兰州科技成果博览会完成“俄罗斯企业兰州行”活动，邀请俄罗斯5家企业参加线上展览活动。甘肃省农业科学院与俄罗斯沃罗尼日大学共同组建“丝绸之路中俄技术转移中心”“中俄马铃薯种质创新与品种选育联合实验室”，为俄罗斯繁育马铃薯优良品种的脱毒原原种12个。中以绿色农业交流示范项目落地，科技部以专项形式定向支持甘肃省农业科学院与以色列联合实施“现代设施农业关键技术集成与应用”。

五、打造“一带一路”技术制高点

完成《新时代甘肃融入“一带一路”建设打造技术制高点实施方案》政策解读，对照梳理总结工作成效，制定任务落实清单，规整有关资料台账，并分别向甘肃省政府办公厅、甘肃省发展改革委报送工作进展情况。调研督导组对甘肃省科技厅“一带一路”建设工作进行现场督导调研，并给予充分肯定。调研督导是对推动“一带一路”建设工作的试金检验，也为规范推动相关任务落实提供了重要指引。

六、开展国际科技合作工作调研

结合重大专项中期检查评估，掌握国际科技创新合作成效，了解新形势下科技创新面临的短板与不足，先后赴甘肃省农业科学院、陇南市开展专题调研。为贯彻落实甘肃省中医药大会精神，全面加强甘肃省中医药产业创新开放发展，围绕中医药领域科技创新、创新平台建设、开放交流与人才引育等内容，赴甘肃省中医院、甘肃省中医药研究院、甘肃中医药大学、甘肃中医药大学附属医院开展专题调研。为贯彻党的十九届五中全会精神，进一步发挥科技创新对经济社会发展的支撑作用，赴甘肃省外事办调研，并以召开座谈会的形式对接工作，就建立外事交流机制、打造“外事+科技”的外宣品牌、促进信息资源共享达成具体措施。

第四章 科技创新环境

第一节 科技体制改革与政策

2020年，甘肃科技体制改革工作稳步推进，科技体制改革力度不断强化，科技政策制度更加完善。推动实施创新驱动发展战略，加强科研诚信与监督，贯彻落实依法行政工作部署，提升科普能力和水平，推动法治政府建设，各项工作取得显著成效。

一、深化科技体制改革，营造良好创新生态环境

（一）出台创新政策，推动实施创新驱动发展战略

印发实施了《关于进一步激发创新活力强化科技引领的意见》（甘政发〔2020〕46号）。以科技领域体制机制创新为突破，聚焦科研管理改革、高端创新平台搭建、科技创新人才培育、科技成果转移转化等科技发展的核心要素，从优化创新生态环境的全局谋划未来一个时期的科技工作，形成以制度建设促进和保障科技创新的长效机制，推动甘肃省创新驱动发展战略实施。

（二）健全政策措施，支持民营企业开展科技创新

联合甘肃省工商业联合会印发《关于推动甘肃省民营企业科技创新的实施意见》。通过项目实施、平台建设、人才培育、科技金融、军民融合、国际合作等加强民营企业科技创新，保障民营企业依法平等使用资源要素、公开公平公正参与竞争、同等受到法律保护，推动民营企业改革创新、转型升级、健康发展，为促进甘肃省经济高质量发展提供坚强支撑。

（三）积极宣讲创新政策，营造良好创新生态环境

持续开展《关于进一步加强科研诚信建设的实施方案》《关于落实以增加知识价值为导向分配政策的实施意见》《关于深化项目评审、人才评价、机构评估改革的实施方案》等文件的宣传解读工作，推动全社会重视科技创新生态环境建设，进一步督导高校、科研院所结合自身实际，制定和完善相关内部管理办法，弘扬科学精神，优化科技创新环境，为科研人员松绑，提升科研人员的获得感。

（四）表彰先进，树立典型，调动激发研发人员的工作热情

会同甘肃省人力资源和社会保障厅联合印发了《关于表彰全省科技工作先进集体和先进个人的决定》，分别对32家单位、87名科技工作者给予“全省科技工作先进集体”“全省科技工作先进个人”称号。

（五）完善科研诚信信息管理，加强科研诚信建设

一体化部署科技创新诚信和监督评估工作，主动与甘肃省科技厅纪检组对接，强化科研领域的诚信与监督。明确甘肃省科研诚信信息系统主体责任，完善科研诚信信息管理机制，配合甘肃省纪律检查委员会开展科技领域专项治理工作，积极参加甘肃省政府疫情期间复工复产督查工作。

二、坚持依法行政，不断推进法治政府建设

（一）贯彻落实依法行政工作部署，提高依法行政观念

印发《2020年甘肃省科技厅法治政府建设工作要点》。组织开展行政规范性文件的清理工作，持续做好行政规范性文件的备案审查。举办法治政府建设专题辅导讲座和《民法典》专题辅导授课。向甘肃省人大常委会法工委报送了《兰州白银国家自主创新示范区条例》立法计划。建立健全了甘肃省科技厅公职律师和法律顾问有关工作制度。印发了《甘肃省科技厅重大行政决策事项清单和年度目录管理办法（试行）》，使行政决策更加科学规范。

（二）开展科技领域“放管服”改革，积极营造良好营商环境

开展一体化政务服务有关工作，推进甘肃省科技信息管理系统与甘肃政务服务网对接。开展了妨碍统一市场和公平竞争的政策措施清理工作，在甘肃省科技厅门户网站上公布了新的甘肃省科技厅权责清单。开展证明事项告知承诺制工作，发布了《关于甘肃省实验动物生产使用许可证核发告知承诺书的公告》。

（三）积极推进普法宣教，提升法治意识

发布了甘肃省科技厅2020年度普法责任清单，印发了《关于做好2020年全民国家安全教育日普法宣传工作的通知》《关于做好防范电信网络诈骗法治宣传教育的通知》《关于开展春节集中法治宣传教育活动的通知》《关于做好新型冠状病毒感染肺炎疫情防控中法治宣传教育工作的通知》《关于转发〈新型冠状病毒感染肺炎疫情当前防控工作有关法律知识问答〉的通知》等，持续在甘肃省科技厅微信公众号普法专栏开展普法宣传，营造良好的创新领域法治环境。

第二节　科技创新平台建设

一、基础研究创新平台建设

2020年，甘肃省基础研究创新平台建设工作以培育建设国家级区域创新高地为牵引，积极争取国家级平台布局建设，聚焦优势特色领域，坚持需求导向，统筹布局省级创新平台，为开展高水平科学研究、加强人才培养和学科建设、深化科技开放合作提供了有力支撑。

（一）努力争取国家创新基地建设布局

科技部已初步同意支持敦煌研究院、中国科学院近代物理研究所申报建设省部共建敦煌文物保护国家重点实验室和同位素国家重点实验室；甘肃农业大学省部共建干旱生境作物学国家重点实验室建设运行实施方案已经专家论证通过后上报科技部基础研究司。依托兰州大学建成甘肃应用数学中心，为争取国家基础科学中心奠定基础。甘南草原生态系统野外科学观测站、庆阳草地农业生态系统野外科学观测研究站和武威绿洲农业高效用水野外科学观测站成功进入2020年度国家野外站优先建设序列。落实《甘肃省支持科技创新若干措施》，给予固体润滑国家重点实验室评估优秀奖补经费300万元，拨付甘肃省敦煌文物保护研究中心450万元建设运行经费。

（二）持续完善优化创新基地体系

甘肃省同位素实验室已在兰州新区开工建设，成立了地方事业单位，充分发挥省实验室引领支撑作用。围绕能源化工、人口健康、旱区农业、防灾减灾和生物资源保护利用等领域，新建12个省级重点实验室，7个省级野外科学观测研究站。首次启动建设3个省科学数据中心，进一步提升科学数据管理、交汇和共享能力水平。进一步加强创新基地建设管理，完成了2020年度省重点实验室和野外科学观测研究站年度工作报告。坚持人才培养与基地建设相结合，根据发展需求调整、新聘了部分创新基地主任和学术委员会主任。邀请专家完成了2018年立项的14家省野外台站的专家现场考察工作，掌握了各台站2年来建设发展情况，并现场提出了指导意见，为各台站验收奠定基础。

二、社会发展领域科技创新平台建设

为加强甘肃省以临床应用为导向的医学科技创新体系建设，进一步规范省级临床医学研究中心的建设和运行管理，2020年10月，甘肃省科技厅与甘肃省卫生健康委员会、甘肃省药品监督管理局联合印发《甘肃省临床医学研究中心管理办法》（甘科社规〔2020〕8号）。重点围绕国家的布局建设规划，优先考虑甘肃省优势学科、特色学科，布局建设15家省级临床医学研究中心，涉及普通外科、呼吸系统疾病、泌尿外科、影像医学等15个疾病领域。截至2020年，甘肃省级临床医学研究中心共25家，进一步满足了甘肃省疾病防治需求，整合集成临床医学优势资源，促进医学研究成果转化和推广应用，提升甘肃省疾病诊疗防治水平，为优化组织实施相关疾病临床研究和转化医学发展提供科技支撑。

2020年，依据国家分中心建设的指导意见，已批复成为国家临床医学研究中心分中心并完成备案的甘肃省级临床医学研究中心3家。甘肃省代谢性疾病临床医学研究中心（甘肃省人民医院）成为国家代谢性疾病临床医学研究中心分中心，甘肃省骨科临床医学研究中心（兰州大学第二医院）成为国家骨科与运动康复临床医学研究中心分中心，甘肃省老年疾病临床医学研究中心（兰州大学第一医院）成为国家老年疾病临床医学研究中心分中心。

三、科技创新服务平台建设

2018年首批立项了12家创新平台，3年来取得了丰硕的成果（3家生物样本库以及9家种质资源库），在基础设施建设、功能定位、人才队伍培养、创新能力等方面不断提升，开展了一系列有影响力的国内外合作研究，正在逐步发展成为引领甘肃省种质资源库样本库的保存力。2020年评选出了9家创新服务平台（2家生物样本库、3家种质资源库以及4家技术创新平台），这些平台对带动甘肃省生物样本研究技术水平和农业发展、科技服务做出了重要贡献。

（一）强化建设原始性创新生物样本库

生物样本库通过医学临床资源优势，整合生物样本资源及相关数据资源，实现了资源共享，同时生物样本库依托单位将临床数据和生物样本蕴含的分子生物数据有机结合，不仅提升了样本的数据分析和科研阐述能力，更在医学循证研究、联合攻关、学术交流、人才培养、成果转化、推广应用方面都取得了显著成效。

（二）建设种质资源库和实验材料库信息化管理平台

首批12家种质资源库和实验材料库不断加强创新服务平台信息化建设，将种质资源库和实验材料库的采集样本通过整理整合、科学分类、建立网站，实现了数字化管理，形成了“社会技术服务、科研合作和转化推广”三位一体的“精准对接”新机制，提升了共享服务能力。

（三）农业种质资源库已成为甘肃省的重要创新基地

2018年，甘肃省建立首批7家农业种质资源库，开展主要粮食作物、农作物、果树、草类植物等种质资源的征集鉴定、繁殖更新、入库保存和共享利用，为甘肃省的现代农业和生态环境提供了战略保障。如依托兰州大学建立的甘肃省寒区旱区草类植物种质资源库，是一个集种质资源收集、保存与评价利用于一体的草种质资源共享平台，通过建立甘肃省寒区旱区草种质资源收集网络，进一步完善了现有库体、干燥室、清选室、检验室等种质库硬件设施，收集与入库保存草种质资源

4000余份，制修订《草种子收集技术规范》等甘肃省地方标准4项。该平台不仅促进甘肃省野生草类植物种质资源的保存，也将为甘肃省乃至全国的草类植物育种工作提供优异种质资源，对甘肃省草牧业发展与草地生态环境的保护与建设具有举足轻重的指导意义。

（四）积极推进中药材种质资源库建设

甘肃省是中国中药材栽培面积最大的省份，中药材种质资源库的建设极为重要，不仅为甘肃省乃至全国提供基源准确、生产规范、种性优良的种子种苗，更能提高甘肃省中药材种质品质，对加快扩大甘肃省中药材的种植规模以及推动甘肃省中药、中医的发展起到关键性的作用。依托甘肃中医药大学建立的甘肃省道地中药材种质资源库，开展种质资源的筛选、鉴定、保护与创新应用，为以陇药为核心的中医药产业奠定了良好的种质基础。该平台通过无土设施工厂化种苗繁育、组织培养纯化快繁、种质资源鉴定筛选、新品种系统选育、良种大田移栽试验，实现了陇西黄芪、渭源党参、岷县当归、礼县大黄、黄芩、柴胡、板蓝根等70%以上优异种质收集、筛选、鉴定、创新与应用。

第三节　科技创新人才

2020年，甘肃省科技人才工作努力营造良好的创新氛围，探索多元化人才培养机制，加快形成人才梯次培养机制，着力发现和培养有潜质的中青年人才和高水平人才团队。

一、科技创新人才工作有序开展

（一）完成科技拔尖领军人才培养扶持推荐工作

遴选了科技领域拔尖领军人才20名，制定了“一对一”个性化培养扶持方案并签订培养协议。完成中央在甘、省属科研院所科技领域84名领军人才的聘期考核，推荐优秀等次领军人才7名。向中国工程院推荐甘肃省内优秀工程科技专家15名。

（二）组织开展十大生态产业特聘专家引进工作

围绕十大生态产业发展，与甘肃省人力资源和社会保障厅联合制定了《甘肃省生态产业特聘科技专家管理办法》，面向海内外公开选聘服务甘肃省生态领域高层次创新人才9人。

（三）认真落实人才重点工作

完成甘肃省委人才工作领导小组工作要点和重点任务台账分工任务。出台了《甘肃省创新创业人才队伍建设规划（2021–2023年）》，会同有关单位做好“十四五”甘肃省科技创新平台和人才队伍建设规划。完成甘肃省科技人才计划优化整合工作，形成了优化整合意见。

（四）加强科技人才综合服务

认真落实《关于深化人才发展体制机制改革的实施意见》《关于鼓励引导人才向艰苦边远地区和基层一线流动的实施意见》，加强协调沟通，统筹做好引进外国专家、科技特派员、创业人才扶持、推荐等工作，完成了省属科研院所“陇原人才卡”信息收集，2020年度科技部创新人才推进计划和甘肃省科技领域第六批“陇原之光”人才培养计划。会同甘肃省科学技术协会完成省内院士工作站的优化整合工作、最美科技工作者的推荐工作。10名省属单位科研人员入选2020年度“西部青年学者”院外项目。

二、引才引智工作扎实推进

甘肃省科技厅积极探索科技与引智工作深度融合的方法路径，积极优化疫情期间和疫情防控常态化阶段引智工作方式方法，引进国外智力管理工作的能力和水平显著提升。

（一）整合人才政策和资源，优化引才环境有突破

坚持科技创新与引才引智融合的发展理念，以“高精尖缺”为导向，以更加开放的姿态吸引更多的外国高层次人才集聚甘肃、建设甘肃。一是在进一步规范优化来华工作许可业务办理流程的基础上，编印《外国人来华工作法规文件选编》400余册，为服务单位免费提供业务学习资料。二是对接协调甘肃省委人才办，在《“陇原人才服务卡”制度实施办法》中首次将A类（外国高端人才）纳入甘肃省“陇原人才”范围，并制定出台了《取得〈陇原人才服务卡〉的外籍高层次人才办理来华工作许可实施方案》，为外国高层次人才来甘创新创业提供保障和便利。三是组织推荐4名在甘工作的优秀外国专家参评中国政府“友谊奖”，并根据年初工作计划，重新修订了《甘肃省外国专家敦煌奖评选奖励办法》。四是为进一步加大外国优秀人才激励力度，出台了“对获得甘肃省外国专家敦煌奖的优秀外国专家每人一次性发放奖金2万元，对获奖外国专家和团队申报引才引智项目可优先给予科研立项支持”等激励政策。五是指导甘肃省科技发展促进中心与科技部国外人才研究中心合作，完成“十四五”引进国外人才和智力策略专题理论研究，为“十四五”期间引才引智工作提前谋篇布局。

（二）深化“放管服”改革，提升服务效能有举措

认真履行部门职责，严格落实国家和甘肃省疫情防控工作要求，全力推进实施外国人来华工作许可制度。一是针对疫情期间外国人入境、工作、管理冲击较大的现实，及时调整优化疫情防控期间和疫情常态化防控阶段外国人来华工作许可业务办理流程，承诺3日内受理、5日内办结，通过采

用“不见面承诺”审批和快递邮寄工作证等方式，实现全程网上办理和“零跑腿”。二是为兰州大学、中科院在兰单位、省属高等院校等信用等级较高的用人单位提供便利服务，对40余名长期在甘工作的外籍专家办理证明材料实行容缺处理。三是为甘肃华洋科技公司、庆环肉羊制种有限公司等单位的6位在境外的急需紧缺外国专家办理高端人才确认函，顺利入境通关，助力企业复产复工。四是根据疫情防控需要，及时下发相关文件，全面准确掌握了各地“外国人来华工作许可业务”办理情况。在做好在甘工作外国人才动态跟踪服务的同时，严格履行监管职责，向兰州市科技局印发《关于进一步做好外国人来华行政许可审批事项工作的通知》，确保下放的行政许可事项放得彻底、管得严格。

（三）服从疫情防控大局，开展引智服务有创新

一是疫情初期，为确保外国专家生命健康安全，积极配合省外办、公安等部门逐一摸排在甘工作外国人健康状况和出行轨迹，通过官网实时发布、微信和QQ工作群一对一解答、建立24h疫情服务平台等方式，向外国专家提供疫情防控提示、防疫知识宣传、心理情绪疏导等服务，为甘肃省迅速有效控制疫情提供了一手信息、贡献了引智力量。二是面临防控物资短缺的困难，第一时间向部分国家的友好人士发出了为甘肃捐赠防疫物资的倡议，收到来自美国、加拿大等国外国专家的声援支持并为兰大一院募集到口罩、防护服等急需防疫物资，在甘肃省坚决打赢疫情防控阻击战过程中传递了外专温度、引来了国际支援。三是为满足用人单位对外籍人才的需求，落实优秀毕业留学生直接就业相关政策，指导在甘高等学校、科研院所组织校园招聘会5场次，促成甘肃政法大学、深圳领威科技有限公司等10余家用人单位达成用人意向，有效缓解了工作、用人双方的“供需”困难。

（四）开展精准外事宣传，传播“甘肃声音”有成效

为展示甘肃省引才引智工作成效、增益甘肃省引才引智环境影响力和吸引力，甘肃省科技厅在持续组织在甘工作的外国专家深入认识甘肃、热爱甘肃、建设甘肃的基础上，借助国家“两刊两网”等平台讲好甘肃故事、传播甘肃声音、开展精准外宣。一是争取科技部国外人才研究中心免费支持甘肃省价值约300万元的17个语种近30 000册优质外文图书，分别在兰州大学、兰州交通大学和兰州市建设了甘肃省3家“外国专家书屋”，为外国专家提供有关中国文化和时政讯息的外文书籍赠阅服务。二是协调兰州大学“洋教头”Anthony Que在平凉科技活动周上首次开展外国专家讲科普活动，组织来自11个国家的15位在甘外国专家赴庆阳参加“外国人看甘肃·庆阳行”活动，实地参观脱贫产业、走近了解民俗文化、亲身体验农事农活、用心感受美丽乡村。通过这些活动的开展，不仅提升了服务外国专家的工作质量，促进了外国专家更快更好融入甘肃工作生活。三是累积撰写投送稿件30余篇，共有10余篇稿件通过“两刊两网”公开刊发，特别是新华社对在甘肃省扶贫领域和促进对外交流合作方面做出突出贡献、获得“敦煌奖”的两名外国专家先进事迹进行了专题报道，《专家工作通讯》2020年第6期以《特别策划·甘肃》宣传了近年来甘肃省引才引智工作经验

做法和主要成效，起到了良好的宣传效应和社会效应。

三、外国专家服务工作再上新台阶

2020年，甘肃省科技厅外国专家服务工作坚持外专服务科技创新和“高精尖缺”引才用才导向，着力构建“引才、用才、聚才”三位一体的外国专家服务管理体系，面对新冠疫情和国际国内形势的影响，不断探索外国专家引智工作新思路。

（一）引才引智基地示范引领作用凸显

近年来，甘肃省构建起国家、省、市三级引智基地的联动体系。2020年，中国科学院近代物理研究所、甘肃省农业科学院、武都区油橄榄研究开发中心等3家单位获批“国家引才引智示范基地”，甘肃省实现了国家引才引智基地“战略科技发展”“产业技术创新”“社会与生态建设”“农业与乡村振兴”四大类型全覆盖。紧盯引才重点领域和方向，认定“废旧矿山修复治理甘肃省引才引智基地”等10家单位为甘肃省引才引智基地，新认定的10家基地覆盖兰州、定西、庆阳、酒泉、武威、张掖等6市。为进一步加强省级引才引智基地建设，制定印发了《甘肃省引才引智基地管理办法（试行）》。

（二）高等学校学科创新引智计划稳步实施

2020年，甘肃省获批“稀土功能材料学科创新引智基地”“自旋多场耦合物理与器件学科创新引智基地”2个“111基地”，现甘肃省共有9个教育部和科技部联合组织实施的“111基地”，其中“西部环境变化创新引智基地”“旱寒生态学创新引智基地”2个基地已进入“111计划2.0”。同时，紧盯甘肃省地方院校优势学科，紧抓“高等学校学科创新引智计划”机遇，积极组织推荐兰州理工大学申报“金属表面防护与延寿技术研究学科创新引智基地”。“111基地”充分发挥学科优势，通过开展高水平合作研究、高层次人才培养、高质量学术交流等，加快提升甘肃省科技创新能力和综合竞争力。

（三）高端人才引进渠道不断拓宽

1.高端专家引进工作深入开展

近年来，甘肃省引智基地和高端外国专家项目结合自身优势特色，积极发挥引领示范带动作用，组织实施庆阳肉羊、安多牦牛、定西中药材等一批引智项目。天水华洋电子科技股份有限公司、白银神龙航空科技有限公司等一批高新技术企业借助外部智力破解技术难题。2020年，甘肃省共争取国家高端外国专家引进计划69项，经费1395万元，获批项目数和经费数均为历史最好成绩。通过各类平台和项目共引进美国、日本、荷兰、意大利、澳大利亚等20多个国家和地区的生物医药、先进制造、电子信息、节能环保、文化旅游等领域高层次人才121人次。梳理2018年甘肃省外国专家局42项省列引智基地和引智成果示范推广项目，对已执行完毕的36项项目完成核销经费180万元。

2.人才交流合作持续深化

针对甘肃省引才难、留才难、用才难的现状，通过不断拓展引才渠道、破解引才难题、深化交流合作等，推进国际人才引进工作创新发展。2020年，受疫情影响，第十八届中国国际人才交流大会采用网上大会的形式主办，甘肃省在会展“虚拟展厅”以“陇原之约，汇聚英才”为展标，设有“聚天下英才竞风流——甘肃引才引智工作综述”视频、24张展板，主要突出三大板块、四个主题，全方位展示甘肃省引才引智及国际科技合作交流成果。因展示内容新颖，甘肃省科技厅获得第十八届中国国际人才交流大会“最佳展示奖”。甘肃省科技厅与甘肃省教育厅联合，在“中国海外人才交流大会暨第22届中国留学人员广州科技交流会”的高校专区以“聚才筑梦、智汇甘肃”为主题，设5张展板，重点展示甘肃省外国专家引才引智及科技创新的突出成果、省内高校对相关学科领域的人才项目及需求。通过参展拓展了甘肃省海外人才引智渠道并为海外人才、留学人员来甘肃创新创业搭建平台，做好全链条科技服务保障。

（四）“三库一平台”建设全面实施

2020年，启动了以“三库一平台”建设为核心的甘肃省外国专家数据库及信息服务创新平台建设，旨在统筹甘肃省高层次外专人才资源，打破高层次外国人才在管理使用中存在的区域壁垒和行业壁垒，积极推动建立外国科学家、团队吸引集聚机制和外国专家联系服务机制及人才安全建设，拓宽引才引智渠道，为甘肃省引进国外高层次专家人才提供高质量的创新服务和工作保障。制定《甘肃省外籍高层次人才创新服务平台建设企业方案》等制度，并组织专家进行论证，拟于2021年上线运营。

（五）精准化服务全面保障高端专家

为进一步营造良好的引进国外人才智力环境，保障在甘工作外国专家的身体健康、生命安全和切身利益，切实维护国家安全和公共利益，制定出台《外国专家在甘工作安全事件应对预案》，从组织管理、应急响应、保障措施等方面为甘肃省外国专家安全事件应对工作提供了有力遵循。确保疫情期间专家安全，面对突发疫情，及时加强协调沟通，通过官方网站等渠道及时向外国专家发布疫情防控信息，开通面向在甘外国专家的24h中英文求助咨询热线，指导聘用单位保障在甘外国专家的安全。统筹谋划有序开展外国专家服务工作，主动加强与各市（州）科技局、聘用单位沟通联系，积极组织用人单位紧盯实际问题，建立完善工作联系群，与外国专家通过线上线下相结合的方式开展工作，通过提供防疫物资、生活物资等多措并举，帮助专家解决疫情期间遇到的实际困难。积极响应科技部捐赠倡议，组织甘肃省祁连山水源涵养林研究院向法国专家组织捐助医用口罩2000

只、陇南市经济林研究院油橄榄研究所向西班牙马德里理工大学捐助医用口罩等防疫物资，加强疫情期间的国际交流合作。做好引智成果总结宣传，积极营造重才、爱才、惜才、用才的良好氛围，注重引智成果的收集整理和宣传推广，通过科技部“两网两刊”等新媒介，宣传展示了一批甘肃省“十三五”期间的优秀引智成果，通过传播中国文化，讲好甘肃故事，助推甘肃丝绸之路“科技走廊”和信息制高点建设。

第四节 大众创业万众创新

一、疫情下推动双创高质量发展

（一）创新手段，不断提升创新服务水平

以网络在线直播培训、发放政策口袋书等形式，积极向省内孵化器、众创空间和在孵中小企业开展相关政策培训和工作交流，联合甘肃省高新技术创业服务中心邀请专家针对与企业研发相关的科技及财税政策解读、创新创业大赛特点及参赛内核解析、产业投资及发展策略等方面内容开展了7次线上公益创业孵化培训公益直播课，累计观看人数达9000人次以上。努力推动有关优惠政策“应知尽知，应享尽享”。支持各孵化载体充分运用现代化网络信息技术，实施便利化的线上业务办理，引导在孵企业尽快恢复正常生产经营，最大限度减少疫情负面冲击。

（二）减税降费，帮助入孵企业纾难解困

围绕落实“六稳”“六保”任务，从减轻企业负担、加大金融支持、鼓励技术创新、优化政务服务等方面，各级各部门出台了一系列支持措施。持续加大惠企政策落实力度，指导各级科技企业孵化器、众创空间、大学科技园等载体疫情期间为入孵企业减免实验与生产用房租金约554.2万元，帮助在孵企业解除后顾之忧。

（三）坚决落实疫情防控各项要求，做好疫情期间各项防控管理工作

为及时掌握孵化载体开工复工情况，帮助孵化器、众创空间更好地做好疫情期间返岗人员登记，做好复工复产管理等工作，通过积极推动，甘肃省高新技术创业服务中心联合留学创业企业开发了“甘肃省科技企业孵化器及众创空间疫情监控平台”，免费提供给各孵化载体及在孵企业使用，实现了全员健康打卡、线上填报、数据分析统计一条龙服务，可随时调取人员复工及健康数据，利用大数据对疫情发展和人员活动进行分析，实现全面监管，助力复工复产。

（四）强化创新公共服务，降低企业运营成本

组织召开甘肃省高新技术企业认定管理网络视频培训会。共计570余人参加会议，对抓好惠企服务、助力企业复工复产发挥了积极的作用，进一步推动了惠企政策精准落实，推进创新资源开放共享，协调省内企业、院所、高校将30万元以上的仪器设备统一纳入甘肃省大型仪器共享平台，全面向中小企业开展共享服务，降低科技创新成本。甘肃省大型仪器共享平台共拥有开放共享大型科研仪器设备2515台（套），原值达17.19亿元，为中小微企业开展研发提供了便捷通道，降低了研发运营成本。

（五）活动牵引，努力营造良好双创氛围

成功举办第九届中国创新创业大赛（甘肃）赛事，吸引290家企业报名参赛，达成意向投资额1.22亿元。成功举办第五届中国创新挑战赛（兰州）赛，签订产学研合作项目42项，签约金额3735万元。组织甘肃省众创空间和各类创客积极参加全国双创周等系列活动，进一步激发了全社会创新创业创造活力。

（六）统筹谋划，积极推进双创载体建设

2020年向科技部推荐申报并获批3家国家备案众创空间，兰石集团有限公司—能源装备国家专业化众创空间入围第三批国家专业化众创空间备案示范名单，甘肃省国家专业化众创空间由此实现“零”的突破。组织2020年省级孵化器、众创空间申报工作，并对甘肃省45家省级孵化器和2018年认定的24家众创空间开展了评估检查，进一步规范提升了甘肃省科技孵化器服务创新能力和水平。

二、双创支持政策效应明显

深入贯彻落实国务院关于大众创业万众创新的决策部署，制定出台《甘肃省人民政府关于进一步激发创新活力强化科技引领的意见》（甘政发〔2020〕46号）等政策文件，积极破解制约新动能成长和传统动能改造提升的体制机制障碍，激发全社会创新创业活力，加快新旧动能接续转换。落实八部委《关于促进分享经济发展的指导性意见》（发改高技〔2017〕1245号），进一步放宽市场准入条件，实施包容审慎的监管方式，引导分享经济健康快速发展。落实《关于科技企业孵化器、大学科技园和众创空间税收政策的通知》（财税〔2018〕120号），甘肃省组织国家级科技企业孵化器、省级科技企业孵化器、国家备案众创空间、大学科技园完成2020年度免税工作，统计结果显示，甘肃省国家级及省级孵化器2020年累计实际减免税共计681.2万元，国家备案众创空间实际减免税共计116.84万元。通过系统审核的2家大学科技园实际减免税10.6万元。通过政策的落实落地，扶持了一大批科技型中小企业创新创业。

三、创业服务载体稳步发展

截至2020年底，甘肃省认定省级众创空间共135家，其中专业化众创空间17家、国家备案众创空间32家、国家专业化众创空间1家。认定省级科技企业孵化器共46家，国家级科技企业孵化器共12家。以兰州高新区、白银高新区、兰州交通大学大学科技园等为代表的加速器正在稳步发展。据统计，甘肃省各类众创空间、孵化器当年服务的创业团队数量5589个，孵化企业数量6816个，累计毕业企业数量约1519个，累计上市、挂牌的企业数量约24个，带动就业人数约73 535人，其中吸纳大学生就业约49 553人，专兼职创业导师约4653人，举办创新创业活动、各类培训约7022次（众创空间数据为2020年统计数据，孵化器数据为2019年统计数据）。

四、疫情下双创经验做法及典型案例

（一）充分利用科技手段，创新服务方式

支持各孵化载体充分运用现代化网络信息技术，实施便利化的线上业务办理，引导在孵企业恢复正常生产经营。比如西部创客采用“知识赋能”在线学习平台，整合全国优秀教育资源，从疫情形势分析、企业经营管理、经济形势研判等方面，为甘肃省中小企业提供“在线充电”课程，帮助企业管理者坚定信心、找准目标逆势而行；武威市电子商务创业孵化基地开发的“颐和尚品—掌上生活超市”，打造无接触式“电商平台+基地+配送”的经营模式。

（二）制定若干措施，助力入孵企业复工复产

为减轻疫情对中小企业发展带来的影响，兰州高科技创业服务中心、兰州新区科技创新发展有限公司、河湟众创、白银科技企业孵化器、甘肃丝路新世纪文化传播有限公司、临泽颐高·万创空间、甘肃上河商贸集团有限责任公司等孵化载体结合自身实际，从减轻企业负担、加大金融支持、鼓励技术创新、招商引资补贴、优化政务服务等方面制定了详细的支持措施，也制定了应对疫情、助力中小微企业健康发展的具体措施，为中小企业发展提供政策支持。

（三）研制防疫产品，积极抗疫

白银科技企业孵化器在孵企业甘肃悦灵环境科技有限公司生产的新一代消杀产品“常灵牌”含氯消毒片，消杀细菌病毒能力远远超过普通84消毒液，具有使用简单、安全、环保等特点，杀菌率达99%，已为省内外400余家企事业单位提供含氯消毒片13t。白银康寓信生物科技有限公司专注于吡嗪类化合物的研究，法匹拉韦是科技部生物中心推荐的治疗新冠病毒肺炎的药物，在全球新冠肺炎暴发期间保质保量生产了600kg的法匹拉韦中间体，及时支援了土耳其、伊朗、俄罗斯等国家，对疫情防治发挥了重要作用。

阳光谷众创空间在疫情期间投产了四条医用口罩生产线，新建了1000km^{2}的智能化医用口罩生产洁净车间、实验室、环氧乙烷灭菌室以及2000 km^{2}的成品库房及解析场地，满负荷日产量可

达30万只以上，整个项目累计投资已超过1200多万元。疫情期间累计供应口罩约3500多万只。并在复工复产期间携手市委宣传部向临夏市30多所中小学以及其他部门、企业捐赠口罩20多万只，助力复工复学，目前阳光谷众创空间已被列为省级疫情防控重点物资保障企业，临夏州级防疫物资储备企业。

（四）“党建+双创”模式，助力企业复工复产

兰州岚沐文化旅游创意产业园众创空间积极响应国家号召，服从园区统一部署，积极发挥党建工作的引领作用，逐步形成了“党建+双创”的发展模式，大力发展文化、旅游、创意、体育、广告等产业业态，强化众创空间服务工作，积极开展防疫的同时，有序推动企业复工复产。一是发挥党组织引领作用，承担社会责任。园区党支部和领导班子配合区委区政府开展区内疫情防控工作，捐赠抗议防控物资20余万元。园区双创部全体工作人员积极承担了为全区55个乡镇、街道转运抗疫防控物资任务。二是发挥党员模范带头作用，落实分区分级的精准要求，分业态、分形式有序推动个体工商户复工复产。为符合复工复产规定的商户做好服务工作，针对不符合复工复产的小微企业和创业团队联合第三方服务，开展线上宣传推广工作，为他们提供制作设备、展览展示场馆等。

第五节　知识产权保护运用

一、全方位建立局省会商合作机制，助推加快特色型知识产权强省建设

根据局省会商议定书，国家知识产权局与甘肃省人民政府在制定面向2035年知识产权强省战略规划、打造丝绸之路知识产权保护与运用高地、深化知识产权军民融合试点等方面开展深入合作，为深入实施国家创新驱动发展战略、推进高水平对外开放提供有力支撑。围绕《2020-2021年知识产权合作会商要点》，双方进一步细化工作任务，明确牵头单位，确保各项工作落实见效，助推甘肃省加快特色型知识产权强省建设。

二、大力构建知识产权保护体系，全面加强知识产权保护

认真贯彻党中央、国务院强化知识产权保护的决策部署，报请甘肃省委办公厅、甘肃省政府办公厅印发《关于进一步加强知识产权保护的实施意见》。积极向国家知识产权局汇报衔接，中国（甘肃）知识产权保护中心获批筹建，已完成办公场地维修改造、信息化建设前期准备和第一批招录人员培训，筹建经费1464万元列入2021年财政预算，筹建工作扎实有序推进。与青海省签署加强知识产权保护合作协议，与兰州市中级人民法院签署知识产权保护衔接联动工作机制合作备忘录，

进一步加强知识产权保护区域合作与部门协作。印发《甘肃省市场监管系统专利侵权纠纷行政裁决示范建设试点工作方案》《甘肃省加强知识产权维权援助体系建设实施方案》，努力构建知识产权大保护工作格局。

三、加快推进丝绸之路国际知识产权港建设，知识产权综合实力显著增强

报请甘肃省政府印发了《关于推进丝绸之路国际知识产权港建设的意见》。与丝绸之路国际知识产权港公司建立联席会议制度，围绕甘肃省重点发展的新兴产业和传统优势产业实施高价值专利培育计划，实施专利导航试点项目，形成了《甘肃省十大生态产业专利导航报告》《甘肃省新材料产业专利导航报告》。知识产权港累计吸引54家知识产权服务机构入驻，完成知识产权代理服务31 150项，开展专利运营服务131项，运营额17.34亿元。

四、多措并举促进知识产权运用，助推实现知识产权市场价值

聚焦做好“六稳”工作，落实“六保”任务，扎实推进专利权质押融资工作。2020年，甘肃省新增专利质押融资24笔，质押专利98件，融资金额4.24亿元，较上年增长了60%。推动地理标志与脱贫攻坚和乡村振兴深度融合，制定印发了《甘肃省地理标志运用促进工程实施方案》，与青海省局签署《推动商标地理标志品牌建设合作协议书》。印发《关于积极推进专利导航工作的实施意见》，围绕先进制造和中医中药产业，组织实施凹凸棒石产业等5项专利导航试点项目。

五、健全完善知识产权服务网络，加强服务能力建设

积极推进商标专利受理窗口“一窗通办”，甘肃省知识产权业务窗口做到了省级、市州全覆盖。兰州大学和中国科学院兰州文献情报中心作为第三批技术与创新支持中心（TISC）筹建机构，已正式挂牌运行，中国石油兰州化工研究中心、甘肃省科学技术情报研究所等3家单位被国家知识产权局确定为第四批TISC候选机构。目前，甘肃省有全国知识产权服务品牌机构2家、全国知识产权分析评议示范机构3家，设立全国专利信息服务网点4个。

六、加强知识产权代理机构监管，促进行业健康发展

加大专利、商标代理机构监管力度，通过“双随机 一公开”，对甘肃省7家专利代理机构进行了监督检查，及时办理国家知识产权局反馈涉嫌无资质专利代理及商标非正常申请案件线索7条。开展商标专利代理专项整治行动，对违规执业机构依法进行了相应的处理。经国家知识产权局批准，甘肃省成为全国首批“知识产权领域以信用为基础的分级分类监管试点”。

七、大力开展知识产权宣传，营造良好的舆论氛围

在“4·26”世界知识产权日、中国商标品牌节活动期间，通过线上线下结合的方式开展形式多样的集中宣传活动。组织开展“知识产权服务万里行”活动，甘肃省各地累计举办各类服务活动200余场次。在各类媒体平台发布知识产权信息52条，被中国市场监管报、中国质量报、甘肃日报、中新网、人民网、新甘肃、学习强国等报纸和新媒体平台采用发布21条。

第六节　科普工作

2020年，甘肃省科技厅大力普及科学知识、弘扬科学精神，进一步提高公众科技意识和科学素养，以提高公民科学素质为宗旨，联合协作，积极推进，社会化大科普工作格局进一步建立，全民参与面不断扩大，社会影响力明显提升，科普平台建设向多元化发展，科普服务能力稳步提升，重点人群推动作用更加明显，全民科学素质提升步伐进一步加快，政策和经费保障力度持续加大，基础性工作更加牢固。

一、组织特色科普活动

（一）举办科技活动周系列活动

大力弘扬科学精神，普及科学知识，促进科技创新和科学普及协调发展，充分发挥科技创新对经济社会发展和建设世界科技强国的引领支撑作用，使科技创新成果和科学普及活动真正惠及广大公众。一是“甘肃省2020年科技活动周启动仪式”在平凉市举行。中共甘肃省委宣传部、甘肃省科技厅、甘肃省卫生健康委、甘肃省科学技术协会、平凉市人民政府主办的“2020年甘肃省科技活动周启动仪式暨平凉市首届科技创新成果展”举行。二是成功举办甘肃省2020年科技活动周“科学之夜”活动。活动中，观众们聚精会神聆听“甘肃省十佳科普使者”开展的《气球漂流记》《今天到底有几度》《二十四节气》《看谁滚的快》等精彩科普知识讲解。兰州大学美籍英语教师Anthony Que作了题为《完善医疗保健·实现疾病预防·提高生命质量》的主题演讲。2019年全国科学实验汇演获奖作品《不离不弃的力》精彩重现，众多中小学生在展演中感受到了科学的神奇和魅力。三是成功举办第五届甘肃省科普讲解大赛暨2020年全国科普讲解大赛预选赛。大赛评选出35名成绩优异的选手颁发奖项及荣誉证书，并授予总决赛成绩前10名的选手“2020年甘肃十佳科普使者”称号。推荐3名优秀选手参加全国科普讲解大赛。四是开放优质科技资源，组织科研机构、院校向社会开放。科技活动周期间，国家重大科学工程、国家和省级重点实验室等高端科技资源，各类科研机构、大学、高新技术企业和科技园区，各类科普场馆、科普基地向社会开放。五是展示科技战疫成效，讲好一线战疫故事。甘肃省中医药研究院开展了新冠肺炎疫情防治的系列中医药产品宣传活

动，展出了甘肃省中医院抗击新冠肺炎疫情纪实——“战疫”主题图片，分为“中医战疫”“我是党员”“白衣执甲”“为你守护”“我在疫区”五个主题，记录了甘肃省中医院老党员自愿为疫区捐款、医院一线护理人员用行动践行入党誓言、53名医护人员自愿支援前线抗击疫情的行动以及在疫区抗疫的日常工作等内容。

（二）积极开展群众性科技活动

针对公众科技需求，举办各种体验性强、参与度大的科技活动。组织开展甘肃省优秀科普作品及科普微视频评选并择优推荐参加全国优秀科普作品评选及科普微视频大赛。科普基地积极开展内容丰富的科普活动。甘肃科学技术出版社作为甘肃省特色科普基地，精选了近年出版的科普图书参加展览，通过宣传展板、现场展示最新图书产品、作者签名赠书等多种形式参与科技活动周并向学校捐赠了图书。

（三）大力提升公民科学素质

大幅度提升农民科学素质，通过组织开展“科技活动周”“科普日”等品牌宣传活动，发放科普资料和开展各类科普培训相结合，培训农民超过1000人次，发放培训资料23 000余份。开展丰富多彩的青少年科技活动。举办甘肃省青少年科技创新大赛、青少年创意编程与智能设计大赛等活动及“甘肃省第十五届中小学生科学知识网络竞答”活动。科技活动周期间通报表扬了“甘肃省第十四届中小学生科学知识网络竞答”先进个人和集体。城镇人口科普活动主题鲜明，加大科技活动周、全国科普日等主题宣传活动的举办力度，充分利用科普大篷车的资源优势，先后深入社区、乡村、学校、军营等开展科普宣传。建立科普宣传员、科普志愿者及科普辅导员等科普宣传队伍，开展道德大讲堂、健康知识讲座等活动，加大对科普人才队伍的培养。

二、科普工作主要举措

（一）探索科普产业发展

将科普产业纳入高新技术产业、创意产业和文化产业的相关优惠政策范围，加大对优秀原创科普作品的扶持、奖励力度。建立科普产品研发中心，开展科普产品和服务的研发应用推广，增强科普产品和服务的原始创新能力。加强科普市场培育，促进科普产品市场化运作，逐步培育科普文化产业。开发新型科普旅游服务，打造精品科普旅游线路，推进科普旅游市场的发展。

（二）加强科普人才队伍建设

加强科普人才培养、使用和评价的政策研究，建立激励机制，充分调动科普人才的积极性。加强校内外专兼职科普队伍建设，不断壮大科普人才队伍。搭建科普志愿活动服务平台，组织开展科普志愿者交流、培训、经验推广等工作，不断发展科普志愿者队伍。鼓励科技特派员、大学生村干部做好所在地区的农村科普工作。创新开展科普人员培训和继续教育工作。

（三）创新提升科普能力建设

大力发展建设省、市级科普示范基地，加强工作考核和动态管理，提升服务能力。加快促进科普基地在功能上的有效提升。推动科普基地的覆盖率和利用率。加强基层科普活动场所建设，积极推动科普服务站、科普活动室、科普学校、科普宣传栏的建设。

（四）加强协同联动

有效落实省科普工作联席会议制度，加强与各部门各单位的沟通联系，协调配合。指导和帮助各市州结合本地实际，围绕区域创新体系建设，增强地方科普能力提升。同时，加强与科技部、其他省份的沟通联系，学习借鉴先进经验和成功做法，加强交流合作，积极推进科普工作开展。

专题篇

专题篇 “十三五”时期甘肃科技创新进展

“十三五”时期，甘肃省深入实施创新驱动发展战略，深化科技体制机制改革，优化科技资源配置，增强科技创新有效供给，科技创新治理体系持续完善，科技创新在高质量发展中的支撑引领作用进一步凸显，科技综合实力保持在全国第二梯队。甘肃省落实国家科技改革与发展重大政策等方面的工作成效显著，两次得到国务院通报表扬。经过艰苦奋斗与不懈努力，甘肃省基本完成了“十三五”科技创新规划的各项目标任务，创新型甘肃建设进入新阶段，科技创新事业取得明显成效。本篇聚焦科技创新领域新成果、新技术、新产品，集中展示“十三五”时期甘肃具有代表性的科研院所、高校、企业科技创新取得的重大成效，国家重点研发计划、国家科技奖励项目、重大科技创新成果转移转化等进展情况，为系统科学谋划“十四五”时期科技创新工作提供参考。

第一节 “十三五”时期科技创新进展概述

“十三五”时期，甘肃科技工作紧紧围绕省委省政府中心工作，加强关键技术攻关，加速成果转移转化，加力创新平台建设，加快体制机制创新，为推动甘肃经济高质量发展做出积极贡献。

一、基本进展情况

（一）全面深化科技体制改革，创新政策形成新体系

科技资源配置方式改革和科技计划管理改革深入推进，科技项目和经费管理不断优化，科技体制改革主体框架基本建立。推动科技领域“放管服”改革，进一步优化科研管理，提升科研绩效，建立了以信任为前提的科研管理机制。聚焦破除体制机制障碍，推进“三评”改革，监督评估和科研诚信建设取得积极进展。修订科技奖励实施细则，科技奖励政策导向作用凸显。推动《甘肃省支持科技创新若干措施》落实，以后补助等形式激发创新主体活力，对2480家奖补对象，兑现奖补资金5.3亿元。建设省级科普基地43家，举办系列科普活动。

（二）聚力构筑区域创新高地，创新能力再上新台阶

兰州白银国家自主创新示范区、兰白科技创新改革试验区（以下简称“兰白自创区”、“兰白试验区”或“兰白两区”）创新“引擎”作用逐步凸显，兰白自创区2020年生产总值较2018年设立

之初增长12.5%，兰白试验区生产总值较2014年设立之初增长76.1%。高精度地基授时系统、大科学装置科技创新创业园等科研基础设施落地建设。新增国家野外科学观测研究站3家，总数达到9家。新增国家农业科技园区2家，总数达到10家。新增国家科技企业孵化器7家，总数达到12家。建设中马、中巴联合实验室（技术研发中心），建设国家国际科技合作基地5家、国家引才引智示范基地4家、国家高校学科创新引智基地9家。建设国家临床医学研究中心分中心6家。张掖市位列全国首批15个小微企业创业创新基地示范城市，获得国家支持资金6亿元。推进省级科技创新基地优化整合，新布局建设省实验室（省研究中心）4家，省重点实验室27家，省技术创新中心13家，省临床医学研究中心25家，省科技创新服务平台12家，省野外科学观测研究站22家，形成了覆盖多学科方向和产业技术领域的创新基地体系。

（三）着力提升科技支撑能力，创新发展取得新成效

争取国家各类科技项目（课题）3719项，争取资金38亿元，省级科技计划项目5508项，累计投入财政资金13亿元，组织实施科技重大专项93项，集中力量在重大关键共性技术、重大工程化产业化技术方面取得突破，项目实施的直接经济效益达47.6亿元。科技对经济增长的贡献率达到55.1%，比“十二五”末提升4.8个百分点。以科技创新为支撑，新兴产业集聚发展态势明显，兰白综合性高技术、金昌新材料、酒泉新能源、天水装备制造、定西中医药等产业集群初成规模，有力提振了甘肃省科技创新综合实力。企业技术创新能力持续增强，科技型企业队伍进一步发展壮大，高新技术企业数从“十二五”末的319家增加到1229家，科技型企业“文祥渔业”在新三板挂牌上市。实施战略性新兴产业骨干企业发展8条措施，编制42家骨干企业技术路线图。编制十大生态产业技术引进指南和信息服务指南，提高十大生态产业科技含量，有力推动甘肃省发展质量变革、效率变革、动力变革。构建“一带五区”现代农业发展格局，培育六大特色产业，科技创新有力支撑打赢脱贫攻坚战。

（四）持续增强科技攻坚能力，重点领域实现新突破

首套国产碳离子治癌设备打破了高端医疗器械国际垄断，进入临床应用。为暗物质粒子探测卫星“悟空”号研制关键部件。新材料、空间技术、寒旱农业等领域具备较强技术优势。离子电推进系统、高端剃须刀用钢、国家级新品种“阿什旦”牦牛、高山美利奴羊、“陇字号”优势特色农作物新品种等科研成果具备较强竞争力，有望形成新的经济增长点。生态修复保护、文物保护等技术处在全国领跑地位，文化遗产保护典范和敦煌学研究高地建设取得积极进展。“青藏高原发现丹尼索瓦古老型智人”研究成果荣登科学杂志2019年度“十大科学突破”。实施121项民生科技项目，在社区养老、城镇化建设、人口健康等领域推广应用先进适用技术。甘肃省主持和参与完成的36项科技成果获国家科学技术奖；10名科技工作者获何梁何利基金科技奖；5名在甘工作外国专家获中国政府友谊奖，25名获甘肃省政府敦煌奖；747项科技成果获省级科技奖励。

（五）加快建设科技服务体系，成果转化谱写新篇章

优化创新创业载体布局，持续提升大学科技园、科技企业孵化器、众创空间运行水平，成立省科技投资集团公司、丝绸之路国际知识产权港，建成兰州科技大市场，形成紧密协作、互动融通的科技成果转移转化服务体系。建立科技成果转化直通机制，举办科技成果转移转化现场会，对促成科技成果转移转化成效显著的综合服务平台、服务机构、企业进行奖励，累计下达奖励资金2000万元。设立科技创新券，投入资金7855万元，对技术转移服务等进行支持，惠及科技型小微企业、创新创业团队2748家（个）。搭建科技金融服务平台，与邮储银行甘肃省分行、工商银行甘肃省分行签订科技金融合作协议，在甘肃银行、兰州银行设立科技支行。引导保险公司开发科技型金融产品，设立首台（套）重大技术装备保险等支持科技创新的保险产品。修订《甘肃省技术市场条例》，加快科技成果转化，促进技术市场繁荣，“十三五”期间，甘肃省技术市场合同成交额累计达到924亿元，比“十二五”增长96.1%。

（六）积极构建多元平台载体，人才引育取得新进展

出台《全面加强基础科学研究的实施意见》，动态调整重点实验室等科技创新基地，稳定一批长期服务于甘肃省经济社会发展的科技人才队伍。进一步提升国家自然科学基金申报水平，五年累计获得国家自然科学基金项目3227项，获资助经费16.7亿元，以国家自然科学基金项目为载体，培养上万余名优秀科技人才。设立省级自然科学基金重大项目，重点布局杰出青年基金、基础研究创新群体，在甘肃省优势领域定向组织重大基础研究项目，以源头创新项目培育高层次科技人才。甘肃省自然科学基金立项2274项，资助资金1.1亿元，实现自然科学领域各学科、特色优势产业和省内各地区的“全覆盖”，成为甘肃省科技人才培养的重要基础。争取科技部“三区”支持计划专项资金1.4亿元，选派6474名（次）科技人员到受援县开展科技服务，为基层提供智力支持。面向世界汇聚一流人才，吸引海外高端人才4600余人（次）来甘肃工作。执行因公出境团组136个，累计组织2507名青年专业技术人才赴境外培训。引育举措形成的科技人才增量，在一定程度上对冲了科技人才流失，2020年甘肃省R&D人员达4.3万人。

二、国家重点研发计划项目执行情况

“十三五”时期，中央在甘科研院所、高校承担实施了一批国家重点研发计划，在天体环境、高能物理、重离子治癌、生态环保、动物疫苗及新药、气候变化等领域，取得了一系列重大科研成果。甘肃省属科研院所、高校、企业积极承担国家重点研发计划项目，在有色冶金、水处理、节水灌溉等领域取得重大进展。见表1–1。

表1-1 “十三五”时期在甘单位主持的国家重点研发计划项目

序号	项目名称	承担单位
1	天体环境中关键核过程研究	中国科学院近代物理研究所
2	高电荷态离子非平衡动力学时空演化研究	
3	高精度核物理实验研究	
4	新一代强流重离子加速器关键束流物理和核心技术预研	
5	多模式引导的多粒子生物适形调强新技术研究与实现	
6	高密度环境下高时间分辨飞行时间探测器研制	
7	重离子治疗癌症的相关生物学效应及分子机理研究	
8	重离子超导同步加速器（NICA）上的关键技术合作研究	
9	聚变堆第一壁材料等离子体辐照下刻蚀与燃料滞留行为实验研究	中国科学院兰州化学物理研究所
10	高速精密轴承新型润滑技术	
11	基于中伊传统草药的抗AD药物候选化合物研究	
12	边界润滑聚合物-金属界面纳米结构摩擦膜生长及其减摩抗磨作用	
13	生态系统关键参量监测设备研制与生态物联网示范	中国科学院西北生态环境资源研究院
14	中国北方半干旱荒漠区沙漠化防治关键技术与示范	
15	西北荒漠-绿洲区稳定性维持与生态系统综合管理技术研发与示范	
16	西北内陆区水资源安全保障技术集成与应用	
17	丝绸之路经济带沿线国家流沙固定及植被恢复关键技术研发与示范	
18	高寒内陆盆地水循环全过程高效利用与生态保护技术	
19	应对石羊河流域干旱与荒漠化风险的自然基解决方案	
20	风电场、光伏电站生态气候效应和环境影响评价研究	
21	解淀粉芽孢杆菌促进植物抗逆机理研究及道地药材种植用微生物制剂的研制	
22	祁连山自然保护区生态环境评估、预警与监控关键技术研究	
23	干旱区融雪洪水灾害监测预报和防控关键技术研究与示范	
24	赛事用雪保障关键技术研究与应用示范	
25	北极陆地环境变化及其效应研究	
26	荒漠化对气候变化的响应与反馈及其生态效应	
27	极端环境微生物源性抗氧化抗辐射活性产物的应用评估	

续表1–1

序号	项目名称	承担单位
28	家畜围产期群发普通病诊断与防控技术研究	中国农业科学院兰州畜牧与兽药研究所
29	畜禽精准用药技术与减少抗生素用量的新型中兽药制剂的研发	
30	种畜场口蹄疫净化技术集成与示范	中国农业科学院兰州兽医研究所
31	严重危害畜禽的寄生虫病诊断、检测与防控新技术	
32	重大跨境动物疫病防控新产品的合作创制与应用研究	
33	西北农田地膜污染综合防治技术集成	甘肃省农业科学院
34	祁连山农牧旅游区有机废弃物生态高效利用技术集成示范	
35	西甜瓜化肥农药减施增效关键技术集成与优化	
36	青藏高原退化草地恢复的主要物源制约因子及其应用技术研发	兰州大学
37	基于心理生理多模态信息的抑郁障碍早期识别与干预方法	
38	党参产业关键技术研究及大健康产品开发	
39	川西北和甘南退化高寒生态系统综合整治	
40	我国南北方青贮饲料发酵品质与安全调控技术研究	
41	大气自由基及臭氧驱动二次颗粒物爆发增长研究	兰州理工大学
42	有色冶金产业集聚区域网络协同制造集成技术研究与应用示范项目	
43	西北寒旱区农村饮用水与污水处理一体化技术研究与示范	兰州交通大学
44	村镇非常规水源水深度处理关键技术与装备	
45	复杂铜基多金属固废绿色协同冶炼技术与成套装备	金川集团股份有限公司
46	选矿过程关键设备故障诊断与产品质量在线管控技术	
47	典型成矿系统演化规律与时空自相似结构	
48	大型超细尾矿坝新型筑坝工艺和装备	
49	深部岩体力学与开采理论	
50	有色冶金产业集聚区域网络协同制造集成平台开发及应用示范	
51	13 价(含 15 价)肺炎球菌结合疫苗的临床研究及产业化	兰州生物制品研究所有限责任公司
52	西部牧区高效节水灌溉技术与集成应用	大禹节水集团股份有限公司

中国科学院近代物理研究所

一、国家重点研发计划立项情况分析

"十三五"时期，中国科学院近代物理研究所作为牵头单位共承担重点研发项目8项。其中"大科学装置前沿研究"重点专项项目4项，"数字诊疗装备研发"重点专项项目1项，"战略性国际科技创新合作"重点专项项目3项，总经费32 852万元。

二、国家重点研发计划项目取得的重要进展

(一) 天体环境中关键核过程研究

项目依托兰州重离子加速器研究装置（HIRFL）开展核天体物理前沿研究，针对中子星表面发生的X射线暴和元素起源中的关键核过程开展系统研究。基于HIRFL，发展先进实验技术和方法，精确测量关键核素质量、衰变寿命和反应率，研究突破热碳氮氧循环的关键反应，确定快质子俘获（rp）过程、中微子-质子（νp）过程、中子俘获过程中的核反应路径，结合天文观测，检验星体演化模型，理解宇宙中星体能量的产生和元素起源。在本项目的资助下研究所作为国际原子质量评估中心，权威发布了原子质量评估AME2016；首次高精度测量了快质子俘获过程与中微子-质子过程路径上的关键核素82Zr和84Nb的质量，改写了核天体反应路径；发展了不稳定核中子辐射俘获反应的间接测量方法，测得s过程中95Zr (n,γ) 96Zr反应截面，为理解恒星96Zr丰度提供重要数据；首次利用实验数据研究了59Fe星体衰变率，有助于理解"60Fe/26Al疑难"，推动了国际实验合作；自主研发了超高真空条件下耐高温的陶瓷PCB硅条探测器，该类探测器的成功研制对于打破国外技术垄断、降低实验成本具有重要意义，也为大科学工程HIAF相关装置建设储备了相应技术。项目预期测量10个以上关键核素质量，最高精度达到10keV；测量突破热碳氮氧循环的关键核反应截面，突破碳碳熔合反应截面的测量极限，提升灵敏度10倍以上。发展不稳定核中子俘获截面测量新技术和新方法，更新核天体物理研究中所需的原子质量和核反应率数据库，基于以上关键核物理输入量，结合星体演化模型，理解宇宙中星体能量产生和元素起源。

(二) 高电荷态离子非平衡动力学时空演化研究

项目针对高电荷态离子物理方面的国际前沿问题，依托HIAF开展高电荷态离子的高精度实验研究，有望在高电荷态离子结构和动力学等重要的基础科学问题方面取得重大突破；获取高电荷态离子的精密能级结构和动力学参数，为聚变能源和武器物理等国家重大安全需求提供关键原子物理参数。这些技术和方法涉及高电荷态离子束在加速器储存环中的存储、冷却和精密操控，将为中国新一代大科学工程"强流重离子加速器装置"（HIAF）的建设提供重要技术支撑，并有可能在新能源技术研究、航天以及国家安全等领域得到广泛应用。项目将着力发展新的实验技术和理论方

法，推动加速器、束流诊断和探测器等关键技术的发展，精密操控冷却储存环中的高电荷态离子束，获得高品质的束流。同时通过本项目必将推动中国高电荷态离子物理和非平衡等离子体物理的实验和理论研究实现跨越式发展；集聚国内外顶级科学家，获得一批重大研究成果部分，研究方向达到国际领先水平，提升中国在基础科学相关研究领域的国际影响力；培养一支年轻的科研中坚力量，为中国高电荷态离子物理的长远发展储备青年人才。

（三）高精度核物理实验研究

项目基于兰州重离子加速器研究装置，发展先进的实验方法和技术，提升现有实验装置的水平和能力，精确测量一批短寿命原子核质量，产生弱束缚核及超重核并高精度测量其静态性质和动力学特性，与理论物理学家合作，探索国际学术界普遍关注的核结构和核反应机制研究领域中的重大科学问题，取得了一批具有重大国际影响的研究成果。截至目前，在国际上首次建立了基于双飞行时间探测器工作模式下的等时性质谱术；发现2~3个晕或集团奇特结构，研究2~3个弱束缚核反应系统动力学，合成3~5个超铀新核素，研发产生、分离、鉴别丰中子超重核素的技术和方法，在弱束缚核结构和核反应实验及理论研究方面取得重要成果；合成新核素224Np和220Np；发现16C中链状分子结构及其转动带。截至2020年6月，项目共发表SCI论文142篇，其中第一标注文章103篇。第一标注文章中有4篇PRL，17篇PLB，29篇PRC。

（四）新一代强流重离子加速器关键束流物理和核心技术预研

项目针对大科学装置前沿研究新一代强流重离子加速器关键束流物理和核心技术预研的任务，聚焦强流重离子加速器设计建造中面临的理论难点和技术挑战，研究进一步提高重离子加速器流强的物理机制和技术方法。深入分析强流重离子加速器所面临的动态真空、阻抗不稳定性、集体效应等关键动力学问题，寻找最佳的解决方案；攻克非谐振快上升速率磁铁电源技术、高电压梯度、宽频带、快响应软磁合金加载腔高频技术和高场快循环超导磁铁技术等三项关键核心技术，突破强流重离子加速器建设面临的亟待解决的技术瓶颈。这些新理论、新程序和新技术将直接服务于HIAF大科学工程的建设，也将推动中国在未来离子加速器建设理论研究和关键技术领域实现跨越式发展，提升中国在基础科学相关研究领域的国际影响力，同时也将培养一支活跃的科研中坚力量，为中国未来加速器事业的发展储备青年科技人才。

（五）多模式引导的多粒子生物适形调强新技术研究与实现

项目依托拥有自主知识产权的国产医用重离子加速器系统，根据单种粒子束放射治疗的物理、临床和生物学优势，整合优化多种粒子束联合放疗的方案设计，突破相关技术瓶颈，引入深度学习等前沿科学，预测剂量分布和正常组织损伤模型，达到实现疑难、晚期病例放疗剂量要求、提高临床疗效和降低治疗毒副作用的目标。在多粒子相关精准放疗改进及优化、多粒子相关基础物理和临床方案、生物学效应验证平台建设，及建立多粒子相关疗效并发症预测模型等方面开展了一系列相关研究。获得核心发明专利5项，发表论文10篇。

（六）高密度环境下高时间分辨飞行时间探测器研制

项目通过参与反质子和离子研究装置（FAIR）的国际合作，依托压缩重子物质（CBM）这一大型科学研究装置，开展高能核—核碰撞中高重子密度区的相结构研究并寻找（QCD）相变的临界现象，进一步发展中国特有的阻性板高时间分辨探测器技术。项目研究强相互作用对人们理解宇宙的演化与星体内部结构都十分重要。在极高能量的核—核碰撞实验中产生的物质温度高，但净重子密度几乎为零，人们研究从夸克胶子等离子体到强子相的平滑过渡转变。在低温高重子密度状态，如中子星内部，理论发现存在丰富的相结构，并预言从夸克物质到强子物质是一级相变，因此从高能平滑过渡转变到一级相变之间必然存在一个临界点。然而人们对两个极限之间的强相互作用物质的相结构了解甚少。本项目将探索FAIR能区高压缩重子物质结构和寻找新物质相。

（七）重离子治疗癌症的相关生物学效应及分子机理研究

项目由中国科学院近代物理研究所与日本放射线医学综合研究所合作，从重离子诱发癌细胞DNA复杂性集簇损伤的生物物理和分子生物学特性切入，聚焦癌干细胞、静止期癌细胞和p53 基因突变三大导致癌细胞辐射抗拒的细胞分子生物学特性，研究解决重离子克服癌细胞辐射抗拒的有效性和作用机理，为扩展重离子治癌的适用范围、发展进一步提高放射治疗效果的技术措施，提供关键性生物学依据。项目的实施能够明确重离子辐照诱发癌细胞DNA集簇性损伤和修复的效应规律、生物学意义，阐明重离子诱发辐射抗拒性癌细胞的细胞凋亡及分子机制，对重离子诱发DNA集簇损伤的修复机制研究有新的突破。针对导致癌组织抗辐射的主要分子生物学特性，阐明重离子克服癌细胞辐射抗性和治癌有效性的生物学基础与分子机制，为进一步扩展重离子治癌适用范围及提高疗效的方案或措施研究提供科学依据。

（八）重离子超导同步加速器（NICA）上的关键技术合作研究

项目针对NICA加速器装置及其探测器、以及中国加速器大科学装置发展需求的挑战性关键核心技术，开展相关物理和关键核心技术研究。掌握一批先进的加速器及探测器关键核心技术，造就若干高水平研究队伍，为中国加速器大科学装置及科研能力的持续发展做出贡献。同时，本着平等互利、合作共赢的原则，为NICA对撞机成功建造和运行做出中国应有的贡献，促进中俄双方科技合作，满足国家战略及国际科技合作需求。项目研制成功MPD/ECAL新型电磁量能器原理样机，位置分辨率优于5mm，研发相应的快信号放大电路及高时间精度TDC芯片，系统时间分辨达到150ps。利用最新的MAPS技术完成大尺寸超低物质量、超低功耗高速硅像素芯片研制，采用国内生产线完成芯片原型制备，研发高速稳定数据传输和处理的系统读出电子学，建成MPD内三层顶点探测器原理样机。完成1MJ高温超导储能系统磁体总体方案设计和模型线圈等关键部件研制。完成基于低交流损耗超导电缆的快脉冲超导二极磁体样机及其关键配套设备，基于高性能低β超导腔的低温恒温器加速单元和高流强高极化率极化质子及极化氘离子束离子源等加速器关键装置的研制。

中国科学院兰州化学物理研究所

一、国家重点研发计划立项情况分析

“十三五”期间，中国科学院兰州化学物理研究所共牵头承担国家重点研发计划项目4项。“聚变堆第一壁材料等离子体辐照下刻蚀与燃料滞留行为实验研究”项目，国拨经费413万元。“高速精密轴承新型润滑技术”项目，总经费2191万元，其中国拨经费991万元，自筹经费1200万元。“基于中伊传统草药的抗AD药物候选化合物研究”项目，国拨经费153万元。“边界润滑聚合物-金属界面纳米结构摩擦膜生长及其减摩抗磨作用”项目，国拨经费90万元。

二、国家重点研发计划项目取得的重要进展

（一）聚变堆第一壁材料等离子体辐照下刻蚀与燃料滞留行为实验研究

项目自2018年8月启动以来，先后开展了氘等离子体辐照下钨及钨合金材料刻蚀与氘滞留的后续研究、第一壁钨材料溅射产额光谱法在线诊断研究以及辉光放电光谱技术测试钨中氘滞留分布的研究、第一壁材料重离子辐照及热冲击损伤等离子体辐照后续氘滞留行为研究实验、EAST第一壁石墨瓦不同位置、不同周期表面元素分析，同时与德国马普等离子体物理研究所合作，开展重离子辐照损伤钨燃料滞留分析不同方法比对。依托项目发展了钨中氘/氦滞留深度分布辉光放电光谱定量化分析技术与材料刻蚀行为的光谱法测试技术，拓展了现有商业设备不具备的检测功能。项目组积极为国内外同行提供相关测试、评价、分析服务，其中直线等离子体源已为中国工程物理研究院材料研究所等多家单位提供机时超过400小时，辉光放电光谱仪为用户提供测试样品超过80个。项目以ITER、CFETR和未来聚变堆中等离子体与第一壁相互作用问题为研究导向，针对第一壁钨燃料滞留影响未来聚变堆等离子体和壁材料稳定运行的关键问题，发展了钨中氘/氦滞留深度分布辉光放电光谱（GDOES）定量化分析，拓展了现有商业设备不具备的检测功能，能够对今后托卡马克装置第一壁材料直接进行氢同位素深度测量。此技术还可拓展至其他行业含氢材料成分分析，实现ppm量级氢含量分布检测，如燃料电池电极分析、储氢材料性能评价以及金属部件局部含氢检测等领域，具有重大的社会及经济效益。同时发展了材料刻蚀行为的光谱法测试技术。项目有关刻蚀产物及产额光谱定量在线检测技术无损、快速、实时、定量的材料研究技术，具有很好的应用前景和广泛的应用领域。该技术可直接应用于等离子体与材料相互作用过程中等离子体对材料的刻蚀作用研究，以及今后托卡马克装置放电过程中壁材料刻蚀行为的实时定量检测并对材料寿命提出预测。此外，该技术还有望在表面工程相关工业界获得推广应用，如在线监测气相沉积过程中靶材刻蚀过

程、等离子体清洗过程中控制表面刻蚀速率等，其中该技术在气相沉积过程的应用能够大幅提高制备薄膜精度，降低靶材料耗损，从而提高生产效率、降低生产成本。发表论文14篇，其中SCI论文11篇；授权发明专利1项；共培养博士生1名，硕士生4名，合作培养博士生2名。

（二）高速精密轴承新型润滑技术

项目发展了2种静音等级优于GN3的润滑介质。研究了适应极端工况的高速精密轴承润滑剂的构性关系规律和微观结构与低噪音特性的关系规律，并创新性的基于类“结晶”原理，完成了2种高性能轴承润滑介质的设计、制备与定型。建立高速精密轴承的润滑分析模型，揭示润滑油供油机理和导流式喷嘴微量控制机理，实现dmn值0.5×10^6mm·r/min保持架、内圈动态测量，完成高速轴承润滑实验台设计与搭建。完成了轴承内部润滑介质分布规律理论建模和实验测量，提出了一种基于荧光法测量油层厚度的标定方法，实现了1~300μm油层厚度的测量；建立了轴承腔内润滑油流动数值模型，验证了轴承内部润滑介质的分布规律和补充供油机制；研究了多因素耦合润滑模型及高速润滑机理。掌握了润滑油基础油构性关系规律与结构优化技术，开展了轴承润滑介质与微观结构调控技术的研究，完成了高性能轴承润滑材料的设计、制备和定型。完成了两类聚合物基多孔保持架材料设计制备研究，研制的多孔聚酰亚胺保持架材料的微孔性能可调控，拉伸强度为60MPa，孔直径为1.16μm，含油率为13%，并建立了批量生产线，实现了高性能含油保持架材料5000件/年的产能，3000件/年的应用。完成了高速轴承验证平台的设计方案、载体轴承选型和台架试验规范，开展了试验规范的验证工作，以进口高速轴承润滑脂L252和BF72-22为润滑介质，完成了6次高速润滑性能试验和500小时耐久性考核，轴承最高dmn值为2.1×10^6mm·r/min，并完成了试验后的轴承的分析。项目形成研究报告5份，发表学术论文16篇，申报发明专利25件，软件著作权授权1项，制定企业标准2项，培养研究生19名。

（三）基于中伊传统草药的抗AD药物候选化合物研究

项目分离鉴定了天然化合物200多个，初步构建了伊朗传统草药的天然产物物质资源库；设计并构建了植物复杂体系中抗阿尔茨海默病（AD）活性化合物在线筛选与制备新技术1种，筛选发现抗AD活性化合物5个，发现新型抗AD药物候选化合物1~2个，为AD新药研制提供关键物质基础。45种伊朗草药作为抗AD活性筛选的重点对象，目前这些药材的提取物已经全部准备就绪，下一步将开展系统深入的活性筛选和评价研究。项目将为深入研究和有效开发伊朗特色植物资源提供重要的科学依据和技术支撑，构建的伊朗草药天然产物物质资源库也为中国药物研究提供特色物质资源。同时，双方团队针对伊朗特色药用植物资源香科科属，联合撰写综述1篇，发表SCI论文1篇、在审2篇，授权发明专利1件。

（四）边界润滑聚合物–金属界面纳米结构摩擦膜生长及其减摩抗磨作用

在前期工作中深入研究了边界润滑聚合物–金属配副界面摩擦膜的形成与作用机理，发展了基于摩擦物理与化学作用的摩擦膜原位构筑原理，指导设计制备了关键聚合物自润滑材料，两种聚合物自润滑材料正在进行台架测试。引入先进的表征技术手段，定量阐明了边界润滑聚合物–金属界面原位生长摩擦膜的纳米结构与性能，深入揭示了摩擦膜的生长与作用机制，发展了基于摩擦物理与化学作用的摩擦膜原位构筑原理，深化了对摩擦学共性科学问题的理解，揭示了导致聚合物–金属摩擦副失效的多因素耦合机理，发展了解决运动机构可靠性问题的新方法，指导设计制备了关键聚合物自润滑材料。面向严苛的边界润滑工况，设计制备了两种聚合物自润滑材料，正在进行重型发动机和氢燃料电池空压机的台架测试。发表SCI论文6篇，申请专利5项。培养博士研究生2名，硕士研究生4名。

中国科学院西北生态环境资源研究院

一、国家重点研发计划立项情况分析

“十三五”期间，中国科学院西北生态环境资源研究院共牵头国家重点研发计划项目15项，总经费34551万元，其中自筹经费14010万元。其中有4项属于“典型脆弱生态修复与保护研究”专项，1项属于“科技冬奥”专项，1项属于“可再生能源与氢能技术”，2项属于“全球变化与应对”专项，2项属于“水资源高效开发利用”专项，1项属于“战略性国际科技创新合作重点专项”，3项属于“政府间国际科技创新合作重点专项”，1项属于“重大自然灾害监测预警与防范”专项。

二、国家重点研发计划项目取得的重要进展

（一）生态系统关键参量监测设备研制与生态物联网示范

自主研发了国产自动化、智能化的新型生态系统关键参量监测设备，包括生态系统水热通量多尺度监测设备、土壤生物化学过程CO_2同位素综合观测系统、植被关键参量自动监测设备、陆生脊椎动物监测设备及生态物联网组网设备共五大类18种；在无人机高速物联中继、极端环境卫星物联组网技术上取得了原创突破，有望彻底解决偏远地区无法联网的难题；构建了天地一体化的多尺度生态物联网监测系统，解决了遥感和模型尺度不匹配的瓶颈问题。新研发设备国产化率80%以上，突破国外禁运，精度与国际同类仪器匹敌甚至超越，大幅提升了生态物联网监测的自动化和信息化水平，推广应用后可显著改善中国生态监测仪器严重依赖进口的局面。通过在西北荒漠绿洲交接生态脆弱区、西南岩溶山地石漠化生态脆弱区和东北珍稀濒危野生动物保护区开展为期一年的应用示范，验证了仪器稳定性和观测精度；进而实现产业化推广，累计销售超过1000台/套。共计发表第一标注SCI论文22篇，EI论文5篇，中文核心论文16篇；获得34项发明专利，11项实用新型专利及24项软件著作权。

（二）中国北方半干旱荒漠区沙漠化防治关键技术与示范

项目集成了中国北方半干旱沙区沙漠化土地综合防治的基础理论研究、技术研发、产业化应用。建立了1975–2015年中国北方半干旱典型沙区沙漠化土地数据集，筛选优良固沙植物品系、藻类、微生物菌种，获得良种认证2项；构建了中国北方半干旱荒漠区沙漠化时空格局，评估了人类活动在沙漠化发展和逆转中的作用，建立了因地制宜的沙漠化防治区划；研究了固沙先锋植物沙米种质资源评估及其对异质性荒漠环境的适应性机制；进行了固定沙丘风蚀创面快速修复技术集成与研发，目前该项技术已经在科尔沁沙地固定沙丘区示范60hm^2，取得了较好的生态效益；研发多种微生物菌剂、土壤改良剂，确定最佳固沙藻种和微生物的种类于施用量，改进光反应器系统，形成固沙藻类快速繁育技术。引入产业化治沙理念，形成了以现代农业、生态畜牧、生物医药、生态光伏、生态旅游业为支撑的“产业化治沙技术体系”，在沙漠化防治实践中，取得了生态效益、经济效益和社会效益的综合提升，突破了以往沙漠化治理综合效益偏低的难题。引入社会资源，兼顾沙害防治、农民增收与企业发展，形成了政府扶持、企业主导、科技支撑、农牧民参与的“政产学研用”一体的防沙治沙新机制。初步完成了4个典型沙区县域面积的沙漠化防治的技术研发与集成、示范与推广，相关理论和技术成果获2018年国家科技进步二等奖。

（三）西北荒漠–绿洲区稳定性维持与生态系统综合管理技术研发与示范

在西北荒漠–绿洲动态变化、水热平衡及其稳定性维持机制方面，完成了西北典型荒漠–绿洲区的综合科学考察以及野外样地调查、取样、仪器安装和数据分析工作；构建了西北荒漠–绿洲土地利用\覆被遥感分类系统，确定了4个典型绿洲2015年土地覆被\土地利用现状；完成了绿洲土地覆被遥感影像的解译和精度验证，初步确定了1975–2015年河西走廊人工绿洲动态变化过程；阐明了典型荒漠–绿洲区不同景观单元植物群落结构与组成特征，揭示了典型绿洲各景观单元的水热通量空间分异规律；测定了武威绿洲灌溉用水的水化学组成，分析了咸水灌溉对于植物生理和生长的影响。

在荒漠–绿洲区地表水–地下水联合利用技术研发及示范方面，基于棉花的水肥耦合田间对比试验，阐明了石河子绿洲作物–土壤–水分耦合作用机制；地表水–地下水时空优化、混合利用试验，研发地表水–地下水联合利用技术；开展棉花化肥减施增效试验，筛选有机生物型功能水溶肥，优化集成荒漠–绿洲区水土高效利用技术，在石河子绿洲建立示范区133hm^2。在绿洲退化土地地力提升技术研发及示范方面，确定了阿拉尔绿洲土地利用类型与肥力状况空间分布特征，阐明了阿拉尔绿洲土壤肥力形成机制；摸清了阿拉尔绿洲土壤次生盐渍化、土地沙化、土壤贫瘠化等土地退化类型、程度及其空间分布，阐明了绿洲土地退化的影响因素与驱动机理；研发和优化集成绿洲盐渍化土地修复技术、风沙化土地和新垦殖瘠薄土地地力提升技术，并建立示范区。

在荒漠–绿洲过渡带景观格局动态及植被融合技术研发方面，确定了绿洲边缘土地覆被/利用变化规律，明确了典型荒漠灌木种泡泡刺和沙拐枣在维持过渡带系统稳定性和减轻风沙侵袭中的重要作用，揭示了荒漠–绿洲过渡带植被对降水格局的响应规律；明确了荒漠–绿洲过渡带人工固沙梭梭林建植后植被–土壤系统演变过程，揭示了绿洲外围地下水浅埋区梭梭退化的关键机制；研发形成了荒漠–绿洲过渡带生态保育与植被恢复的关键集成技术2项，并开展了示范应用。在绿洲种植业–养殖业一体化技术研发与示范方面，筛选甜高粱等青贮饲草品种6个，开展节水高产栽培技术研发；混合青贮饲料制备技术和养殖业残余物肥料化技术研发。

在确定西北干旱区水资源变化的主导因子、评价荒漠–绿洲生态安全、构建绿洲适应性管理决策系统框架方面，解析了西北干旱区降水时空变化特征及水汽来源，为典型内陆河流域水资源不确定性评估提供基础；分析了典型流域地下水系统对气候变化以及绿洲水资源开发利用的响应；系统估算了河西走廊张掖和武威绿洲水资源量、土地资源承载力，确定了绿洲生态承载力阈值，并向甘肃省政府提交了《河西走廊可持续发展研究报告》；基于绿洲特性分别构建了张掖与武威绿洲生态安全评估指标体系，初步评估了张掖、武威绿洲生态安全现状，模拟了未来不同情景下绿洲生态安全变化；基于生态安全评估指标体系，以水资源优化配置为主线，通过模块化设计，组件化开发，形成了荒漠–绿洲适应性管理决策支持系统的总体框架，开发了荒漠–绿洲适应性管理决策系统V1.0软件版本。

项目研究成果主要有绿洲盐渍化土地修复与贫瘠土地地力提升技术、荒漠–绿洲过渡带生态保育与植被融合技术以及棉花连作障碍消减生态调控技术。发表学术论文29篇，获得国家授权专利10项，申请受理国家专利14项，完成技术规程7项，提交研究咨询报告1份，培养研究生13名。在4个绿洲已建成水资源高效利用、退化土地改良和地力提升、荒漠–绿洲过渡带生态修复和植被融合、优质饲草种植等示范区867hm^2。

（四）西北内陆区水资源安全保障技术集成与应用

完成了西北内陆区水资源安全状况与风险评估，分析了变化环境下西北内陆区水资源及其演变情势，提出西北内陆区“自然–社会–贸易”三元水循环理论体系与技术方法；分析了西北内陆区未来水资源供需形势，从而完成了西北内陆区水安全风险综合评价。进行了基于地面观测数据和多源遥感数据的内陆区水循环过程研究，分析了西北内陆区降水、气温、冰川、蒸发、地表径流等水循环要素的变化特征，改进和完善了SWAT模型和VIC–CAS模型的相关算法和参数化方案，揭示了西北内陆区典型流域多尺度水循环机理，预测了变化环境下西北内陆区水循环要素及水资源演化趋势。开展了多水源开发利用关键技术试验与示范，包括空中水资源开发利用、微咸水及矿井疏干水开发利用和再生水开发利用。在西北内陆区保水节水技术集成与应用方面，提出了水源涵养区水文调蓄理论与提升技术，山前水土保持技术与模式，绿洲灌区高效节水技术与集成和绿洲农田防护林技术。在荒漠绿洲生态保护的水资源调控关键技术集成示范方面，研发了面向生态稳定的多目标水资源优化配置模型，提出了荒漠绿洲面向生态稳定的地表水与地下水联合调控模式，提出荒漠绿洲群落结构稳定的水分调控模式与保障措施，提出流域尺度生态水量调度方案。在西北内陆区水资源多维协同配置与安全保障体系方面，集成了西北内陆区保水节水、生态水调控、多水源利用技术，研究完成了西北内陆区需水量、可供水量及其时空分布格局解析；提出了西北内陆区水资源-经济社会-生态环境多维协同优化配置技术和配置模型。

项目实施以来，围绕水资源评价、水循环模拟等问题，构建了西北内陆区水调控机理与水资源安全评价理论方法，研发了保水节水技术体系、多水源联合利用技术体系、水调控技术体系与水资源-经济社会-生态环境多维协同优化技术体系。项目组与卢旺达比温巴科技与艺术大学达成战略合作计划。双方在项目研究期间展开多次学术交流及技术培训活动，新建立了中国研究中心（U-CRC），主要针对中国文化-科技进行研究。项目组与西北内陆地区相关单位开展合作交流，建立多个示范区，在山丹县大黄山实施水土保持造林技术、退耕还林（草）保护技术示范面积667hm^2，在民乐县西山实施水土保持造林技术示范面积33hm^2，新疆石河子垦区膜下滴灌高效节水技术核心示范区133hm^2，推广应用$2\times10^4hm^2$，项目研发的相关技术、模式和方案推广应用达13次。培养中青年骨干27人次，获得国家、省部级和地方级个人荣誉19人次，研发技术17项，授权发明专利16项，授权实用新型专利23项，软件著作权登记7项。

（五）丝绸之路经济带沿线国家流沙固定及植被恢复关键技术研发与示范

在基础研究方面，初步建立了丝绸之路经济带沿线国家沙区植被承载力指标评价数据集；阐明了丝绸之路经济带沿线国家沙区近30年间植被生长变化及其对气候环境变化响应的时空格局，揭示了丝绸之路经济带沿线国家沙区持续增温干化及植被生长衰退的区域特点。在固沙技术研发方面，开展了抗逆性植物引进、筛选及人工促进试验研究，包括沙区先锋植物沙蓬野生资源的收集、EMS诱导突变和栽培筛选，沙区常见优势植物梭梭、柠条、花棒等的筛选和引种；同时，为了达到进一步快速固沙的效果，研发了地衣、藓类的快速繁殖和培育技术，微生物固沙技术以及有机混合物沙丘快速治理技术。

项目组研发微生物制剂4种，流动沙丘快速固定与植被恢复技术4项，构建荒漠化高效治理综合技术模式1套，筛选关键固沙植物5种，在蒙古、哈萨克斯坦、以色列建立了12hm^2流沙固定和植被恢复示范区，并在丝绸之路经济带沿线国家流沙危害区示范及应用推广。项目组研发出了适合不同类型流沙的快速固定技术和植被快速恢复技术，确定了3套适用于不同区域的流沙治理及植被恢复模式，并已经分别在蒙古戈壁沙漠、哈萨克斯坦城市周边活化沙丘和以色列绿洲边缘沙漠进行了示范应用。项目执行期间，外方合作单位成员共计39人次来中国开展项目合作交流，中方科研人员共计45人次赴合作国开展项目合作交流、技术推广和试验示范，举办培训班5次，召开国际会议7次，发表论文34篇，专利授权6项，完成合作研究报告4份，联合培养研究生12名。

（六）高寒内陆盆地水循环全过程高效利用与生态保护技术

提出了基于盆地水循环“三环”通量计算的水资源精准评价方法。依据该方法，构建了盆地农田-草地-湿地-盐湖水资源高效利用多维调控模式。对于缺资料条件下的高寒干旱河盆地区水资源评价提供了一套相对精准的算法。研发出用得上、可推广、有影响的盆地荒漠–绿洲枸杞高效节水技术。近10年来项目组一直开展绿洲枸杞栽培技术研发，培育的宁杞1号、5号和7号等在“十二五”时期规模化推广近46667hm^2。研发团队与青海芝润农林开发有限公司地方企业联合，建设多个节水型枸杞示范区。该项技术研发也为“十四五”时期的枸杞高质量发展提供技术储备。形成空地一体水循环与生态过程观测方法，建成一套高寒内陆盆地水资源精准评价模型，项目基本建成绿洲节水与生态保护示范区、格尔木荒漠–草地–农田–湿地–盐湖水资源高效利用示范区和察尔汗盐湖雨洪资源增补示范区3个示范区，建设柴达木盆地自然–人工水循环与生态过程9个数据库，获得授权发明专利5项，软件著作权2项。

（七）应对石羊河流域干旱与荒漠化风险的自然基解决方案

在植物根际微生物特性分析和促生菌分离及其对植物抗性的影响方面，对植物根际微生物接种诱导植物耐盐的相关过程与机制进行了分析与探讨，并选取干旱区典型盐生植物进行了根际土壤微生物多样性的测序分析和根际PGPR菌株的分离鉴定。在典型植被耗水规律实验与观测研究方面，初步确定了民勤绿洲主要农作物最适灌溉量以及水分利用效率高的物种；初步揭示了绿洲荒漠过渡带人工柽柳林耗水规律及其对干旱胁迫的响应。在流域植被需水量及水分利用效率模拟研究方面，利用任务2实测生物量、土壤水分数据、蒸散发数据、叶面积指数数据修正ETMonitor–LUE模型参数，提高模型的本地适应性。

（八）风电场、光伏电站生态气候效应和环境影响评价研究

建成风电场（陆上、海上）、光伏电站（陆上、湖上）生态气候效应对比观测系统。在大规模风能、太阳能资源开发气候情景预估及不确定性研究方面，完成了25km分辨率中国地区风能和太阳能资源预估；搭建了集中式光伏电站气候效应数值参数化模型，设计了规模化光伏电站铺设情景，开展了敏感性数值试验；形成了WRF中尺度模式模拟东亚气候的最优参数化方案。在风电、光伏行业典型产品生命周期评价方面，展开了风电、光伏行业生命周期评价方法研究，风电行业典型离散产品生命周期评价研究，光伏行业典型流程产品生命周期评价研究。项目建设了龙源江苏如东海上风电场、龙源河北尚义光伏电站、新疆五家渠光伏电站和通威惠金江苏扬中渔光互补光伏电站4套气候效应对比观测系统，分析了风电场、光伏电站内外气象要素的差异；初步开展了多个全球模式驱动下的长期模拟试验，评估了模式对风能资源的模拟能力。实施了海上风电场运行局地气候和生态效应观测试验，调查了陆上风电场内外的土壤理化性质、植被组成、土壤水热和元素分布状况。分析了陆上风电场建设前后气象要素及湍流强度的变化特征，阐明了风电场建设前后区域陆表温度、蒸散发和植被状况的变化情况。初步搭建了光伏电站气候效应的数值参数化雏形；梳理了光伏行业各生产阶段主要的污染物名单。完成了风电、光伏产业发展、产业政策、技术研发等方面国内外调查研究。分析了风能太阳能资源特征，开展了气候环境影响约束下的风电、光伏产业发展布

局优化前期调研。编制了《陆上大规模风电场对局地气候影响的论证技术指南》。发表论文27篇，其中SCI/EI论文15篇，申请/获得专利5件，完成科技报告7个，决策咨询报告4份，发布技术指南1份，取得新方法1项，一人获第三批国家生态环境保护专业技术青年拔尖人才称号（省部级），一人获生态环境部直属机关三八红旗手标兵，并被推荐为中央和国家机关三八红旗手。

（九）解淀粉芽孢杆菌促进植物抗逆机理研究及道地药材种植用微生物制剂的研制

项目聚焦解淀粉芽孢杆菌对当归产量、根病、土壤微生物多样性的影响，甘肃党参种植中连作、根病、生防的问题研究，解淀粉芽孢杆菌促进甘草抗旱的分子机制研究，甘肃省道地药材当归、党参、黄芩病毒鉴定与快速扩增试剂盒开发，枸杞根腐病病害研究，黄芪连作障碍导致根腐病发生的机理研究，解淀粉芽孢杆菌诱导植物抗逆特性的机制研究等七个方面。在世界上首次报道了细菌VOC诱导植物抗盐的信号通路，并首次报道了枸杞根部病的病原微生物，建立了当归病毒的分子检测方法。

（十）祁连山自然保护区生态环境评估、预警与监控关键技术研究

初步阐明了祁连山自然保护区生态环境质量演变规律，建立了祁连山自然保护区生态环境变化数据库，完成祁连山自然保护区的野外调研、数据收集及整合，完成了祁连山自然保护区主要动物和濒危植物的分布格局调查，从林线变化、物种与人为干扰相对多度指数等方面评价了气候变化和人类活动对祁连山自然保护区的影响。构建了祁连山保护区未来气候变化和人类活动情景，初步建立了基于生态水文过程的生态环境变化模拟模型，确定了与特定生态问题相对应的预警指标，搭建了预警系统与平台的基本框架。构建生态环境评估指标体系，进行生态环境现状、生态系统健康度、稳定性和生态系统服务功能评价。开展了祁连山自然保护区和周围类似自然保护区监测、评估、预警管理办法调查，梳理了存在的问题和经验，初步设计了自然保护区评估、预警和监控信息控制平台，起草了自然保护区监测、评估、预警管理的有关规程和标准。提交《祁连山国家公园体制机制建设新态势》《祁连山国家公园管理策略研究报告》研究报告；向甘肃省委省政府提交《关于完善祁连山国家公园管理机制的政策建议》；初步制定突发环境事件和重点区域应急监测与判识标准体系；初步构建自然保护区评估、预警和监控技术体系1套；授权软件著作权4项；完成环境影响评价报告1份，发表论文6篇。

（十一）干旱区融雪洪水灾害监测预报和防控关键技术研究与示范

初步完成了干旱区融雪洪水灾害数据库并上线试运行；制定并发布了《融雪洪水升温过程等级》新疆地方标准；完成了部分融雪洪水监测设备的研制与安装，开展了多次示范流域野外综合考察与观测试验；提出了新算法并研发制备了多个融雪洪水相关数据产品；提出并改进了多个融雪洪水形成过程的关键模拟方案，初步构建了适合西北干旱区的融雪洪水形成模拟模型；完成了考虑环

境信息的MODIS中国积雪面积比例算法和产品、水库协同调度与冰洪演进全过程的模型研发。构建了耦合水力学与河冰过程的热动力学模型等；完成了干旱区融雪洪水预警决策支持系统（DSS）框架设计；完成了单水库群防洪补偿联合调度协调模型，根据年度用水情况和水库调度模型初步完成了西营河灌区调水方案的制定。项目积极开展产学研合作，将项目研究成果为地方服务。针对额尔齐斯河流域春夏季融雪洪水的预报需求，撰写《额尔齐斯河流域春夏连旱风险加剧流域生态及生产安全面临严峻挑战》咨询材料，提供了涉及春夏季融雪洪水的《气象服务专题预报》6期，为新疆防灾减灾提供了科技支撑。

（十二）其他项目

赛事用雪保障关键技术研究与应用示范、北极陆地环境变化及其效应研究、荒漠化对气候变化的响应与反馈及其生态效应、极端环境微生物源性抗氧化抗辐射活性产物的应用评估等4个项目执行期不满一年。

中国农业科学院兰州畜牧与兽药研究所

一、国家重点研发计划立项情况分析

“十三五”期间，中国农业科学院兰州畜牧与兽药研究所主持国家重点研发计划课题2项，总经费（国家资金）443万元，参与子课题10项，总经费（国家资金）456.9万元。在草食家畜健康养殖、新兽药研制、中兽医药减抗、家畜普通病防治等方面，为畜牧业发展提供支持。

二、国家重点研发计划项目取得的重要进展

（一）家畜围产期群发普通病诊断与防控技术研究

课题筛查家畜围产期主要群发疾病的特征标志物和关键指标，建立早期、快速诊断方法，建立快速同步检测多种病原菌的基因芯片检测技术和可用于未知细菌种属鉴定的高通量检测技术，以及群体监测技术标准，将提高家畜围产期疾病的综合诊断效率，降低诊断成本，提高经济效益。在规模化养殖场开展牛、羊、猪等家畜围产期群发普通病发病情况调查，明确家畜围产期主要的群发普通病，绘制围产期群发普通病疾病谱。开发微生态制剂、中药制剂、营养添加剂和安全高效疫苗等功能性防控（治）制剂产品，并集成以早期诊断、产前监控和产后保健为主的家畜围产期群发普通病精准防控技术，减少抗生素应用，经济、社会和生态效益显著。

（二）畜禽精准用药技术与减少抗生素用量的新型中兽药制剂的研发

针对鸡、猪病流行病学规律，根据中国养殖场的实际情况和中兽药制剂的临床推广经验，制定了鸡、猪养殖全过程的中兽药防治精准给药方案各1套。精准给药方案肉仔鸡的成活率提高了

1.28%，增加肉鸡生产性能，平均日增重提高了23.11%，生产周期结束时，肉鸡平均体重提高了3.84%，抗生素使用种类减少42.86%，使用量减少12.86%，养殖用药成本减少3.84%。

（三）藏羊改良与培育技术研究、冷季牦牛专用微量元素舔砖研制

课题开展了盘羊杂交复壮藏羊，并对杂交后代开展屠宰试验，结果表明，盘羊欧拉型杂交F_1在屠宰性能、肉品质、脂肪酸成分及构成比例等方面都表现出良好的肉品品质。课题开展了放牧牦牛微量元素舔砖的饲喂效果研究，结果表明，研发的微量元素添砖饲喂牦牛，能显著提高放牧牦牛的日增重，能够提高放牧牦牛血液中红细胞数以及抗氧化能力；矿物质营养舔砖适口性好，能够提高动物对牧草和农作物秸秆中粗纤维的利用率，促进动物的生长发育，提高生长性能和生产性能，增强抵抗力，促进动物的健康发展，预防一些营养代谢病的发生。

项目在执行过程中，推广了藏羊本品种选育技术、盘羊复壮欧拉羊技术及牦牛微量元素添砖技术，在示范的基础上，向周围藏羊合作社和牧民辐射推广，使技术成果为农民增收和企业发展发挥了有效作用。同时，项目围绕专项行动开展面向广大牧民群众的牦牛藏羊选育、营养、疾病防疫、健康养殖等实用技术培训和面向养殖大户的技术培训，培训农牧科技人员1200人，培养了一批牧区致富带头人和专业技术人员，提高从业人员科技素质和技能，对项目成果的转移转化和示范推广起到了积极的作用。

三、国家重点研发计划项目成果简介

（一）家畜围产期主要群发普通病区域谱绘制及其子宫内膜炎诊断技术研究

通过对规模化养殖区家畜主要群发普通病的调查与分析，明确了中国不同地区奶牛、羊和猪围产期主要群发普通病，绘制疾病区域谱5个，建立奶牛子宫内膜炎早期诊断方法1种和精准治疗体系1套，申报诊断标准1项，研制出奶牛用可视化阴道内窥镜。发表论文9篇，获得专利3项，撰写国家标准1项，地方标准3个，出版著作1部，建立示范基地3个。

（二）牦牛冷季专用微量元素舔砖研制

成果已通过中试生产测试，饲喂微量元素舔砖牦牛平均总增重39.16kg，平均日增重435.13g，未饲喂组牦牛平均总增重31.86kg，平均日增重340.94g，饲喂微量元素舔砖的牦牛的总增重和平均日增重分别提高了18.6%和21.6%。项目实施期间在夏河县周边牧户推广添砖12t，示范牦牛1650头，补饲微量元素营养舔砖3个月后，每头增重7.3kg，牦牛屠宰率按照50%计算，牦牛肉80元/kg，平均每天每头牦牛舔食72.71g，舔砖3500元/t计算，可以增加经济效益44.40万元。项目成果转化后可扩大生产规模，覆盖项目区及周边牦牛3万头以上，预期可产生经济效益800余万元。

中国农业科学院兰州兽医研究所

一、国家重点研发计划立项情况分析

“十三五”期间，牵头主持国家重点研发项目3项，分别为“畜禽重大疫病防控与高效安全养殖综合技术研发”重点专项“种畜场口蹄疫净化技术集成与示范”项目，经费2960万元（国家资金2210万元、自有资金750万元），“严重危害畜禽的寄生虫病诊断、检测与防控新技术”项目，经费1829万元（国家资金1785万元、自有资金44万元），以及“战略性国际科技创新合作”重点专项“重大跨境动物疫病防控新产品的合作创制与应用研究”项目，经费403万元（国家资金）。

二、国家重点研发计划项目取得的重要进展

（一）种畜场口蹄疫净化技术集成与示范

项目以口蹄疫防控与净化的科技创新为主线，应用综合集成的免疫防控和净化关键技术、环境风险及生物安全控制等技术，建立了口蹄疫风险评估、净化技术方案和评价系统，在种畜场口蹄疫净化与示范中发挥了决定性作用。项目按计划完成了考核任务和技术指标。针对猪、牛、羊场分别制定口蹄疫净化综合防控技术方案（草案）各1套，指导各种畜场建立适合自身特点的个性化净化方案与措施。通过2016年的本底调查、阳性动物筛淘和2017-2018年的持续监测，项目实施以来，畜群的整体健康水平不断提高，经济效益稳步增长，示范场口蹄疫防控水平显著提高。

1.建立了口蹄疫等重大动物疫病监测系统评价指标体系，开发了可供养殖场使用的兽医流行病学调查工具包；以实验结合模型的方式研究了气溶胶在中国口蹄疫传播中的意义；通过层次分析法和动力学模型，研究了口蹄疫病原在场群和区域水平上的传播机制与主要风险因素，从动力学的观点创新性地提出了口蹄疫风险等级划分方法，并以种猪场和种牛场为例进行了风险识别和措施优化应用研究，为中国种畜场净化口蹄疫提供了可靠的理论和方法支撑。

2.基于OIE国家口蹄疫参考实验室平台，对2016-2020年中国口蹄疫流行毒株进行了分析，共计向OIE报告口蹄疫疫情54次，明确了国内口蹄疫流行背景，为种畜场口蹄疫净化技术集成与示范项目及中国口蹄疫防控提供了数据支持。

3.开展了疫苗免疫效果评估方法研究：建立了2种口蹄疫病毒146S抗原定量ELISA方法、1种口蹄疫病毒LB-ELISA抗体检测试剂盒（经典新模式）；1种口蹄疫病毒O型抗体化学发光ELISA检测方法；研究了O型、A型抗原146S含量与小鼠免疫抗体水平的关系，以期用实验动物替代动物进行疫苗检验，从而减少或不使用大动物。建立了O型口蹄疫抗体评价试纸、口蹄疫免疫抗体与感染抗体鉴别诊断试纸方法，分别用于O型FMD抗体的快速检测和FMDV感染与免疫的鉴别诊断；建立了试纸生产线，制定了试纸的生产检验标准和临床评价标准，并进行了批量生产和推广应用。

4.初步关键环节种畜场口蹄疫净化的建立，并制定了种畜场口蹄疫净化标准；建立了口蹄疫病

毒3A-3B1-3B2蛋白抗体间接ELISA检测方法；制定了《种畜场口蹄疫免疫无疫控制技术规范》行业标准。

5.制定种猪场、种牛场、种羊场口蹄疫综合防控技术方案各1套，并在15个种畜场推广实施。

6.应用综合集成的疫苗免疫效果评价、检测、监测、免疫方案优化、淘汰及生物安全等技术，构筑了种猪场、种牛场和种羊场口蹄疫综合防控体系，建立了口蹄疫净化种猪示范场。5个种猪厂、5个种牛厂、5个种羊厂通过口蹄疫净化场技术验收。

项目实施以来，获省级成果奖励2项，新兽药变更注册2项，共发表论文42篇，其中SCI论文11篇，取得软件著作权6项，授权专利6项，其中国际专利发明1项，国内发明专利2项，实用新型专利3项。

（二）严重危害畜禽的寄生虫病诊断、检测与防控新技术

目前，畜禽寄生虫病防控最为主要的方法是化学药物防治措施。然而，药物残留、耐药性产生、减抗替抗、食品安全、环境保护等新形势下，给寄生虫病的防控提出了新的科学难题。本项目针对畜禽寄生虫病防控亟待解决新问题，研发畜禽寄生虫病新型防控制剂，研制简便快速高通量的诊断检测技术，制定防控标准和规范，以满足目前“减抗限抗”条件下国家重大需求，提升中国畜禽寄生虫病防控的水平。

1.成功研制出“鸡球虫病四价活疫苗”“兔球虫病三价活疫苗”等4种球虫病活疫苗。其中“鸡球虫病四价活疫苗”已获得新兽药注册证书，并转让4家疫苗生产企业生产，获成果转让费2100万元，该疫苗的推广应用将有效控制鸡球虫病，为国内养鸡业带来巨大的经济效益；“兔球虫病三价活疫苗”处于最后报批阶段。

2.成功研制捕食性真菌生防制剂、真菌-驱虫药联合制剂、杀蜱白僵菌生防制剂、抗捻转血矛线虫纳米疫苗、抗球虫和捻转血矛线虫微生态制剂及杀螨驱虫制剂等9种新型生物和绿色环保药物防治制剂，部分制剂在牧区推广示范16000头。这些新型防控制剂中，捻转血矛线虫纳米疫苗、抗球虫和捻转血矛线虫微生态制剂为国内外首创。

3.筛选和鉴定球虫、片形吸虫、捻转血矛线虫、血液原虫等寄生虫诊断新标识34个；研制出满足不同需求的RPA、RPA-LF、多重PCR、巢式PCR、双重qPCR、Real-time PCR、巢式-多重PCR及胶体金试纸条和ELISA等检测技术和方法37种，组装检测试剂盒5个，研发未知梨形虫检测技术2种，并组装出可鉴别检测牛巴贝斯虫和双芽巴贝斯虫感染的ELISA抗体检测试剂盒2个、片形吸虫金标试纸条3个。研究成果获得7件国家发明专利、1项农业行业标准。

4.申请寄生虫病防控相关专利91件，21件获授权；制定寄生虫病防控相关各类标准4项，已颁布实施；发表相关研究论文74篇；培养研究生65名，1名项目组成员入选第三批万人计划，1名获黑龙江省政府特殊津贴，1名获得江苏省杰出青年，培训技术人员和农牧民2896人。

（三）重大跨境动物疫病防控新产品的合作创制与应用研究

项目主要围绕口蹄疫和小反刍兽疫流行病学、新型疫苗创制及配套诊断方法等三个方面进行了研究，分析预警境外威胁口蹄疫病毒变异毒株3株，根据其基因序列，制备出储备疫苗种毒；口蹄疫病毒非结构蛋白3ABC阻断ELISA抗体检测试剂盒已进入复核试验阶段；猪口蹄疫O型多表位基因工程疫苗新兽药注册申报资料通过农业农村部兽药评审中心第三次评审；牛口蹄疫病毒O型、A型二价病毒样颗粒疫苗获临床试验批件；小反刍兽疫抗体检测竞争ELISA试剂盒新兽药注册材料已提交。

1.猪口蹄疫O型病毒3A3B表位缺失灭活疫苗（O/rV-1株）获得中国一类新兽药注册证书［证号：（2017）新兽药证字50号］。该疫苗是国际上首例能够精准鉴别诊断口蹄疫病毒感染与疫苗免疫动物的新型制品，符合全球口蹄疫防控趋势和中国口蹄疫的净化政策需求。

2.猪口蹄疫O型、A型二价合成肽疫苗（多肽2700+2800+MM13）获得中国疫苗类三类新兽药注册证书［证号：（2018）新兽药证字71］。目前在中国猪群中存在O型和A型口蹄疫病毒。通过多肽合成技术，在体外人工合成O型口蹄疫病毒主要抗原位点多肽2700、2800和A型口蹄疫病毒主要抗原位点多肽MM13，并通过赖氨酸连接可激活辅助性T细胞的短肽，加入矿物油进口佐剂混合乳化制成。该疫苗于2018年12月25日获得生产批准文号。

3.O型与A型二价表位缺失标记灭活疫苗（O/rV-1株+A/rV-2株），获得中国二类新兽药注册证书［证号：（2019）新兽药证字52号］。该疫苗为缺失口蹄疫病毒3B蛋白的灭活标记疫苗，能够同时预防猪、牛的O型和A型口蹄疫；由于该疫苗缺失口蹄疫病毒3B蛋白，通过建立的配套抗体检测试剂盒，可以区分口蹄疫病毒自然感染和疫苗免疫产生的抗体，为中国口蹄疫无特定疫病区净化工作提供新的产品，对中国口蹄疫的防控和根除具有重要意义。

4.在本项目执行期间，中哈双方进行了互访，培训哈方科研人员1名，申请国家发明专利6项，授权国家发明专利3项，发表SCI论文2篇，中文核心论文6篇，培养博士研究生2名，硕士研究生9名。

甘肃省农业科学院

一、国家重点研发计划立项情况分析

“十三五”期间，甘肃省农业科学院共争取到“西北农田地膜污染综合防治技术集成”“祁连山农牧旅游区有机废弃物生态高效利用技术集成示范”“西甜瓜化肥农药减施增效关键技术集成与优化”等国家重点研发计划课题3项、子课题16项，总经费1320.89万元。

二、国家重点研发计划项目取得的重要进展

依托国家重点研发计划课题、子课题项目，在小麦新品种选育、水肥资源高效利用、化学肥料

减施增效、农业面源污染防治、废弃物资源化利用等方面研发了一批先进实用技术，并应用在生产实践中，为促进农业提质增效、保障农业生态安全提供了有效支撑。

（一）小麦新品种选育

以“优质高产多抗春小麦新品种选育”为主要目标，针对中国春麦区生产实际情况，审定不同类型冬、春小麦新品种共计27个，其中，春小麦品种18个、冬小麦品种9个。通过国家及省级部门审定品种1个、通过国家部门审定品种4个、通过各省级部门审定品种22个。创制不同类型育种新材料，其中抗白粉病材料19份，抗条锈病材料14份，抗秆锈病材料20份，优质强筋材料9份，抗旱节水材料4份，抗穗发芽材料4份，抗赤霉病材料7份，氮磷高效利用材料4份，抗蚜虫材料3份，抗病毒病1份。2017-2020年项目组审定品种推广面积累计$3.07\times10^5hm^2$，获批植物新品种保护权11项。对933份材料进行了抗条锈性鉴定，筛选出的45份显著慢条锈材料委托甘肃省农业科学院植物保护研究所进行了分小种鉴定。此外，还对210份黄淮麦区推广品种进行了抗性鉴定。

（二）水肥资源高效利用方面

依托子课题“作物专用水溶肥在甘蒙青地区的肥效评价”，进行了作物营养需求规律和土壤养分供应特征研究，获得目标作物的营养需求规律和各区域主要土壤的养分供应特征，探明了土壤磷水平、土壤盐分与磷-铵、聚磷酸铵肥效的关系，提出了河西走廊制种玉米膜下滴灌节水节肥综合技术方案，集成水肥一体化、减免冬灌、种植密度调控、匹配适宜农机等关键技术，实现节水25%，节肥20%~30%，使制种玉米增产10%~15%；探明了土壤磷水平、土壤盐分与磷-铵、聚磷酸铵肥效的关系，明确了聚磷酸铵施入土壤后移动性强，受土壤环境条件影响小，能更好地被作物吸收利用；研制出以聚磷酸铵为主要磷原料的玉米、马铃薯专用水溶肥系列产品，集成“测土配方技术+专用水溶肥系列产品+免底肥全程水肥一体化高效运筹技术模式”，较传统模式节肥20%以上，增产5%~30%，肥料利用率提高5%以上，有效解决了水溶肥中磷素的沉淀和土壤中速效磷的固定问题，显著提高了肥料的利用效率，为水肥一体化技术的大田推广应用提供了技术支撑。

依托子课题“甜瓜养分推荐方法与限量标准”，研发微信版甜瓜养分专家系统1套，可实现手机APP一键推荐科学施肥技术方案，现已收集整理产量反应和农学利用效率的数据1304条，且逐年更新参数。依据土壤肥力、上季种植、施肥习惯等复合因子，基于产量反应和农学利用效率的关系，设定不同甜瓜主产区目标产量推荐施肥量，为施肥中盲目施肥、过量施肥、肥料搭配不合理等弊端划清了指标界限，做到了有章可循。

（三）化学肥料减施增效研究方面

依托“河西走廊灌溉玉米化肥减施技术集成研究与示范”“河西走廊灌溉小麦化肥减施技术集成研究与示范”“甘肃春油菜化肥减施技术模式建立与示范”等子课题，开展玉米、小麦、春油菜化肥减施增效关键技术研究，确定了化肥减量和有机肥替代等关键技术指标，结合农艺栽培措施提出综合解决方案并应用于生产中。针对河西走廊玉米、春小麦生产中化肥投入超量、利用效率低、产量提升困难等问题，集成应用新型肥料、间套作种植、商品有机肥等措施，形成灌区玉米、小麦化肥减施综合技术模式，实现化肥减量19%，作物增产5%左右。研究提出了以“黑膜覆盖+机械穴播+专用缓控释肥+增施有机肥”为主要技术措施的春油菜化肥农药减施综合技术模式，可减少化肥投入30%左右，改肥料基施+追肥为播前一次性基施，亩增纯收益322元。

（四）农业面源污染防治方面

依托“河西走廊小麦玉米安全生产技术标准研究”子课题，查明了长期施用猪粪、鸡粪、污泥，对河西耕地土壤及作物中镉和铅等重金属的响应机制；在施用有机物料培肥土壤时，要关注铜和锌的携入量，以确保土壤健康和可持续利用。探明重金属镉在土壤-小麦中的迁转规律及安全阈值。揭示了黄土高原长期施用化肥、秸秆还田、施用有机肥及有机肥与化肥配施、隔年施磷条件下作物产量响应及土壤有机碳、全氮含量、土壤团聚体数量的演变规律。

依托课题“西北农田地膜污染综合防治技术集”子课题“马铃薯主产区地膜污染防治技术模式示范”筛选确定了马铃薯专用地膜，明确了厚度、拉伸负荷等技术参数；通过调整滚筒位置、设定转速、增加捕捉器等，对马铃薯收获及残膜捡拾一体机进行技术改进，提升了残膜回收率，构建了马铃薯地膜污染防治技术模式，使大田地膜残留量降低20%以上。优化集成“马铃薯主产区地膜污染防治技术模式”，构建了操作简便的模式图，使地膜残留量降低22.72%。在河西灌区，明确了随土壤中地膜残留量增加玉米产量呈递减趋势，连续30年的残留地膜会导致玉米减产13.7%。开发玉米、马铃薯、棉花3种专用型地膜，针对河套灌区玉米、黄土高原区马铃薯和绿洲灌区棉花改型3种地膜回收机，研发1台新产品：“秸秆粉碎水平带侧输送及残膜回收联合作业机”。

（五）农业废弃物资源化利用方面

依托“北方低温区畜禽粪便快速生物降解技术及堆肥新产品开发”子课题，研究提出北方低温季节太阳能辅助加温动态连续堆肥工艺技术，明确了鲜牛粪和秸秆堆肥时，添加5%~10%的腐殖酸煤可显著增强堆料中微生物的平均活性和微生物群落的多样性。确定了发酵保温车间保温墙材料，制定了牛粪槽式发酵工艺操作规程，使牛粪堆肥发酵腐熟进程缩短三分之一。研制的沙福地菌剂在畜禽粪便堆肥发酵中表现出升温快、除臭效果好，较市售菌剂H_2S和NH_3释放量分别减少75%和30%左右。

针对祁连山农牧旅游区农作物秸秆、畜禽粪便和餐厨垃圾等有机废弃物种类多、综合处置能力差、循环利用率低等问题，在国家重点研发计划课题“祁连山农牧旅游区有机废弃物生态高效利用技术集成示范”的支持下，研发出畜禽粪便堆肥腐熟除臭保氮剂，通过试验确定了除臭保氮剂的最佳添加剂量，可使堆肥产品全氮提高24%，H_2S和NH_3释放浓度明显降低。以腐熟玉米秸秆、腐熟牛粪、凹凸棒为主要原料，研制出适宜于番茄栽培的低成本基质配方，降低栽培基质成本20%左右。针对河西农牧旅游区餐厨垃圾难以处理、污染环境的难题，与企业合作以餐厨垃圾废渣废水为主要原料，研发出有机酸土壤调理剂产品，在提高土壤养分特别是磷含量方面效果明显。初步筛选出畜禽粪便抗生素降解菌2株。同时在武威市凉州区普康田园综合体建立有机废弃物循环利用研究示范基地，开展秸秆还田、畜禽粪便肥料化利用、餐厨垃圾就地处置技术研究和集成示范，在古浪县黄花滩建立农牧废弃资源循环利用示范基地1个，集成示范低成本基质栽培和水肥一体化技术，实现了节本增效。

三、国家重点研发计划项目成果简介

（一）作物专用水溶肥在甘蒙青地区的肥效评价

研究提出了河西走廊制种玉米膜下滴灌节水节肥综合技术方案，集成水肥一体化、减免冬灌、种植密度调控、匹配适宜农机等关键技术，实现节水25%，节肥20%~30%，使制种玉米增产10%~15%；探明了土壤磷水平、土壤盐分与磷-铵、聚磷酸铵肥效的关系，明确了聚磷酸铵施入土壤后移动性强，受土壤环境条件影响小，能更好地被作物吸收利用；开展加工型马铃薯免冬灌、滴灌水肥一体化关键技术研究，集成新型水溶性磷肥替代技术，破解了微灌系统及土壤中磷素固定问题，减少磷肥用量30%以上，形成了全生育期水肥一体化高效运筹技术模式。

（二）甜瓜养分推荐方法与限量标准

确定了甜瓜4R施肥方法，基于甜瓜的产量反应、农学效率、土壤养分供应等级和养分吸收特征参数以及产量反应与农学效率的定量关系，建立了甜瓜氮磷钾养分专家系统推荐施肥方法1套，研发了微信版甜瓜养分专家系统，可实现手机APP一键推荐科学施肥技术方案。

（三）马铃薯主产区地膜污染防治技术模式示范

筛选确定了马铃薯专用地膜，明确了厚度、拉伸负荷等技术参数；通过调整滚筒位置、设定转速、增加捕捉器等，对马铃薯收获及残膜捡拾一体机进行技术改进，提升了残膜回收率，构建了马铃薯地膜污染防治技术模式，使大田地膜残留量降低20%以上。

（四）北方低温区畜禽粪便快速生物降解技术及堆肥新产品开发

研究提出北方低温季节太阳能辅助加温动态连续堆肥工艺技术，确定了发酵保温车间保温墙材料，制定了牛粪槽式发酵工艺操作规程，使牛粪堆肥发酵腐熟进程缩短三分之一。研制的沙福地菌剂在畜禽粪便堆肥发酵中表现出升温快、除臭效果好，较市售菌剂H_2S和NH_3释放量分别减少75%和30%左右。

（五）祁连山农牧和旅游区畜禽粪便肥料化利用技术集成

采用16SrDNA菌株鉴定方法，筛选出畜禽粪便抗生素降解菌2株，并制作微生物菌剂可使畜禽粪便堆肥腐熟后四环素降解率提高13.58%；研制出制种玉米专用有机无机复混肥配方2个，与常规施肥相比增产幅度达6.5%~6.8%；确定了除臭保氮剂的最佳添加剂量，可使堆肥产品全氮提高24%，H_2S和NH_3释放浓度明显降低。

（六）祁连山农牧和旅游区低成本基质生产施用技术集成

针对当前农业生产中栽培基质成本高的问题，以腐熟玉米秸秆、腐熟牛粪、河沙、蛭石、珍珠岩、凹凸棒等为材料，筛选出适宜于番茄栽培的低成本基质配方，栽培基质成本降低20%左右。

（七）祁连山农牧和旅游区有机废弃物循环利用示范基地及示范工程建设

在武威市凉州区、古浪县分别建成有机废弃物循环利用示范基地、秸秆还田高效化利用示范区、畜禽粪便肥料化利用示范工程、低成本基质栽培技术示范工程，每年处置秸秆15~20t，利用羊粪、秸秆等农牧废弃物每年生产有机肥3000t以上，利用基质核心料和当地砂土构建低成本槽式基质，草膜微沟处理可达到增产7.4%~75.7%，水分利用效率提高7.0%~57.1%。

兰州大学

一、国家重点研发计划立项情况分析

“十三五”期间，兰州大学牵头主持国家重点研发计划项目重点专项5项，国际科技合作专项2项，总经费14 693万元（国家资金8847万元、地方资金1000万元、自筹资金4846万元），为生态保护、中医药、变革型技术、先进核能和核能安全等行业领域提供技术支持。

二、国家重点研发计划项日取得的重要进展

（一）青藏高原退化草地恢复的主要物源制约因子及其应用技术研发

针对青藏高原高寒草地退化现状及治理恢复过程中存在的问题，提出了对青藏高原高寒草地实施近自然恢复的理念，从生物多样性、生态系统多功能性和多服务性、生态系统稳定性的理论出发，结合青藏高原高寒生态系统的特点，论述了近自然恢复是退化高寒草地生态恢复的必然选择。该理论提出优良乡土草种扩繁、组配及其补播技术是高寒草地近自然恢复技术亟需解决的瓶颈，土壤养分及微生物调控相结合是“近自然恢复”技术的重要辅助措施。该理论与技术途径为青藏高原退化高寒草地生态系统恢复提供了一个基于自然的解决方案。

1.获取研究区自2000年以来的遥感影像数据、气象观测资料，构建研究区草地盖度、生物量和承载力遥感反演模型，初步构建了研究区域不同类型草地生物量、盖度和承载力数据库；在若尔盖

选取了不同年限的老芒麦补播草地，完成了实施方案的细化和布置；对补播种群进行了个体调查、标记，获取了补播植物个体的生长、存活、繁殖等生活史数据及功能性状数据。开展了乡土草种子采集、清选与扩繁关键技术及设备研发，乡土草种子包衣技术研发，乡土草种子组配修复退化生态系统新技术研发，草地免耕补播技术及补播机械研制等方面的工作。

2.分离筛选出具有研究和应用潜力的低温型促生菌株954株，基于Python和Mysql开发了“青藏高原天然草地功能微生物管理数据库”，实现了数据的规范化管理和网络化使用；与企业合作，生产菌剂9t；设立4个试验示范区，应用示范92hm^2。

3.开展了不同退化类型和退化程度草地的土壤养分平衡机制实验；“测土配方施肥法”恢复轻中度退化草地养分的样地构建和部分指标获取；“内源养分活化法”恢复小蒿草退化草地的技术论证实验，以及“牲畜踩踏+排泄法”促进沙化草地土壤养分恢复的技术效果验证取样等工作。

4.通过实地调查，对预调查结果进行录音转录、编码及数据处理，初步识别出了影响牧民参与草地恢复适应性管理的关键限制因素，完成了牧民参与草地恢复认知语句库，完成了将在2021年统一使用的访谈提纲及调查问卷，并在四川项目点完成了问卷的试用。对四川若尔盖扎琼仓牧民参与式草地恢复实践的历史进行了梳理、案例分析，并系统总结了其经验与推广要点。

（二）基于心理生理多模态信息的抑郁障碍早期识别与干预方法

项目团队创新性地提出了基于“心理生理计算”的精神障碍“数据驱动型”量化理论和方法，针对生理和行为表型的多样性、时序变化性及个体差异性，通过创新可穿戴医学电子设备来持续化、高精度同步采集多模态生理和心理数据，并进行融合建模来量化感知人类高级认知功能，构建面向精神障碍的有效识别指标体系及个性化非药物干预方法，力图打造精神健康的“体温计”，解决精神障碍的早期快速筛查难题，实现对个体心理健康水平的客观、量化、持续、动态地评估和监测。针对抑郁障碍患者存在的负性情绪认知偏向，已完成具有自主知识产权的便携式三导脑电抑郁障碍识别技术的研发，对于抑郁障碍的识别准确率达到85%。通过在三导脑电信号基础上同步高精度采集前额温度并进行融合建模，进一步将抑郁障碍的识别准确率提升至89%。核心技术获2019年中国专利金奖，并获得二类医疗器械许可。

1.多模态数据有效特征发掘。以协方差特征解码和滑动时间窗为基础，结合递归神经网络（RNN）提取EEG信号在协方差流形空间中的时域特征，探究了基于脑电信号的协方差流形空间中时域特征的有效性。同时通过引入S-散度（Stein-Divergence）提取EEG信号在协方差流形空间的空域特征，并与时域特征融合以探究时空信息的有效性与互补性，进而得到EEG信号在协方差流形空间更为稳定可靠的时空融合表征。

2.多模态数据融合模型。以深度核机器优化为基础，将不同模态生理和心理特征的核矩阵进行RKHS子空间映射，并得到多个在不同RKHS子空间的embedding，结合深层网络学习每个模态数据（核映射）的潜在表示，同时引入一种结构正则化方法探索不同模态数据之间的相关性和多样性，指导全局融合层生成多模数据的有效融合表示，有效提升了基于脑电、心电、肌电及皮肤电导等多模态生理信号的情感状态识别性能。

3.自适应抑郁情绪调节方法。使用开环控制来收集生理数据，并分析个体的反馈特征和阈值。将个体当前的情绪状态反馈给自己，并且基于内部负反馈调节回路减轻其抑郁情绪。

(三) 党参产业关键技术研究及大健康产品开发

项目开展了党参药效物质基础研究，建立了含77个化合物的党参分子实体库，通过慢性阻塞性肺病及胃炎癌转化模型明确了其气血双补的核心功效，构建了党参健脾益肺核心功效的生物学机制研究的技术体系，探明其以PI3K-AKT信号通路和HIF-1信号通路为核心的科学内涵，发现LB-16、党参多糖及低聚糖类成分是其主要健脾益肺、养血生津的功效成分；构建了节约人工的无公害规范化种植技术，保证了党参优质原料供应及资源可持续发展。针对党参种质退化、缺少抗逆性强的优良品种的关键问题，通过收集种质资源，建立党参新品种选育技术，选育了2个党参新品系，为规范化种植提供优质种质资源。构建了基于形性指标、化学指标和生物指标的党参质量控制体系，提升了党参药材及含党参制剂品质。

完成了587份纯系党参种质的收集，0.15hm^2党参育种资源圃建设，抗根腐病、抗水分胁迫基因筛选。实现规范化种植面积581.35hm^2，推广无公害党参种植1333hm^2。户均增收5000元以上。初步完成了党参高效栽培技术的研究工作。完成了党参、米炒党参及蜜炙党参产地加工与炮制一体化工艺研究，初步建成鲜党参药材产地初加工生产线1条，党参饮片生产线1条，党参新型饮片生产线1条。完成了阿胶党参口服液保健食品、党参胃肠调理片剂、党参山楂枸杞子口服液、党参黄芪口服液和黄芪党参颗粒5个党参相关保健食品配方筛选、制备工艺及标准研究，其中黄芪党参颗粒获得国产保健食品注册证书（国食健注G20200075）。同时参与《党参产地片加工技术规范》《党参产地片质量标准》《中药追溯标准（1）》《中药追溯体系实施指南》《中药追溯信息要求（中药材种植、中药饮片）》等团体及行业标准的制定工作。形成了333扶贫模式，培训农民及技术人员5000人次。共申请专利20项，其中授权专利4项；发表论文26篇，其中SCI论文9篇，CSCD论文11篇。

(四) 川西北和甘南退化高寒生态系统综合整治

项目对研究区土地利用、植被覆盖等内容进行了调查并采集相应的土壤、植被样品；构建了典型研究区高寒草地、湿地和沙化地的专家分类器准则；对研究区草原沙化与治理现状进行了调查，选定示范区，并对示范区风沙环境特征及下垫面特征进行研究；开展以禁牧、限牧、草畜平衡为主的高寒湿地自然恢复和以补播等人工干预为辅的轻度退化高寒湿地恢复示范区建设；对8种禾草和2种灌木在高寒沙地的适应性进行了评价，对高寒沙化土地植被高效建植技术做了研究；进行了集中的田野调查，掌握了相应地区民族心理、民族生态文化的基本情况及其随着社会变迁而发生变化的情况；搜集整理相关的藏、汉文文献资料；对基层管理人员与牧民进行培训，以此来提高普通牧民参与生态治理、社会治理的积极性和科学性。开展川西北和甘南地区优良牧草品种的筛选工作，引进燕麦品种28个，进行引种适应性观测和评价，并开展了燕麦丰产栽培技术研究；研发了适合川西北地区的饲草生产设备优化配置机组1套；在四川阿坝州红原、四川甘孜州色达开展饲草生产加工技术集成示范研究，示范面积200hm²。项目梳理了川西北与甘南人类活动的历史足迹与生态系统演变，提出“材料-技术-文化”本土化的高寒生态系统修复与保护模式。分析研究区牧民或社区的草地经营属性（如单户、联户）、传统经验、生态治理认知程度、心理需求，利用牧民传统经验（轮牧、转场）推广围栏禁牧、放牧时间调整、草畜平衡等近自然修复技术；退化草地及沙化地的生态修复以乡土植物、乡土材料为主，研发环保、无污染工程材料；发展以适度利用和保护为目标的标准化示范牧场。在甘南玛曲、川西若尔盖、红原、色达建立退化湿地、退化草地及高寒沙化地综合治理示范区1000hm²。项目实施与示范过程中，发挥本土文化的胁从功能，注重现代科学知识的普及与藏族乡土知识的有效融合。

（五）中国南北方青贮饲料发酵品质与安全调控技术研究

1.针对中国南北方不同地区气候、温度等的差异导致的微生物组成不同，已经全面采集全国9个省份的全株玉米样品，并通过发酵来探讨不同地区玉米青贮饲料发酵品质形成的微生物学机制。目前发酵品质等相关工作已经全部完成，正在进行不同地区全株玉米青贮饲料发酵过程微生物组和代谢组分析，以期揭示造成不同发酵品质的原因。

2.针对中国高温高湿区和温带半干旱区全株玉米青贮饲料中霉菌毒素、重金属与农药残留等危害因子的普遍存在，通过筛选出具有优良特性的降解霉菌毒素、重金属与农药的菌株，然后回填至青贮饲料中以期明确青贮饲料中霉菌毒素、重金属及农药等残留危害因子的积累与消减规律，并探索其机理。目前已经完成了青贮玉米发酵品质和有氧稳定性测定，样品霉菌毒素含量正在监测中，降解重金属及农药的菌株目前处于筛菌阶段。

3.针对中国南北方饲草青贮专用乡土乳酸菌种质资源，发掘利用能有效提高全株玉米青贮饲料发酵品质、降低危害因子、改善家畜健康，提高生产性能的功能性乡土乳酸菌制剂。目前已经筛选出一株产IIa类细菌素的德氏乳杆菌，两株产1,2-丙二醇的布氏乳杆菌，三株纤维降解乳酸菌（分别为植物乳杆菌A1、粪肠球菌JF85及屎肠球菌Y83），并证明在青贮发酵品质等方面具有明显的提升作用。已申请专利5件（其中授权专利2件），发表论文8篇，制定地方标准1项，培养研究生6名，示范推广优质安全青贮饲料6×10^5t。

（六）基于代谢组学的西北道地药材的品质及其分子机制研究

1.利用基于超高效液相色谱飞行时间质谱联用技术（UPLC-QTOF-MS）的代谢组学分析方法筛选出道地与非道地当归药材中的九种差异性成分；利用代谢组学方法对黄芪和红芪不同部位的化学成分进行了研究；利用UPLC-QTOF-MS的代谢组学方法对当归补血汤（DBT）治疗2型糖尿病（T2DM）小鼠进行了作用机制研究。采用UPLC-QTOF-MS代谢组学分析技术从沙棘果实、叶和枝中共鉴定出33个化合物。

2.从甘肃栽培甘草的根及根茎中分离得到1个新化合物和27个已知化合物；从甘草叶中分离得到4个新化合物和22个已知化合物；从沙棘果实中分离得到6个化合物，从沙棘叶中分离得到17个鞣质类化合物，从大黄中分离出芦荟大黄素、大黄素、大黄酚、大黄酸和大黄素甲醚5种化合物。

3.制定中国中药协会团体标准3个，分别是《当归（鲜制）无硫加工技术规范》（T/CATCM003-2018）、《黄芪（鲜制）无硫加工技术规范》（T/CATCM004-2018）、《党参（鲜制）无硫加工技术规范》（T/CATCM005-2018）；制定甘肃省中药材产地生产加工标准14个，如《岷归道地药材质量标准》（DB62/T001DBZ-2019）、《当归规范化生产技术规程》（DB62/T001GC-2019）、《黄芪规范化生产技术规程》（DB62/T002GC-2019）等。

4.建立西北道地药材数据库，现包含甘草、大黄、沙棘、党参、当归、红芪、黄芪、枸杞、板蓝根以及黄芩等10种具有代表性的西北道地药材，含有约2500个化合物及相关化学信息，主要收录质谱数据，共计2200余条。

兰州理工大学

一、国家重点研发计划立项情况分析

（一）大气自由基及臭氧驱动二次颗粒物爆发增长研究

“十三五”期间，兰州理工大学主持完成国家重点研发计划“大气污染成因与控制技术”重点专项项目“大气自由基及臭氧驱动二次颗粒物爆发增长研究”，经费176万元，支持行业领域为资源、环境、发动机滤清器设计、新能源车电池电路系统预防大气有害气体腐蚀领域。国家重点研发计划项目研究工作基于外场、实验室、量子化学和分子动力学理论研究，提出大气自由基与臭氧驱动细颗粒物核化形成及爆发增长机制，定量评估出区域重点行业和主要污染物对细颗粒爆发增长贡献，提出减缓臭氧重污染应急调控原理，建立臭氧重污染应急调控方法并在兰州地区进行了试点应用。

（二）有色冶金产业集聚区域网络协同制造集成技术研究与应用示范

2020年，学校作为牵头单位，联合东北大学、北京科技大学、贵阳铝镁设计研究院有限公司、金川集团、酒钢东兴集团等9家单位，面向甘肃有色冶金行业领域，成功申报国家重点研发计划项目“有色冶金产业集聚区域网络协同制造集成技术研究与应用示范”，经费2364万元，其中中央财政经费764万元，企业配套经费1600万元。

二、国家重点研发计划项目取得的重要进展

（一）大气自由基及臭氧驱动二次颗粒物爆发增长研究

研究团队基于多年的工作积累和学科发展精准定位，获得了一系列理论研究成果，在环境大气自由基与超细颗粒污染驱动力机制理论学科领域内初步形成了研究特色。本项目研究成果中的外场应急调控技术已与兰州市生态环境局进行合作，在兰州市西固区、七里河区完成第一期外场试点应用，在邯郸市峰峰矿区和佛山市南海区开展了第二期试点应用和示范推广应用。在国家重点研发计划项目的资助下，确立了大气污染成因与控制技术研究，臭氧（O_3）与细颗粒物（PM2.5）污染协同控制、臭氧重污染外场应急调控原理和应用技术开发的研究方向。开展了区域大气污染物二氧化硫（SO_2）、二氧化氮（NO_2）、一氧化氮（NO）、臭氧（O_3）、细颗粒物（PM2.5）、可吸入颗粒物（PM10）、一氧化碳（CO）、挥发性有机污染物（VOCs）、植物挥发性有机污染物（BVOCs）、生物气溶胶、二次有机气溶胶（SOA）及降尘浓度监测与迁移转化机制研究，重点实施大气污染物浓度分布与典型区域的大气灰尘浓度及颗粒分布对发动机空气引入系统影响及新能源车电池及电路系统影响的外场试验。研究大气污染物对风力机、储能系统、新能源装备、电路系统、信号设施、新材料、植被病害、农作物病害、文物病害等影响，奠定了大气污染物的氧化、腐蚀、干扰机理与分子动力学和试验与应用研究基础。项目发表研究论文10篇，授权发明专利1件，构建自由基活性分子数据库1个，培养青年人才2人，培养博士1人，硕士5人。实施重污染应急调控的外场示范工程试点应用1项，建立了适用于北方、南方、西部地区的不同污染和气象环境条件下的臭氧重污染外场应急调控方法，开发了工程化实施技术。

（二）有色冶金产业集聚区域网络协同制造集成技术研究与应用示范项目

项目针对有色冶金产业集聚区域企业内和企业间信息传递与共享不畅、制造全流程数据关联感知方法及数据驱动的企业智能决策集成度低、智能生产管控与供应链管理系统协同实时性差、网络协同制造第三方服务平台支持度不够等挑战性问题开展了相关研究。结合金川集团有限公司、酒泉钢铁集团有限责任公司、甘肃东兴铝业有限公司等企业在节能降耗与协同制造等方面面临的技术性难题，研究了制造全流程数据关联感知技术和突出资源循环利用的数据驱动企业智能决策技术，提出了有色冶金企业群内共生耦合工艺跨域优化方法，提出基于“端-边-云”架构研发包含智能协同选矿（镍）、智能镍成品协同管控、关键设备故障诊断与健康评价、资源循环智能决策在内的有色冶金网络协同制造集成平台，实现全流程数据的高端集成，生产管理过程的智能协同，达到全链动态可控、工序精准协同、企业效益最优，最终实现供应链、营销链和服务链上企业群之间的协同制造等目标。项目通过研发出智能设备管理、质量管理、生产管控、供应链管理等应用系统和第三方服务平台，发表了学术论文2篇，培育系统集成商1家，培训企业相关技术人员2000人次以上，建设形成系统、技术服务、人才培训等网络协同制造技术服务支撑体系，在甘肃区域有色冶金行业产业集群中开展应用示范。

兰州交通大学

一、国家重点研发计划立项情况分析

“十三五”时期，主持国家重点研发计划课题2项，经费共计1012万元。主持“西部典型缺水地区农村供水排水一体化技术及应用示范”项目第三课题“西北寒旱区农村饮用水与污水处理一体化技术研究与示范”，经费240万元。主持“村镇饮用水水质提升关键技术研究与装备开发”第三个课题“村镇非常规水源水深度处理关键技术与装备”，经费共计772万元。

二、国家重点研发计划项目取得的重要进展

（一）西北寒旱区农村饮用水与污水处理一体化技术研究与示范

项目利用西北寒旱地区丰富的太阳能、风能、地热等新能源，采用实验室模拟、动态中试和现场示范相结合的方法，研究太阳能驱动的苦咸水脱盐、超滤/UV组合技术，形成以苦咸水、窖水为水源的供水安全保障技术体系；研究太阳能、风能、地热驱动的农村地区的联户生活污水净化槽和新农村社区强化混凝/生物膜法污水处理和资源化利用技术、强化寒冷季节人工湿地适应性的三能深层人工湿地污水处理技术，并进行技术应用示范。针对寒旱区农村苦咸水、窖水等饮水安全开展供水技术就绪度评价，对农村污水资源化开展排水技术就绪度评价，集成旱寒区农村饮用水及污水一体化技术，形成旱寒区供排水策略和管理模式。发表论文35篇，授权专利15项，人才培养13人，示范工程3项。

（二）村镇非常规水源水深度处理关键技术与装备

项目共设4个子课题：干旱地区雨水净化关键技术与装备；高寒牧区融雪水净化关键技术与示范；盐碱地区苦咸水深度处理关键技术与装备；沿海地区海咸水深度处理技术与装备。技术方面，课题针对常规中空纤维膜用于集雨水净化通量低、抗污性能差和使用寿命短的问题，采用共混和接枝两种方法引入具有亲水特性的氧化石墨烯，研究了功能型GO改性中空纤维超滤膜制备的关键技术，并测定了其性能。针对传统膜材料易污染、难抗菌等问题，采用快速PDA/SBMA共沉积法制备了一种表面官能团丰富、粗糙度低、亲水性能良好、分离层结构稳定的哌嗪/三甲酰氯基高效反渗透聚酰胺纳滤膜。工艺方面，针对常规雨水超滤技术能耗高、维护频繁和微生物指标难以长期达标等问题，开发低能耗、低维护的雨水无动力超滤深度处理技术。针对高寒地区微生物污染控制问题构建了一套符合偏远地区现状的重力流超滤技术。针对膜污染控制的微生物抑制技术，构建了预氧化+UF/RO组件集成工艺，明确了组合工艺膜污染缓解机理，确定了各模块化预处理参数。针对高寒区边防哨所取水用水困难，提出了适用高寒区水源雨季高浊和冬季结冰的高寒哨所的分类用水/分级制水耦合的高寒边防哨所供水技术体系。设备方面，针对反渗透与纳滤技术中“高压压滤式离

子去除”技术、传统电渗析饮用水处理技术、“选择性离子去除、频繁倒极产水率低、四通道间歇性自控难、高维护、难以长期运行”等问题，研发了直通式导向型电渗析分散性农村饮用水装置，该装置能选择性去除氟、硬度等有毒有害离子。为提升电渗析选择性去除性能，进行了特种膜制备、EIS电化学阻抗谱、电渗析除砷等技术研究，表明了电渗析选择性强化去除碱度、氟、硬度等离子的可行性。针对传统膜材料易污染、难抗菌等特点，开发了一种基于多巴胺/两性离子活性剂共沉聚技术的新型功能疏松纳滤膜组件。该膜组件具有抗菌和抗污染效果好，制备方法简单快捷、性能稳定等优势。

金川集团股份有限公司

一、国家重点研发计划立项情况分析

“十三五”期间，金川集团镍钴资源综合利用国家重点实验室共承担国家重大研发计划项目6项（11个课题，主持2项，承担9项），累计获得科研经费支持13 106.2万元，其中中央财政经费3236.2万元。

二、国家重点研发计划项目取得的重要进展

（一）复杂铜基多金属固废绿色协同冶炼技术与成套装备

项目针对铜生产和消费后产生大量的含铜固废，废料毒害组分含量高无法有效利用，贵金属回收率低的现状，开展铜基多金属固废绿色协同冶炼技术和成套装备研究。项目以减量化、无害化及多金属组分协同提取为目标，基于铜基固废物相结构特征，借鉴地球化学成矿原理，通过选冶联合、湿法与火法冶金结合，实现铜组分分离与纯化、稀贵金属定向富集、毒害组分安全解离固化和复杂铜基固废协同熔炼回收。项目以铜烟灰、黑铜泥、阳极泥、铅冰铜、多金属冰铜、含铜污泥、漆包线和线路板中的铜等为研究对象，重点解决铜基多元素溶液选择性分离的溶液化学机制和基于熔融萃取的稀贵金属强化富集两个关键科学问题；完善选择性矿化原理的铜砷分离技术与砷渣固化、贵金属强化富集、冰铜高效分离、铜冶炼渣强化浮选回收、再生铜原料选冶联合有机物源头脱除和复杂铜基多金属固废协同冶炼六项关键技术。项目拟建设示范工程3项，申请国家发明专利10件，形成关键亮点技术4项。其中1条年处理稀贵合金熔炼渣2000t的示范工程已在金川集团公司建成投产，生产运行稳定，产品质量及各项指标达到了预期效果。项目累计发表论文30篇，申请专利30余项。

（二）选矿过程关键设备故障诊断与产品质量在线管控技术

该项目为“十三五”国家重点研发计划——国际战略合作专项，在中国–南非矿产资源开发利用联合研究中心框架下实施。由北京矿冶科技集团有限公司主持，金川集团参与承担工业试验

研究。针对矿业领域面临复杂难处理矿增加、原矿品位降低、选矿先进制造领域技术创新不足，导致资源综合回收利用率和生产率低、产品质量不稳定、能耗高等问题，与南非开展金属矿选矿过程关键设备故障诊断与产品质量在线管控技术攻关，共同突破矿产资源先进制造领域的技术瓶颈。

项目实施后，在金属矿选矿设备故障诊断与预测方面形成技术1项，碎磨、浮选、浓密脱水过程在线质量分析与优化控制等方面形成关键共性技术3项，开发选矿过程关键设备预知性维护系统1套，开发选矿碎磨、浮选、浓密产品质量在线管控系统3套。通过示范应用，选矿设备有效运转率提高5%以上、产品质量合格率提高5%且波动降低5%以上、单位能耗降低2%以上。项目成果可在行业内进行推广，产业应用前景广阔。本项目有利于共建“一带一路”发展战略落地实施，对于落实“一带一路”倡议，深化中南矿业领域技术合作起到推动作用。

（三）典型成矿系统演化规律与时空自相似结构

课题为“十三五”国家重点研发计划“深部矿产资源评价理论与方法”子项，由中国科学院地球化学研究所主持，金川集团参与承担金川矿床地质特征及成矿理论研究。该课题依托金川二矿区深部采场及井下钻探工程，通过现场观察、采样及室内研究，开展了物探数据的重新处理，对主要矿体的深部延伸以及深部独立含矿岩体进行了合理预测。项目根据已有地质资料及井下勘探结果，并结合井下实际现状，进一步总结出主要矿体的地质特征及其纵横向的变化规律，分析了新生代断裂构造对矿体产状和空间分布的影响。结合矿床及含矿岩体地质特征及其演变规律，对深部独立含矿岩体成矿理论进行了合理预测。

（四）大型超细尾矿坝新型筑坝工艺和装备

该课题为“十三五”国家重点研发计划“大型高尾矿库溃坝灾害防控关键技术研究及应用示范”的子项。该项目由原北京矿冶研究总院主持，金川集团参与承担超细尾矿筑坝装备生产及开展工程综合示范应用工作。针对目前超细尾矿存在透水性差、强度低、固结慢导致的筑坝难题，从材料改性增强和高效防淤排水手段出发，通过超细尾矿矿物成分特征及颗粒表面理化性能等的研究，揭示了超细尾矿固化活性激发的影响因子及最佳途径，构建了超细尾矿改性固化理论与评价方法，开发了新型低浓度高效超细尾矿固化剂，研发了可定量添加组料超细尾矿低浓度改性孵化筑坝装备，提出了尾矿坝放矿过程中塑料插板联合尾矿自重压载渐进排水技术，并结合坝体滩面格栅加筋，建立超细尾矿坝体的荷载分担与协同筑坝技术体系，实现了超细尾矿的安全筑坝。项目已完成配套示范工程建设并应用于生产。

（五）深部岩体力学与开采理论

1.深部地应力环境与灾害动力学

该课题为“十三五”国家重点研发计划“深部岩体力学与开采理论”的子项。由北京科技大学主持，金川集团参与承担深部岩石力学研究和深地探测技术研究，为采矿领域提供了必要的研究基础和理论支撑。项目开发了一套适用于深部应力环境的高围压岩样、岩芯加载系列装置，开展了深部岩体非线性特征分析，发展了适用于深部环境的地应力测量理论和方法，实现了非线弹性本构的数值化嵌入，完成了工程区域三维地应力场的反演与重构，有力地支撑了深部地应力环境的精确探查、分析与表征。通过2个典型深部矿山的现场实测研究，初步构建了深部金属矿山岩爆灾害的预测与防控体系，为深部资源开采环境与灾害问题研究奠定了理论基础与技术储备，具有广泛的应用前景。项目获授权发明专利3件。

2.深部采动岩层变形监测预警与控制

该课题为“十三五”国家重点研发计划“深部岩体力学与开采理论”的子项。由中科院武汉岩土力学研究所主持，金川集团参与承担深部开采工程灾害预测与控制技术研究。课题根据深部开采高应力、强开采卸荷扰动的特点，采用采动岩体综合监测技术、变形分析理论、灾害预警方法、岩层控制技术，为深部高能级、大体量工程灾害预测及有效控制提供技术支撑。项目形成了深部采动岩层结构大变形与破裂的连续—非连续分析理论，研发了高应力岩体变形与破坏灾害的远程安全预警技术和深部岩层变形与破坏的新型树脂纤维支护材料，在深部工程大变形控制手段方面取得了重大突破。通过优化深部高应力岩层结构大变形稳定控制技术，形成了支护新技术，构建了深部岩层变形、破裂及采场地压演化的全过程多角度综合监测技术体系，揭示了开采卸荷下深部采场围岩灾害（如大变形、岩爆）的孕育规律和灾变机制及其与浅部的本质差异，建立深部岩体破坏的多尺度立体监测技术并在金川建成了现场试验研究基地。

（六）有色冶金产业集聚区域网络协同制造集成平台开发及应用示范

该课题是“十三五”国家重点研发计划“网络协同制造和智能工厂”专项“有色冶金产业集聚区域网络协同制造集成技术研究与应用示范”的子项，由金川集团公司主持，联合兰州理工大学等单位共同实施。针对有色冶金企业群间存在的资源浪费、工艺流程不佳、生产协同缺失等问题，通过技术攻关与协同平台研发实现产业链级的全局优化及集成。基于“端-边-云”架构研发包含智能协同选矿（镍）、智能镍成品协同管控、关键设备故障诊断与健康评价、资源循环智能决策在内的有色冶金网络协同制造集成平台1套，在金川集团公司开展应用示范，实现全流程数据的高端集成，生产管理过程的智能协同，达到全链动态可控、工序精准协同、企业效益最优，最终实现供应链、营销链和服务链上企业群之间的协同制造，示范企业资源配置效率提升20%以上。项目于2020年12

月立项，目前完成任务书签订，组织召开了项目启动会视频预备会，正在进行现场调研和联合兰州理工大学编制项目实施方案。

兰州生物制品研究所有限责任公司

“十三五”期间，兰州生物制品研究所有限责任公司牵头承担了国家重大新药创制国家科技重大专项“13价（含15价）肺炎球菌结合疫苗的临床研究及产业化”，获得中央财政资金支持427万元，自筹配套2500万元。

肺炎球菌感染后主要引起肺炎、化脓性脑膜炎、中耳炎和败血症等疾病，是全球性感染性疾病，人群普遍易感，但婴幼儿和老人是最主要的易感人群。项目实施目标是突破肺炎球菌结合疫苗制备的技术瓶颈，建立一套稳定高效可控的肺炎球菌结合疫苗制备工艺，提高中国细菌多糖及多糖蛋白质结合疫苗研制和生产的技术工艺水平，最终获得生产批件。项目目标产品为13价肺炎球菌结合疫苗，项目共由6个单位合作完成，自立项以来，各单位严格按照课题任务书执行，积极、有序地推进课题进展。截至2020年12月31日，核心指标完成情况及取得的成果有：申请药品生产注册1项；完成了13价肺炎球菌结合疫苗Ⅲ期临床试验，获得Ⅲ期临床试验总结报告1项；开展15价肺炎球菌结合疫苗Ⅰ期临床试验1项；开展了13价肺炎球菌结合疫苗质量控制新方法的研究，制定了相关的检测规程；系统完成了OPA技术体系验证工作；建立了标准化的ELISA检测技术；完成23价肺炎球菌多糖国家参考品制备及协作标定；获得发明专利授权4项；发表文章17篇。

“十三五”时期在甘单位获得国家科技奖励项目情况

2016–2020年，甘肃省共获得国家科技奖励36项，其中主持完成15项。国家自然科学奖二等奖3项、国家技术发明奖二等奖5项、国家科技进步奖（创新团队）1项、国家科技进步奖一等奖2项、国家科技进步奖二等奖25项。见表1–2。

表1-2 “十三五”时期在甘单位获得国家科技奖励项目情况

年度	奖种	等级	项目名称	主要完成人	主要完成单位	主持或参与
2020	国家科技进步奖	二等	空间电推进综合测试技术及应用	李得天、张天平、洪延姬、陈学康、郭宁、柏树、杨俊泰、王鹢、叶继飞、杨建斌	兰州空间技术物理研究所，中国人民解放军战略支援部队航天工程大学	主持
2020	国家科技进步奖	一等	400万吨/年煤间接液化成套技术创新开发及产业化	姚敏、李永旺、杨勇、邵俊杰、张来勇、焦洪桥、汪创华、刘尚利、邓建军、刘俊义、张延丰、郭中山、曹立仁、蔡力宏、马玉山	国家能源集团宁夏煤业有限责任公司、中国科学院山西煤炭化学研究所、中科合成油技术有限公司、中国寰球工程有限公司、沈阳透平机械股份有限公司、内蒙古伊泰集团有限公司、舞阳钢铁有限责任公司、山西潞安矿业（集团）有限责任公司、甘肃蓝科石化高新装备股份有限公司、中国五环工程有限公司	参与
2020	国家科技进步奖	一等	复杂原料百万吨级乙烯成套技术研发及工业应用	袁晴棠、王子宗、王振维、王国清、何细藕、李广华、戴伟、李金科、崔光磊、盛在行、刘罡、张玉明、林栩、赵百仁、张利军	中国石化工程建设有限公司、中国石油化工股份有限公司北京化工研究院、天华化工机械及自动化研究设计院有限公司、中韩（武汉）石油化工有限公司、中国石油化工股份有限公司镇海炼化分公司、福建炼油化工有限公司、沈阳鼓风机集团股份有限公司、杭州制氧机集团股份有限公司、天津大学、西安德兴环保科技有限公司	参与
2020	国家科技进步奖	二等	青藏高海拔多年冻土高速公路建养关键技术及工程应用	汪双杰、赖远明、陈建兵、张娟、纳启财、吴明先、郭宏新、王声乐、陈团结、张锋	中交第一公路勘察设计研究院有限公司、中国科学院寒区旱区环境与工程研究所、青海地方铁路建设投资有限公司、东南大学、中圣科技（江苏）有限公司、哈尔滨工业大学、中交第二公路工程局有限公司	参与

续表1-2

年度	奖种	等级	项目名称	主要完成人	主要完成单位	主持或参与
2020	国家科技进步奖	二等	中医药循证研究"四证"方法学体系创建及应用	商洪才、田贵华、吴大嵘、王燕平、陈耀龙、郑颂华、赵晨、张晓雨、邱瑞瑾、郑蕊	北京中医药大学、广东省中医院、中国中医科学院中医临床基础医学研究所、兰州大学、香港浸会大学	参与
2020	国家科技进步奖	二等	城镇污水处理厂智能监控和优化运行关键技术及应用	俞汉青、李志华、盛国平、侯红勋、王冠平、王广华、史春海、张静、赵忠富、石伟	中国科学技术大学、西安建筑科技大学、安徽国祯环保节能科技股份有限公司、光大水务（深圳）有限公司、广州市市政工程设计研究总院有限公司、中国市政工程西北设计研究院有限公司、中国市政工程西南设计研究总院有限公司	参与
2020	国家科技进步奖	二等	重大工程黄土灾害机理、感知识别及防控关键技术	王家鼎、赵斗、谷天峰、谢婉丽、付新平、王新民、武小鹏、王新刚、贾鹏飞、张登飞	西北大学、中国铁路设计集团有限公司、中铁十七局集团有限公司、中铁西北科学研究院有限公司	参与
2020	国家科技进步奖	二等	智能化地图综合与多尺度级联更新关键技术及应用	王家耀、武芳、张新长、闫浩文、艾廷华、邓敏、钱海忠、秦奋、翟仁健、张翔	中国人民解放军战略支援部队信息工程大学、河南大学、武汉大学、兰州交通大学、广州大学、中南大学	参与
2020	国家科技进步奖	二等	北方旱地农田抗旱适水种植技术及应用	梅旭荣、孙占祥、樊廷录、周怀平、赵长星、刘恩科、钟永红、龚道枝、冯良山、孙东宝	中国农业科学院农业环境与可持续发展研究所、辽宁省农业科学院、甘肃省农业科学院、山西省农业科学院农业环境与资源研究所、青岛农业大学、全国农业技术推广服务中心	参与
2020	国家科技进步奖	二等	锌电解典型重金属污染物源头削减关键共性技术与大型成套装备	降林华、徐夫元、段宁、邓爱民、曹江林、石爱文、荀有强、许威清、高愈希、汪佳良	中国环境科学研究院、同济大学、江西瑞林装备有限公司、花垣县太丰冶炼有限责任公司、白银有色集团股份有限公司、北京冶自欧博科技发展有限公司、中国科学院高能物理研究所	参与
2019	国家科技进步奖	二等	低摩擦固体润滑碳薄膜关键技术及产业化应用	张俊彦、张克金、张斌、米新艳、龙美彪、高凯雄、黄民备、彭龙、王丹、强力	中科院兰州化学物理研究所、一汽解放汽车有限公司、南岳电控（岳阳）工业技术股份有限公司	主持

续表1-2

年度	奖种	等级	项目名称	主要完成人	主要完成单位	主持或参与
2019	国家科技进步奖	二等	千万千瓦级风光电集群源网协调控制关键技术及应用	汪宁渤、徐泰山、马世英、王多、鲁宗相、周强、刘文颖、周识远、马彦宏、王昊昊	国网甘肃电力公司、国电南瑞科技股份有限公司、中国电力科学院有限公司、清华大学、华北电力大学、许继集团有限公司、国电甘肃省电力有限公司	主持
2019	国家科技进步奖	二等	镍阳极泥中铂钯铑铱绿色高效提取技术	潘从明	金川集团股份有限公司	主持
2019	国家技术发明奖	二等	高性能节能抗磨纳米润滑油脂关键技术与产业化	张治军、王晓波、张晟卯、刘维民、薛群基、朱磊	河南大学、中国科学院兰州化学物理研究所、青岛康普顿科技股份有限公司	参与
2019	国家科技进步奖	二等	冶金炉窑强化供热关键技术及应用	王华、王冲、刘日新、刘玉强、饶文涛、施哲、孔德颂、王仕博、杨伟、黄夏兰	昆明理工大学、中国铜业有限公司、金川集团股份有限公司、北京赛维美高科技有限公司、宝山钢铁股份有限公司	参与
2019	国家科技进步奖	二等	中药制造现代化—固体制剂产业化关键技术研究及应用	刘红宁、杨世林、杨明、朱卫丰、刘旭海、罗晓健、廖正根、陈丽华、郑琴、杨明	江西中医药大学、江中药业股份有限公司、江西济民可信集团有限公司、天水华圆制药设备科技有限责任公司、北京翰林航宇科技发展股份公司、哈尔滨纳诺机械设备有限公司	参与
2019	国家科技进步奖	二等	重大蔬菜害虫韭蛆绿色防控关键技术创新与应用	张友军、魏启文、于毅、吴青君、薛明、刘峰、魏国树、许国庆、刘长仲、史彩华	中国农科院蔬菜花卉研究所、全国农业技术推广服务中心、山东省农科院植物保护研究所、天津市动植物保护研究所、山东农业大学、长江大学、甘肃农业大学	参与
2019	国家科技进步奖	二等	长大深埋挤压性围岩铁路隧道设计施工关键技术及应用	赵勇、李国良、李雷、熊春庚、刘志春、杨木高、肖广智、李宁、李响、张旭东	中铁第一勘察设计院集团有限公司，中国铁路经济规划研究院有限公司，兰渝铁路有限责任公司，石家庄铁道大学，中铁十一局集团有限公司，中铁西南科学研究院有限公司，中铁十二局集团有限公司	参与

续表1-2

年度	奖种	等级	项目名称	主要完成人	主要完成单位	主持或参与
2019	国家科技进步奖	二等	饲草优质高效青贮关键技术与应用	杨富裕、玉柱、张建国、徐春城、许庆方、刘忠宽、丁武蓉、徐智明、李存福、谢建将	中国农业大学、华南农业大学、兰州大学、山西农业大学、河北省农林科学院农业资源环境研究所、全国畜牧总站、四川高福记生物科技有限公司	参与
2018	国家自然科学奖	二等	亚洲中部干旱区多尺度气候环境变化的特征与机理	陈发虎、陈建徽、李金豹、黄伟、靳立亚	兰州大学、香港大学	主持
2018	国家自然科学奖	二等	风沙运动的多场耦合特性及规律的力学研究	周又和、郑晓静、黄宁	兰州大学	主持
2018	国家技术发明奖	二等	基于湿法凹凸棒石高值利用关键技术开发与应用	王爱勤、王文波、牟斌、康玉茹、张俊平、汪琴	中国科学院兰州化学物理研究所	主持
2018	国家技术发明奖	二等	心理生理信息感知关键技术及应用	胡斌、徐向民、郑文明、栗觅、赵庆林	兰州大学、华南理工大学、东南大学、北京工业大学	主持
2018	国家科技进步奖	二等	风沙灾害防治理论与关键技术应用	王涛、屈建军、王文彪、赵学勇、李新荣、赵哈林、蒋富强、王进昌、汪万福、尹成国	中国科学院寒区旱区环境与工程研究所、亿利资源集团有限公司、中铁西北科学研究院有限公司、中国铁路青藏集团有限公司、敦煌研究院	主持
2018	国家科技进步奖	二等	心脏瓣膜外科创新技术及产品的建立和应用	徐志云、韩林、陆方林、王军、刘晓红、郭鹏海、唐昊、宋智钢、唐杨烽、张浩	中国人民解放军第二军医大学第一附属医院、兰州兰飞医疗器械有限公司	参与
2017	国家科技进步奖	创新团队	中国科学院寒区旱区环境与工程研究所冻土与寒区工程研究创新团队	程国栋、赖远明、马巍、吴青柏、牛富俊、俞祁浩、金会军、刘永智、盛煜、张建明、李东庆、温智、张明义、李国玉、喻文兵	中国科学院寒区旱区环境与工程研究所	主持
2017	国家科技进步奖	二等	干旱环境下土遗址保护关键技术研发与应用	王旭东、李最雄、谌文武、张虎元、郭青林、孙满利、李黎、赵林毅、裴强强、张景科	敦煌研究院、兰州大学、西北大学、中国文化遗产研究院、敦煌研究院文物保护技术服务中心	主持
2017	国家科技进步奖	二等	青藏高原特色牧草种质资源挖掘与育种应用	白史且、李达旭、马啸、郭旭生、鄢家俊、严学兵、游明鸿、张蕴薇、李新一、何光武	四川省草原科学研究院、四川农业大学，全国畜牧总站、兰州大学、河南农业大学、中国农业大学、四川省草原工作总站	参与

续表1-2

年度	奖种	等级	项目名称	主要完成人	主要完成单位	主持或参与
2017	国家科技进步奖	二等	高汽油收率低碳排放系列催化裂化催化剂工业应用	高雄厚、申宝剑、魏昭成、张忠东、田文君、刘涛、郭健、汪毅、杨健、段宏昌	中国石油天然气股份有限公司石油化工研究院、中国石油天然气股份有限公司兰州石化分公司、中国石油大学(北京)、中国石油天然气股份有限公司广西石化分公司、中国石油天然气股份有限公司大港石化分公司、中国石油天然气股份有限公司哈尔滨石化分公司、中国石油天然气股份有限公司玉门油田分公司	参与
2016	国家自然科学奖	二等	碳碳键重组构建新方法与天然产物合成	涂永强、樊春安、张辅民、王少华、张书宇	兰州大学	主持
2016	国家技术发明奖	二等	多肽化学修饰的关键技术及其在多肽新药创制中的应用	王锐、袁建成、方泉、马亚平、刘建、张邦治	兰州大学、深圳翰宇药业股份有限公司	主持
2016	国家技术发明奖	二等	强韧与润滑一体化碳基薄膜关键技术与工程应用	王立平、张俊彦、蒲吉斌、薛群基、张　斌、阎兴斌	中国科学院兰州化学物理研究所	主持
2016	国家科技进步奖	二等	针对新传入我国口蹄疫流行毒株的高效疫苗的研制和应用	才学鹏、郑海学、刘国英、陈智英、刘湘涛、王超英、齐鹏、魏学峰、张震、郭建宏	中国农业科学院兰州兽医研究所、金宇保灵生物药品有限公司、申联生物医药（上海）股份有限公司、中农威特生物科技股份有限公司、中牧实业股份有限公司	主持
2016	国家科技进步奖	二等	大型乙烯装置成套工艺技术、关键装备与工业应用	张来勇、罗自坚、杨庆兰、朱连勋、孙长庾、梁顺琴、姜妍、邱彤、李秀伟、李锦辉	中国寰球工程公司、中国石油天然气股份有限公司大庆石化分公司、中国石油天然气股份有限公司石油化工研究院、沈阳鼓风机集团股份有限公司、清华大学、中国石油天然气股份有限公司抚顺石化分公司、中国石油天然气股份有限公司兰州石化分公司	参与
2016	国家科技进步奖	二等	大型风电水电机组低频故障诊断关键技术及应用	何斌、沈润杰、吴启迪、汪宁渤、何闻、王青华、徐健、王志鹏、马明、乔非	同济大学、国网甘肃省电力公司、浙江大学、上海明华电力技术工程有限公司、上海瑞视仪表电子有限公司	参与
2016	国家科技进步奖	二等	急倾斜厚煤层走向长壁综放开采关键理论与技术	王家臣、马念杰、赵兵文、赵鹏飞、杨胜利、赵志强、杨发文、安建华、江志义、李杨	中国矿业大学（北京）、冀中能源峰峰集团有限公司、甘肃省靖远煤电股份有限公司、湖南科技大学	参与

第二节　科研院所创新成效

科研院所是创新发展的重要支撑，是科技创新体系的重要组成部分。以中国科学院兰州分院、中国农业科学院兰州畜牧与兽药研究所、中国农业科学院兰州兽医研究所、兰州空间技术物理研究所、中国气象局兰州干旱气象研究所等为主的中央在甘科研院所，以甘肃省地震局、甘肃省科学院、甘肃省农业科学院等为主的省属科研院所，集中反映了“十三五”时期在甘科研院所科技创新进展及取得的重大科技成果。

中国科学院兰州分院

一、“十三五”科技创新主要成效

“十三五”期间，中国科学院兰州分院在省市地方政府的支持下组建了一批重大创新平台，攻克了一批关键核心技术，取得了一批创新成果，国内外地位和影响力显著提升。

（一）科技成果频出亮点

暗物质粒子探测卫星“悟空”的塑闪阵列探测器研制任务由中国科学院近代物理研究所（以下简称近物所）完成，加速器驱动先进核能系统（ADANES）入选中科院“率先行动”第一阶段重大科技成果及标志性进展；世界最强流深地核天体物理加速器由近物所参与完成；中国首个火星探测器“天问一号”，其火星能量粒子分析仪也由近物所参与研制；中国科学院兰州化学物理研究所研制的多种关键润滑与密封材料有效保障了重要任务，在国际上首次阐明润与滑关系，提出仿生“湿粘滑界面”新概念，实现了仿生润/滑界面可控构筑，成功研制了中国首台空间摩擦学原位分析系统；中国科学院西北生态环境资源研究院编制的《祁连山国家公园体制试点方案》，由中央深改小组第36次会议审议通过，起草的咨询建议2份被中办采纳、2份获得省级领导批示，为“三江源国家公园”和“祁连山国家公园”等重大生态文明建设工程提供科技支撑，寒区重大工程理论与关键技术有效保障了青藏铁路、哈大高铁、中俄输油管道等重大工程建设和安全运营，取得了至少55亿元的直接经济效益和显著社会效益，生态修复和沙漠化防治技术助力沙区“精准扶贫”。

（二）创新平台建设不断优化

钍基熔盐堆核能系统（2MWt液态燃料钍基熔盐实验堆）、高精度地基授时系统敦煌授时台、中科院先进计算产业联盟甘肃先进计算中心、国家冰川冻土沙漠科学数据中心、甘肃省祁连山生态环境研究中心、医用重离子治疗示范装置、大科学装置科技创新创业园、兰州润滑材料与技术创新中心、矿物功能材料制造业创新中心、羰基金属材料制造业创新中心等一批创新平台相继落地甘肃，为甘肃区域创新体系的建设提供了重要支撑。牵头成立甘肃省材料学会和甘肃省分析测试技术与仪器学会，深度参与兰州综合性国家科学中心培育建设，揭牌成立了甘肃省同位素实验室，稳步推进重离子应用技术及装备制造产业基地建设，积极谋划筹建中国科学院大学兰州学院。

（三）学科布局优化调整

中国科学院西北生态环境资源研究院在原有优势学科基础上，发展并形成了以“冰冻圈科学”“冻土与寒区工程”“沙漠与沙漠化”“青藏高原生物多样性保护与生态系统管理”“盐湖资源环境与绿色开发”“气体地球化学”为主的六个特色学科方向，并培育“国家公园与生态文明建设”和“内陆河流域生态水文学”两个新兴交叉学科方向。上述学科方向入选所属的4个学科领域（地学、环境/生态学、工程学和农业科学）ESI TOP 1%（数据截至2019年11月15日）。

（四）奖励荣誉不断涌现

冻土与寒区工程研究团队荣获2017年度国家“科技进步创新团队奖”，近物所魏宝文院士荣获2017年度甘肃省科技功臣奖。“十三五”期间，院属在甘单位共有5项成果获得国家科技奖励，1项成果获甘肃省科学技术进步奖特等奖，15项成果获得甘肃省科技奖励一等奖，先后有5名科学家获得何梁何利基金奖，4名科学家获得第二届全国创新争先奖。

（五）科技成果转化助推产业转型升级

“碳离子治疗系统研究开发及产业化”成功实践了“基础研究–技术研发–产品示范–产业化应用”全产业链自主创新之路。2019年9月29日，国家药监局批准碳离子治疗系统上市，2020年3月26日，武威碳离子治疗系统正式投入临床应用，打破了高端医疗器械市场的国外垄断壁垒；“凹凸棒石黏土矿物资源高值化利用”突破了杂色凹凸棒石结构性转白关键技术，凹凸棒石功能产品实现了2×10^4t/a的规模化生产并推广应用。

二、“十三五”科技创新亮点特色

“十三五”期间，从分院层面，不断巩固和完善院地科技合作体系，整合优化各类科技创新资源，强化与地方的融合程度，扩大协同创新网络。据不完全统计，仅2020年1~9月，中科院兰州“一院三所”与省属企业新签订各类技术服务合同金额已达到2000万元以上。从研究所层面，院属在甘研究所进一步完善科技规划与布局、加强科研组织管理、优化资源配置，统筹考虑国家战略下的地方需求，坚持应用导向和需求导向，主动与各领域行业领军企业针对“卡脖子”问题进行对接和沟通交流，挖掘和凝练制约产业转型升级的重大科学问题和工程技术难题，积极谋划和争取承担国家、地方重大攻关任务；创新科研组织模式，集中各课题组优势力量组建任务攻关组群，加强高层次和急需人才引进，强化攻关团队人才配置，建立任务负责制，提高重大项目的争取能力和攻关能力；密切关注国家和行业动态，提前策划、组织、参与了不同层面指南和规划的编制；注重发挥学术委员会专家和研究所各领域专家在项目建议和研究中的作用，全面推动学科交叉融合发展，培育新的学科增长点。

三、“十三五”代表性重大科技成果

（一）“主动冷却”冻土工程理论和成套防控技术

在国际上创造性地提出了以调控热传导、对流、辐射为理论基础的冷却路基、降低多年冻土温度设计新思路，破解了高温高含冰量多年冻土路基稳定性世界性难题。研发了抵御气候变暖及热累积效应的复合冷却路基地温调控技术，为青藏高速公路筑路技术提供了关键技术支撑。建立了管道–冻土热力相互作用的计算新模型，提出了中俄输油管道油温和冻融圈的预报新方法。搭建了冻土水、热、力三场耦合理论体系和冻土工程热力稳定性数值仿真平台，为寒区工程设计、施工、运营提供重要的技术支撑。突破了基础施工、组塔和架线的关键周期控制原则，构建了沿线冻土基础长期稳定性监测和预警系统，为工程设计优化、提前投运和安全维护提供了科学依据。建成了多年冻土区气候–冻土–工程–生态系统监测网，积累了青藏高原和东北冻土区长期基础性数据，揭示了工程与冻土环境和生态系统间的互馈机制，推动了冻土学和相关学科的整体发展。

（二）低摩擦固体润滑碳薄膜关键技术及产业化

项目历经10年产学研用攻关，率先制备了具有工程应用价值超弹性（>85%）、超低摩擦（$\mu=0.002\sim0.05$）类富勒烯碳薄膜，突破了类富勒烯碳薄膜的可控制备技术；发明了湍流涡旋水道柱靶和箍缩磁场定向溅射方法，突破了低温下轴承钢表面类富勒烯碳薄膜高结合力沉积技术；发明了阳极辅助磁控溅射和高功率脉冲离子源，突破了类富勒烯碳薄膜批量一致性工艺与装备一体化集成技术。

该项目获授权发明专利24件、实用新型专利5件，制定企业标准5项。项目成果在13家单位获得应用，近三年新增产值122.64亿元。共轨系统配套应用于发动机，显著提高中国发动机的核心技术，带动汽车工业从零部件到整车质量的跨越式发展。该技术已拓展应用于无人机、数控机床、航天等领域。

（三）强韧与润滑一体化碳基薄膜关键技术与工程应用

针对中国对强韧与润滑一体化碳基薄膜的迫切需求，项目历经十余年的攻关，在强韧与润滑一体化碳基薄膜设计、关键技术及工程化应用方面取得重要突破。发明了碳基薄膜的多尺度耦合强韧化设计和制备技术，超厚类金刚石碳基薄膜的多界面强韧设计和制备技术，碳基薄膜润滑组元特性协同和摩擦界面自补偿环境适应性设计和复合制备等核心技术，攻克了类金刚石薄膜结合强度低、脆性大及环境敏感等难题，成功解决了类金刚石薄膜超低内应力、薄膜超厚化及管道内壁沉积的技术难题，成功解决了类金刚石薄膜在潮湿环境、腐蚀介质、特殊气氛、高真空及尘埃极端环境下的加速失效问题。

本项目共申请发明专利40项，获授权专利26项，形成了覆盖该项目关键技术的核心专利群。研究成果成功应用于汽车发动机、精密轴承、液压马达等领域，形成了20余种碳基薄膜高端产品，解决了高技术领域核心运动部件的润滑与强化一体化技术难题。

中国农业科学院兰州畜牧与兽药研究所

一、“十三五”科技创新主要成效

“十三五”时期是推动中国农业科学院兰州畜牧与兽药研究所创新发展再上新台阶的五年。研究所以党的政治建设为统领，以科技创新工程为抓手，开创了转型发展、创新发展的新局面。

（一）凝练重点任务，提升创新能力

研究所围绕畜牧产业关键技术需求，深入开展基础、应用基础和应用研究，先后承担各级各类科研项目331项，合同经费2亿元。发表科技论文630余篇，其中SCI论文172篇；出版著作75部；获得省部等各级科技成果奖励28项，荣获省部级一等奖4项；获得国家畜禽新品种2个，牧草新品种3个；获得国家二类新兽药证书4项，三类新兽药证书7项；授权专利647件，其中国内外发明专利137件；登记软件著作权48件，颁布国家标准5项，农业行业标准2项。

动物遗传育种研究方面，2019年，“阿什旦牦牛”国家新品种培育成功。“高山美利奴羊”新品种培育及应用获2016年甘肃省科技进步一等奖。牧草资源与育种研究方面，培育出3个优质国家牧草新品种。同时，二类新兽药“羟氯扎胺”“赛拉菌素”、三类新兽药“板黄口服液”“根黄分散片”等相继获得新兽药证书并转化推广。新兽药及其应用技术的集成示范相继获得2018年度、2019年度甘肃省科技进步一等奖。

（二）加强平台建设，完善支撑条件

“十三五”期间，获批全国名特优新农产品营养品质评价鉴定机构和全国农产品质量科普示范基地，大洼山试验站成功入选甘肃省省级草品种区域试验站，15个兽药临床试验项目（兽药GCP）、4个非临床试验项目（兽药GLP）和奶牛生产性能测定实验室通过农业农村部认证，农业农村部动物毛皮及制品质量监督检验测试中心（兰州）完成兽药残留扩项并通过复审。省级重点实验室（工程技术中心）顺利通过评估，科技部对研究所科研设施与仪器开放共享评估考核为良。

（三）推动转化服务，科技支撑脱贫攻坚与乡村振兴

“中兰1号”紫花苜蓿等牧草新品种转让或许可企业生产，“羟氯扎胺混悬液”“板黄口服液”等新兽药转让企业生产应用，“银翘蓝芩口服液”技术及其他51件专利成功转让。与40多家国内企事业单位开展合作，合作转让成果及提供技术服务130余项，累计到位经费2900余万。大通牦牛和阿什旦牦牛覆盖率达中国牦牛产区的75%，高山美利奴羊在甘肃、青海、新疆、内蒙古、吉林等细毛羊产区推广，累计改良细毛羊1000多万只。

（四）注重交流协作，提升合作水平

“十三五”期间，研究所获批国际合作项目8项。与匈牙利、瑞士、美国等国家的大学、研究所等机构签订国际合作协议11项，举办3期“中兽医药学技术国际培训班”，获批甘肃省国际科技合作基地2个、甘肃省国际联合实验室1个、甘肃省科协海智基地1个，派出129人次赴30个国家和地区开展科技交流访问，柔性引进1名国外知名专家来所开展研究工作。

二、“十三五”科技创新亮点特色

（一）调整学科方向，优化学科体系

对研究所学科方向再梳理再定位，对科技创新团队学科方向再凝练、目标再明确、任务再聚焦、人员再优化。形成畜牧、兽医2个一级学科和5个二级学科领域布局。组建7个院级科技创新团队和2个所级科技创新团队，拓展6个新的研究方向。

（二）优化创新团队，完善团队首席负责制

落实以创新团队为基本单元的科研运行模式，理顺以团队为基础的科研工作，构建符合农业科技创新要求的团队运行管理机制，优化团队人才结构。明确首席专家在团队学科建设、方向确定、任务凝练、科研选题等学术管理方面，以及队伍建设、人员调整、绩效考评、创新文化、财务管理等团队管理方面的职责权利。

（三）完善体制机制，激发创新活力

出台了一系列科技创新、综合政务、人事劳资、财务与资产、党建与文明建设的规章制度，创建新管理模式，提升研究所管理效率，激发创新活力，为研究所创新发展提供了制度保障。

三、“十三五”代表性重大科技成果

（一）舍饲化国家新品种“阿什旦牦牛”

“阿什旦牦牛”于2019年4月获得国家畜禽新品种证书，是研究所继“大通牦牛”之后培育的第2个牦牛品种，在大动物育种方面再次取得了突破性进展。其培育技术突破了分子标记辅助选择鉴

定角性状变异位点的技术瓶颈，缩短了育种周期、提高了育种效率、加速了育种进程。其生产性能和综合品质达到了国际同类型生态区牦牛的领先水平，为世界独特生态区牦牛品种培育开创了新的路径。目前，“阿什旦牦牛”已建立了开放式核心群育种体系和种公牛站、育种核心群、育种群和推广示范区四级繁育体系，完善了中国牦牛良种制种供种体系。

（二）动物吸虫病新兽药“羟氯扎胺”及混悬液

“羟氯扎胺”及混悬液于2020年8月获批国家二类新兽药证书。该药对标国际兽药技术创新前沿，围绕中国兽药产业重大技术与产品需求，针对畜牧生产实践当中危害严重的动物吸虫病而创制，主要用于治疗牛、羊的肝片吸虫感染引起的疾病，对绦虫和线虫也有良好的治疗效果。该药口服给药吸收快，作用长效，具有高效安全的特点。临床研究表明，使用“羟氯扎胺”治疗牛肝片吸虫病比市场现有产品有效率提高近10%。治疗后饲料转换率大幅提升，患畜增重明显，有效提升了养殖企业和养殖户经济效益。目前，羟氯扎胺原料药已实现产业化生产，达到了年产50t的生产规模，占据国际市场的30%以上，并取得了欧盟认证。羟氯扎胺混悬液已实现转让，先后与国内4家企业签订技术转让协议。

中国农业科学院兰州兽医研究所

一、“十三五”科技创新主要成效

为落实习近平总书记对中国农业科学院建院60周年贺信中提出的“三个面向”“两个一流”和“一个整体跃升”的要求，对标贺信精神，中国农业科学院兰州兽医研究所“十三五”以来工作成效与亮点显著。

（一）面向世界科技前沿方面

“十三五”期间，以危害严重的重要动物疫病为主要研究对象，开展了流行病学、感染与致病机制、免疫逃避与抗药机制、病原–宿主–环境相互作用等方面的系统性研究。先后主持了国家兽医寄生虫领域首个“973”项目、3项国家重点研发计划项目及60余项国家自然科学基金项目等，获得科研经费约2亿元。产出了一系列重要成果，如探究了口蹄疫病毒诱导细胞自噬的信号转导机制，鉴定并阐明了口蹄疫病毒与多种宿主蛋白主亲环素互作与调控的机制，阐明了禽流感病毒NS1效应区EALQR基序调控病毒感染与宿主应答的分子基础，首次解码了动物30多种寄生虫的线粒体基因组，阐明了其基因组碱基组成、结构和排序等特征等，相关数据发表在主流期刊上。

（二）面向国家重大需求方面

“十三五”期间，先后建设了国家非洲猪瘟（区域）实验室、国家包虫病专业实验室，OIE囊尾蚴病参考实验室、甘肃省生物技术检测创新中心等平台，投资1.9亿元的ABSL-3生物安全实验室（国家口蹄疫参考实验室）也已正式运行，为非洲猪瘟、口蹄疫、新发塞内卡病毒病、牛皮肤结节病、包虫病防控科技攻关和政府咨询支撑方面发挥了关键作用。在动物疫病防控关键技术的研究上取得了重大突破，促进了产品创制，提升了技术标准。研发的“非洲猪瘟病毒直接扩增荧光定量PCR检测试剂盒”和“非洲猪瘟病毒实时荧光RAA检测试剂盒”通过了中国动物疫病预防控制中心的评审，获批在田间使用。“口蹄疫O型、A型二价灭活疫苗（Re-O/MYA98/JSCZ/2013株+Re-A/WH/09株）”与“猪口蹄疫O型病毒3A3B表位缺失灭活疫苗（O/rV-1株)”获得了国家一类新兽药证书，促进了新型疫苗的创制和成果转化应用，为国家防控和净化口蹄疫疫病提供技术支撑。制定了山羊传染性胸膜肺炎诊断技术和无乳支原体PCR技术国家标准并已颁布实施。羊棘球蚴病基因工程疫苗（酵母）即将进入临床试验，EG95蛋白呈分泌性、高效表达，即将进入临床试验。

（三）面向现代农业建设主战场方面

为促进科技与经济紧密结合，研究所打通科技成果向现实生产力转化的通道，将科技成果推广应用到基层。“十三五”期间，研究所针对基层兽医工作者及贫困地区广大农牧民举办各类培训班、技术咨询活动110余次，累计授课、指导、培训8000余人。

二、“十三五”科技创新亮点特色

（一）开展重大疫病机制研究

“十三五”期间，研究所积极投身中国农业科学院科技创新工程，10个创新团队对标“四个面向”，针对口蹄疫、非洲猪瘟、牛结节性皮肤病等重大动物疫病的国家防控需求，围绕病毒感染、致病和免疫机制等核心科学问题，从“基础到应用研究”进行布局，系统开展了病原流行、变异、致病和免疫等机制研究。并设计和创制防控产品，实现理论创新、技术突破和产品创制，从基础到应用贯通研究，为国家重大疫病防控提供理论依据和核心技术支撑，保障了畜牧业健康发展。

（二）推进体制机制创新

加强推进体制机制创新，打破原有依据发表论文影响因子等指标计算工作量的模式，重新制定了相关的绩效考核办法，采取定性与定量相结合的方式，以团队获得的重要科研成果、发表的代表性论文等进行考核，逐步建立以创新贡献评估为根本，以分类评价为导向的考核评价体系。建立选人用人、薪酬管理、绩效分配、考核评价、科研组织与管理的新机制，形成了竞争向上、协同发展的良好局面，提升研究所的科研创新能力，为打造国内外一流的兽医科研院所创造全新的软环境。

三、“十三五”代表性重大科研成果

（一）针对新传入中国口蹄疫流行毒株的高效疫苗的研制和应用

项目组应国家重大需求，攻克关键技术难关，成功创建了制苗种毒分子选育技术平台，解决了传统制苗种毒选育耗时长、成功率低的难题，成功创制了3种高效灭活疫苗，及时遏制了口蹄疫大流行，发明了单质粒口蹄疫病毒拯救系统，实现了制苗种毒的定向设计构建，突破了流行毒株不能驯化为制苗种毒的技术难题，制备出产能高、抗原性好、稳定性强的A型制苗种毒，填补了OIE抗原库的空白，首创了工业化固相口蹄疫抗原多肽合成技术体系，建立了没有生物安全风险的全新抗原制备方法，创制了2种猪口蹄疫O型合成肽疫苗，成为疫苗制造领域的重大突破。累计销售疫苗75.38亿mL，总计收入56.01亿元，新增利润22.87亿元，实现利税6.88亿元；出口越南、朝鲜、蒙古国等，创汇196.5万美元。成果应用产生间接经济效益1145.94亿元。

（二）重要人兽共患蠕虫的基因组解析及其重要基因的功能研究

人兽共患蠕虫病严重危害人类健康和畜牧业发展，在中国及众多发展中国家广泛流行。该项目针对人体带绦虫、犬弓首蛔虫等重要人兽共患蠕虫，开展了系统的基因组和功能基因组研究。在寄生虫适应性机制、基因组进化、感染入侵、免疫逃避、与宿主互作、疫苗和免疫诊断方法等基础研究及应用基础研究等方面都取得了优异的成果。该项目研究成果在国际一流学术刊物发表SCI论文14篇，获授权发明专利2项。该项目申请人所在团队实验室被世界动物卫生组织（OIE）指定为OIE囊虫病参考实验室。

兰州空间技术物理研究所

一、“十三五”科技创新主要成效

“十三五”期间，兰州空间技术物理研究所专业技术和产品发展取得丰硕成果，开发了多类型空间电推进产品、空间探测载荷产品、表面工程产品、量子频标产品、以贮箱和气瓶为代表的航天压力容器产品、宇航机电产品，获得省部级及以上科技成果奖励20余项，为中国航天事业和国防建设做出了突出贡献。

二、“十三五”科技创新亮点特色

（一）先进工艺技术

“十三五”期间，建立了DC/DC模块SMT工艺生产线，完成了空间高电压绝缘防护工艺的研究，建立了PPU生产线，建立了空心阴极生产线、栅极生产线及宇航/武器产品装配生产线，具备承担电推进产品、二次电源产品、宇航和武器机电产品的生产能力。

（二）软件技术

“十三五”期间，开发了仪表显示类、机电控制类、载荷数据处理类嵌入软件，单机软件研制规模为五百到十万行；掌握了SRAM型和反熔丝型FPGA的开发应用技术，已具备使用FPGA研制复杂系统的能力。

（三）检测与试验技术

“十三五”期间，提升了力学试验能力，拓展了温度试验范围，实现了产品自动化测试，全面满足型号产品研制需求。

三、“十三五”代表性重大科技成果

（一）真空计量技术

“十三五”期间，开展了基于激光干涉法、冷原子技术的量子真空计量技术研究，突破了极小分压力校准、基于超稳Fabry-Perot光学谐振腔的稀薄气体折射率精确测量、大宽厚比感压薄膜结构设计等关键技术，解决了空间站“问天”实验舱舱门快速检漏仪精确校准、电推进系统氙气流量精确校准、铯钟用多孔金属材料真空放气率精确测量等10余项难题。新建了超高/极高真空标准装置、动态流量法真空标准装置、5×10^{-13}~5×10^{-9}Pa·m^3/s极小气体流量标准装置等5台/套国防最高计量标准器具，开展了自然基金委重大仪器专项—计量级电容薄膜真空计国产化技术攻关，推进了国防最高真空计量标准器具的自主可控，承担了中国首项真空计量类ISO标准的制定工作。

（二）空间环境效应及探测载荷技术

在空间环境效应研究方面，先后完成了包括院士咨询项目、973项目、科技部重点研发计划、民用航天等重大项目6项。其中，已完成了院士咨询项目《关于认识空间环境和感知空间环境效应若干问题的咨询研究》，并通过科学院向中央提交了《关于构建天地一体化空间环境及效应研究体系的建议》；973项目已顺利结题，并通过了国防鉴定，成果达到了国际先进水平，部分指标达到国际领先水平。

在空间探测载荷技术方面，实现了从无到有的跨越。其中，张衡一号电场测量仪首次实现在轨应用，使中国具备全疆域和全球三维空间电场动态监测能力；太极计划首发科学试验卫星搭载的惯性传感器在轨测量分辨率优于0.3ng/Hz 1/2，位移测量分辨率达到pm/Hz 1/2量级，达到国内领先水平，为卫星开展μN级微推力标定、无拖曳控制技术验证等提供技术支持；NMOR原子磁力仪突破了高磁场采样率、突变磁场闭环跟踪测量等关键技术，完成了实验系统研制。

（三）空间电推进技术

“十三五”期间，研究所初步形成了通用化、系列化的产品型谱。在原总装备部项目支持下，

200型离子推力器累计完成工作时间14 649h，开、关机次数7000次考核，充分验证了该型号离子电推进系统具备地球同步轨道卫星15年南北位保的能力，同步开展的推力器空心阴极寿命试验，达到20000h/12800次，200型单模式离子电推进系统在实践十三号卫星上首次实现应用，并在亚太6D卫星全面执行全周期南北位保应用；300型双模式离子电推进系统在实践二十号卫星实现了位保和轨道转移应用，是目前国内在轨功率最大的电推进系统，300改型多模式离子推力器完成了300~4800W宽功率范围35种工作模式调节能力；100型离子推力器工程样机具备50~500W宽功率范围、高分辨率推力连续调节能力；400型离子推力器完成了原理样机研制；100型霍尔电推进系统在实践十七号卫星上完成了性能验证40型和60型霍尔电推进系统，完成飞行样机研制；同步开展了大功率霍尔推力器关键技术攻关，完成了20kW霍尔推力器研制与性能测试。

（四）表面工程技术

“十三五”期间，开展了膜航天器、柔性球帆、超材料、超润滑等前沿技术研究，突破了膜航天器构型设计及应用研究，形成了初步设计方案；突破了柔性球帆高可靠展开等关键技术，在北京理工大学1号首次实现在轨应用和离轨演示验证，成果在《Science》上报道；突破了二维超材料电磁场调控方法、超润滑薄膜损伤抑制等关键技术，研制的超材料具备可见、红外、雷达波宽频谱隐身功能；研制的基于储氢结构的超润滑薄膜，摩擦系数低至10^{-3}量级，寿命达到10^{7}r，达到国际先进水平。

突破了柔性基底高致密度硅氧烷聚合沉积、MACs油脂蒸汽压控制、基于低表面能的油脂爬移控制方法、反射光谱扩频等关键技术，研制了空间站板件电缆原子氧防护、低饱和蒸汽压MACs油脂、紫外荧光防爬层、低太阳吸收比抗紫外OSR等新产品。原子氧防护产品寿命可达15年，填补了国内空白；MACs润滑油脂饱和蒸汽压达到5×10^{-10}Pa，达到国际先进水平；低太阳吸收比抗紫外OSR，太阳吸收比达到0.075，达到国际先进水平，实现了OSR产品升级换代。

（五）量子频标技术

“十三五”期间，突破了长寿命高稳定铷泡、铯束准直与束光学优化、抗高速离子轰击电子倍增器等核心技术，研制了以高精度和甚高精度星载铷钟物理部分等为代表的系列原子钟产品，在北斗导航卫星系统中获得广泛应用，最长在轨运行12年，在轨达100台以上，占国产原子钟60%以上，频率稳定度优于$1\times10^{-12}\tau^{-1/2}$，达到国际先进水平。

高性能磁选态铯钟突破了长寿命倍增器、铯束准直、束光学优化和低噪声微波频率合成等关键技术，寿命从5年提高到8年，信噪比从4000提高到5000，铯钟生产能力从2台/年提高到20台/年。地面铯钟已在导航地面控制站、守时和时频计量等领域获得应用。星载铯钟首次在中国实现了在轨飞行验证，其频率稳定度优于2.0×10^{-12}/s、6×10^{-14}/d，漂移率1×10^{-15}/d，达到国际先进水平。

（六）机电技术

“十三五”期间，进一步突破了液氮温区斯特林循环热力学、动力学及其耦合匹配技术，研制了1.8W@60K斯特林制冷机，应用于委遥一号卫星；突破了液氮温区直线型脉管制冷相位调节和高效线性驱动等关键技术，研制了3W@80K直线脉管制冷机原理样机；突破了高温主动热防护节流制冷与相变制冷耦合技术、微流道换热冷框工艺成型等关键技术，实现了主动冷却产品定型和在长剑系列导弹上的应用；突破了多工况自激起振和高效线性发电机等关键技术，完成了120W（单机60W）同位素斯特林发电机原理样机和30W小型斯特林发电机原理样机研制。

首次将6自由度力反馈技术应用于空间机构，研制了机械臂操作台；突破了空间动态导向定位技术、机械臂同步捕获、位姿主动校正及刚性锁紧技术；突破了高精度丝杆传动技术、双螺母悬浮消隙技术；突破了金属挤压密封技术、复合开合机构技术，研制了月球样品封装装置；突破了多CPU处理平台的开发应用、图形显示、复杂运动机构设计、音频处理与回声抑制等关键技术，研制了载人航天领域综合显示单元、手控编码单元、音频单元等产品；通过优化微波定标源角锥结构参数，改善内部热流分布，大幅提升发射率和辐射面温度均匀性，研制了基于周期性阵列角锥结构微波定标源产品，已应用于风云三号等型号微波辐射计分系统，累计应用12套，性能优异。

（七）二次电源技术

“十三五”期间，开展了同步整流技术及有源箝位技术研究，研制了5V/20A电源产品，转换效率达到90%；应用并联均流技术研制了5V/100A大功率电源产品；应用移相全桥、谐振软开关技术研制了高效率中功率（300W）电源；应用LDMOS新型器件研制了高效率小体积的厚膜电源产品，效率提高了8%~10%；机箱电源研制技术得到进一步提升，输出路数覆盖4~160路，实现了分步上电、冗余备份、1553B、RS485的数字通信等功能。

突破了大功率电源热设计、高压变压器设计、高压灌封、大功率电源软开关、高压电源评价、电源数字遥测/遥控与通信等关键技术，研制了200型和300型PPU产品，分别在亚太6D和实践二十号卫星上应用。

（八）压力容器技术

“十三五”期间，研制了包括板式表面张力贮箱、金属隔膜贮箱、复合材料气瓶、气液供给系统等在内的50余种产品。表面张力贮箱产品容积2.7~1566L，挤出效率≥98%；金属隔膜贮箱产品容积0.5~90L；复合材料气瓶爆破压力高达150MPa，产品形状包括球形、柱形和环形，容积范围0.5~670L；研制了空间电推进系统贮供单元、主动电位控制器贮供单元等产品。

中国气象局兰州干旱气象研究所

一、“十三五”科技创新主要成效

中国气象局兰州干旱气象研究所针对国家、行业、区域发展新需求，确定了干旱监测预警评估及减灾应对、干旱陆–气相互作用观测研究及其参数化、干旱气候变化及其影响与对策、干旱半干旱区域数值模式系统及干旱半干旱区灾害性天气气候预警预测技术等5个学科研究方向。“十三五”期间，面向全球干旱领域研究前沿深入开展科技研究，产出了一批有分量的科研成果，科技创新整体工作取得了全方位、多层次的提升和进展。

（一）加快科研成果转化，增强科技支撑能力

“十三五”期间，承担各类科研项目近百项，其中国家级、省部级项目40余项，年均科研经费近千万元；科研成果共获得省部级奖10项、取得国家知识产权局实用新型专利3项、发表科研论文近300篇，其中在SCI、SCIE、EI收录刊物上发表论文约占28%。研究所紧紧围绕国家重大战略和现代气象业务发展需求，加快科研成果转化，对气象业务和经济社会发展的科技支撑能力得到明显增强，主要包括：

1.数值模式为气象预报业务提供科技支撑，为新能源建设、防灾减灾和重大活动提供气象保障。

2.干旱监测、预测、风险评估及减灾技术为干旱监测预测业务提供科技支撑，为防旱减灾、生态保护、农业生产提供气象保障。

3.研究成果为气象决策服务提供科技支撑，为应对气候变化、生态文明建设、乡村振兴提供气象保障，社会、经济效益显著。

（二）适应现代气象服务发展需求，强化团队建设

“十三五”期间，研究所以科技体制改革为抓手，充分利用国家、省部人才培养及开发合作政策和平台，着力建立灵活多样的人才培养、引进和交流机制，适应现代气象服务发展需求，强化团队建设，人才队伍的综合实力得到明显提升：

1.借助各类人才计划，加快学术带头人和青年骨干培养，1人获得全国创新争先奖，多人获省部级人才津贴资助和称号。

2.依托中–美、中–澳等国际项目和平台，多渠道、多方式开展深度国际合作，拓展青年人才国际视野。

3.着力建设“甘肃省/中国气象局干旱气候变化与减灾重点实验室”“国家级博士后科研工作站”“甘肃省研究生联合培养示范基地”及“兰州大气科学联合研究中心”等科技创新及人才培养

平台，在各类评比中多次获得优秀或良好等级。

二、“十三五”科技创新亮点特色

“十三五”期间，研究所围绕国家重大战略需求，围绕业务技术改革、研究型业务建设及区域共性问题攻关，深入贯彻落实国家科技创新体系建设精神，开展了气象科技体制改革工作。

研究所建立健全现代科研院所制度，提升科技创新能力，保障管理运行有章可循，制定并发布《中国气象局兰州干旱气象研究所章程》。围绕优化的学科布局，调整了内部机构设置，进一步加强与气象业务单位联系，在促进生态文明建设、推动地方经济社会发展、强化气象业务科技支撑等方面取得了显著成效。先后出台科研项目经费管理办法等多项与科技创新有关的内部管理制度，优化了激励机制，使科技人员的获得感得到提升，调动了科研人员的工作热情和积极性，科技创新活力进一步增强。建立了适应创新驱动发展要求的管理和运行机制，全面促进了干旱气象优势领域和区域共性气象关键技术的创新能力。

三、“十三五”代表性重大科技成果

“十三五”期间，研究所通过深化科技体制改革和科研人员共同努力，在干旱陆面过程、干旱气候变化影响与适应、区域数值模式等优势专业领域和关键技术的科技创新取得了一系列重要成果。

（一）干旱陆面过程研究

取得了对半干旱区陆面水热交换特征及响应气候变化规律的新认识。成果主要发表在AFM、CD、JGR和科学通报等高影响刊物上，得到国际同行的高度评价，并获得中国气象学会大气科学基础研究成果一等奖。研究主要揭示了干旱半干旱区非降水性水分形成机制及其季节性补偿特征，建立了识别陆面水分平衡分量的新方法，有效提取了非降水性水分各组分，揭示了其气候环境影响机制，定量研究了非降水性水分在陆面水分平衡中的贡献；揭示了中国半干旱区陆面蒸散和水热综合参数的控制因子，发现半干旱区自然植被和农田蒸散对生态环境要素响应的差异；发现了半干旱区“反蒸发悖论”现象及蒸散对气候变暖响应趋势的转换特征，揭示了蒸散对气候变暖响应趋势恰好在半干旱地区发生转化的物理机制。

（二）干旱气候变化影响与适应研究

取得了气候变化对作物水分利用效率影响规律的新认识，并提出了适应对策。发表论文50多篇，其中11篇被SCI/EI收录。成果被省、市政府决策部门和农业生产者采纳，为农业保产增效提供了科技支撑，产生了良好的经济、社会效益，获甘肃省科学技术进步二等奖。主要揭示了气候变化对作物水分利用效率的影响规律，提出了农业适应气候变化、提高农田水分利用效率的对策和技术，包括调整农业布局、种植结构，调整种植制度、种植密度，改进灌溉方案、指标和模式，改良作物品种、改进栽培技术等。

（三）区域天气预报数值模式新发展

以提高西北区域数值预报水平与应用需求为牵引，西北区域特色的高分辨率数值模式系统研发取得新进展。成果为西北区域天气预报业务提供了技术支撑，获甘肃省科学技术进步三等奖。主要开展了新的物理过程参数化方案以及地形追随坐标系在西北复杂地形条件下对区域性致灾强对流天气影响的数值模拟研究，同时将雷达、地基GPS水汽等观测数据同化到模式中，提高了模式系统在西北复杂地形地区高影响天气的预报能力；针对西北区域地形地貌特色以及天气特点和服务需求，开展了一系列研发改进，更新了模式LANDUSE；进行了多种驱动资料在RMAPS_NW中的应用试验，提升了模式初始场的精确性，开展雷达资料同化，提升了降水预报效果；进行了RMAPS_NW陆面和积云对流方案优选等工作。

甘肃省地震局

一、“十三五”科技创新主要成效

甘肃省地震局（中国地震局兰州地震研究所），“十三五”期间在科研成果、新技术、新产品、科研经费、科研项目、学科建设、科技人才、科技成果转移转化、产业培育、科技平台建设等方面取得了重大进展。

（一）科研成果

获得甘肃省科技进步奖一等奖、二等奖、三等奖各1项、中国地震局防震减灾科技成果二等奖1项、中国铁路工程总公司科学技术奖特等奖1次（参与），参加全国科学实验展演两次并分别获得“二等奖”及“优秀奖”。发表论文600余篇，其中SCI/EI论文96篇，专著17部。国家发明专利3项，实用新型专利60余项，软件著作权90余项。

（二）新技术及新产品

新技术：主动源地下介质波速变化监测技术，可实现主动源监测区地下介质波速变化的连续监测，为强震预测服务；“临震微波动”地震异常提取技术，可提取强震前的临震微波动事件，为短临地震预报提供依据。

新产品：甘肃刘家峡气枪主动源重复探测激发实验探测平台，可激发重复性高、绿色环保、低频和大能量的气枪震源信号；“临震微波动”地震异常分析软件，可在大量地震观测数据中快速提取临震微波动事件。

（三）科研项目及经费

“十三五”期间，在研和立项科研项目主要有国家自然科学基金重点项目、国家自然科学基金青年项目、国家重点研发计划（第二完成单位）、甘肃省重点研发计划项目、甘肃省自然科学基金、中国地震局科技星火项目、中国地震局地震工程与工程振动重点实验室开放基金项目、中国地震局预测研究所基本科研业务项目、中国地震局配套项目、甘肃省财政配套项目、青藏科考子专题、重点研发子专题、创新团队专项及横向项目等共计300余项，科研经费总额合计5000余万元。

（四）学科建设

依托甘肃省地震局现有研究机构和优秀科研人员，聚焦黄土动力学、黄土地震工程、活动构造探测与应用、地壳深部构造等研究方向成立的兰州岩土地震研究所，具备各层次较为完整的科研队伍。建设了甘肃主动源（祁连山主动源和刘家峡主动源）探测系统，发展了基于主动源探测的甘肃地震重点地区地下介质物性参数变化分析方法；完善了地震学观测数据整合系统，可实现多种格式地震观测数据的相互转换及合并；开展了青藏高原东北缘断裂带密集台阵观测，发展了基于主动源与天然地震相结合的密集台阵断层探测技术。

（五）科技人才

“十三五”期间荣获“2018年中国地震局创新团队”1个、“2019年中国地震局创新团队”1个、中国地震局“领军人才”1人、中国地震局“骨干人才”1人、中国地震局“青年人才”2人，获得甘肃省青年地质科技奖3人，1人入选中国地震局科技人才计划。

（六）科技成果转移转化

丝绸之路土遗址文物地震破坏机理与灾变控制方法研究成果为丝绸之路沿线土遗址的防震减灾和文物保护提供抗震加固的科学依据，体现了重要的社会价值和经济价值；基于极化雷达的建筑物震害识别研究项目研究成果丰富了极化SAR数据研究样本库，推动了极化SAR数据在地震应急、震害评估、城市遥感、基础地理信息数据库建设等方面的应用；复杂地表的地震动场地效应研究项目提出基于背景源和人工源评估场地地震动分布特征的现场试验方法、利用Vs30和地形标度曲率作为场地参数联合表征强震易发区地震动相对变化趋势等一系列研究成果，受到相关研究领域的重视，相继在中国地质调查局的甘肃礼县幅地震小区划项目和甘肃省岷县漳县6.6级地震灾后恢复重建防灾减灾项目的“岷县漳县地震灾后重建区地震动场地效应区划”等项目中实际应用；开展的基于现场实时信息的损失动态评估技术及应用示范课题研究成果可以便捷、有效地服务于应急救援领域，提升社会服务能力，具有良好的推广应用前景。

（七）科研平台建设

2020年6月，联合甘肃省地质环境监测院、甘肃省水利科学研究院共同组建了甘肃省自然灾害应急技术研究院；新建甘肃刘家峡气枪主动源重复探测激发实验探测平台。2018年，黄土地震工程重点实验室在中国地震局科技司的指导下，顺利通过了甘肃省科技厅培育期建设验收，晋升为重点实验室。

二、“十三五”科技创新亮点特色

（一）建立陆上固定式气枪激发系统

在甘肃刘家峡建设中国第四个陆上固定式气枪激发系统，该系统利用高压空气在水中激发，产生高度重复的地震波信号，并对介质波速变化开展高精度、高时间分辨率的地下介质探测。可实现“甘肃兰州–青海西宁城市群”强震危险区地下介质波速变化的长期连续监测。

（二）开展复杂地表的地震动场地效应研究

开展了复杂地表的地震动场地效应研究，提出利用Vs30和地形标度曲率作为场地参数联合表征强震易发区地震动相对变化趋势等一系列研究成果。基于卫星、无人机遥感和地震台网观测数据、地震现场灾情等数据，开展重大地震灾情快速盲评估、多源异构灾情融合与集成可视化、损失动态评估关键技术研究；研发空天地协同地震现场灾情实时评估系统和现场后方协同灾情综合研判与指挥调度系统。

（三）提出构造地球化学流动监测台网布设关键技术

提出具有一定物理预报思想的构造地球化学流动监测台网布设的关键技术及布设原则，为全国开展构造地球化学流动监测提供了技术支撑，在中国地震局地壳应力研究所、甘肃省地震局等多个省局年度震情跟踪判定及监测预报实际工作中发挥了重要作用。

三、“十三五”代表性重大科研成果

（一）甘肃刘家峡气枪主动源重复探测激发实验探测平台

大水体气枪主动源探测是近年来地震学地下介质探测的新方法，气枪震源重复性高、绿色环保、安全而且经济，已成为进行地下介质监测的理想震源。刘家峡主动源探测平台是陆上大水体气枪探测系统在甘肃东南部地区的首次应用，利用发展的主动源地下介质波速变化监测技术可实现甘肃东南地区地下介质变化的有效监测。

（二）粉煤灰改良黄土的动力特性与地基抗震技术研究

该技术研究中有关粉煤灰改良黄土的动应力–动应变关系、粉煤灰掺入量对黄土震陷性的定量影响规律、粉煤灰改良黄土的震陷曲线方程、粉煤灰改良黄土震陷临界动应力及粉煤灰改良黄土地基抗动力变形最佳配比的研究填补了粉煤灰改良黄土动力特性研究领域的空白，具有非常重要的科学实用价值。其核心成果已在甘肃地区黄土场地建设工程地基设计与处理及兰州轨道交通一号线停车场地基及股道路基处理等项目中得到充分的应用。

（三）基于极化雷达的建筑物震害识别研究

基于极化雷达的建筑物震害识别研究利用震后单景极化SAR数据识别建筑物震害信息，既能保证震后可靠数据源，又能获得高识别精度，兼具学术价值和现实意义。项目构建了4种新的极化特征参数，即归一化二面角分量差、散射成分相对贡献变化率、基于散射矩阵特征值的H_λ和λ_H、基于傅里叶幅度谱的角域变异系数；提出了2种新的多特征融合算法，即基于精度加权的多特征融合方法和交叉再分类方法；引入单类分类方法，融合了丰富的特征向量，快速提取了倒塌建筑物数据；提出了5套新的建筑物震害识别方案，显著提高了建筑物震害识别精度。

甘肃省科学院

一、“十三五”科技创新主要成效

“十三五”期间，甘肃省科学院立足甘肃发展实际需求，追踪科技战略前沿，瞄准重大行业关键技术开展科技研发活动，取得一批高质量成果并投入产业化应用，有效服务甘肃省创新发展。

（一）多项研发技术取得突破

甘肃省科学院高技术产业园建设列入甘肃省发展和改革委员会重大项目，目前已启动前期建设工作。高温气冷堆核电站关键技术取得重大突破。积极参与世界首座高温气冷堆核电站建设，提供关键设备580余台套，合同额突破亿元。MEMS传感器及其芯片研发居国内领先水平。磁传动技术研发取得突破，在全密封磁控制装置制造、磁机械工程设计方面获发明专利5项，实用新型专利13项，并全部实现技术转移和成果转化，在油田、化工、冶金、电力、制药、印染等行业得到广泛应用。农牧废弃物循环利用和生物反应器研发，为甘肃省农牧业、生物制造产业、可持续绿色循环发展提供有力支撑。

（二）技术产品推广普惠民生

首次提出了“纳米高效农业”全新概念，研发出的铁、铜、硅等纳米微肥，在甘肃、河南、新疆等地农业生产中效果显著，具有广阔推广前景。总投资1亿元的11条纳米金属粉体生产线在兰州高新区建成投产，填补了省内纳米材料规模化生产空白。太阳能光伏新能源民用化技术走入尼泊尔、巴基斯坦等国家，成为服务“一带一路”倡议的国家级平台。百亿级像素采集技术达到国内领先水平，具有完全自主知识产权，在文化遗产传承保护和文化产业建设领域具有重要意义。建成中国工业微生物菌种保藏中心甘肃分中心等11个省级工程技术研究中心、重点实验室和省级行业技术中心。

（三）学术合作交流水平明显提升

省院合作不断推进，形成以微生物资源开发利用重点实验室、数字博物馆技术联合实验室、自然灾害监测预警与决策指挥系统、全国科学院联盟为主的共建创新体系。同中科院上海应用物理研究所联合承担“钍基熔盐堆核能系统燃料传输”国家重大科技先导项目在武威民勤落地实施。与中科院深圳先进院合作的“投影结构光三维成像技术”取得关键性突破。

（四）服务甘肃经济社会发展

一是设立白银、平凉分院，组建了3个产业研究院融入地方产业创新发展。二是主动瞄准甘肃省发展未来需求，设立“纳米材料研究室”等研发机构。

二、“十三五”科技创新亮点特色

（一）明确发展定位

一是建立以市场为导向、“产资研”融合的技术创新体系；二是发展具有地方科研院所特点的成果转化体系；三是深入研究区域经济社会发展战略问题，聚焦甘肃省经济社会发展科技需求主战场。

（二）实施三大战略

一是创新立院战略，以建设高技术产业园为重点，发挥多学科集成优势，引导创新要素向创新型产业链集聚；二是人才强院战略，培养造就数量充足、布局合理、素质优良，同重点产业发展紧密衔接的科技创新人才团队；三是产业兴院战略，以科技创新提升产业基础能力和产业链技术含金量。

（三）打造三个平台

一是围绕甘肃省委省政府中心工作，为甘肃省高质量发展提供科学研究和社会公益性研究创新平台；二是以执行重大科技项目为引导，构建甘肃省技术服务平台；三是创新科技成果转化和技术转移机制，构建创新性科技成果产业孵化平台。

（四）发挥四个作用

一是科技支撑作用，围绕甘肃省发展战略，面向经济主战场，开展重大“卡脖子”技术研究，着力解决制约经济社会发展的重大科技问题；二是创新平台作用，以高技术产业园建设为抓手，吸引优秀科技成果和科技人才聚集，提供科技创新服务；三是成果转化作用，创新成果转化应用模式，加速新旧动能转换；四是科技智库作用，密切追踪国内外科技发展态势，深入研究区域发展核心问题，服务甘肃省委省政府战略决策。

（五）完善体制机制建设

初步建立符合新时代科学院发展的院列科技项目计划管理体系、人才管理制度、科技激励机制，使科学院科技创新体系不断适应国家“放管服”改革、破除“四唯”要求，规范科技项目决策管理流程，努力适应经济社会发展环境。

第三节　高校创新成效

高等院校是知识创新和技术创新的重要基地，是高新技术的辐射源，是知识经济形成发展的基础和动力。以兰州大学、西北师范大学、兰州理工大学、兰州交通大学、甘肃农业大学、西北民族大学、甘肃中医药大学等为代表的高校，集中反映“十三五”时期在甘高校科技创新进展及取得的重大科技成果。

兰州大学

一、“十三五”科技创新主要成效

（一）营造科技创新氛围，做好科技政策导向

制定并修订了科研业绩绩效工资分配、科研突出贡献奖励、知识产权管理、科技成果转化管理、教师考核评价、人才培养等相关制度，全面落实国家有关要求，完善科技评价体系。

（二）转变工作思路，健全评价体系

聚焦重大科学前沿和“卡脖子”关键核心技术问题，开展科技创新、成果转化和创新人才培养。深化体制机制改革，创造良好的科研生态，推动实现“三个转变”，由被动做科研向主动做科研转变，由单打独斗向团队作战转变，由自由探索向聚焦国家重大需求转变。科技评价坚持“破五唯”，以重育人、重质量、重贡献为导向。

（三）深化学科交叉，提升创新能力

构建多学科交叉融合的学术环境，推进学科交叉平台建设，建立学科交叉人员聘任与考核评价

体系，构建多学科交叉育人体系，完善学科交叉组织管理体系，强化学科资源统筹。不定期组织举办学科交叉论坛和沙龙，支持不同学科间的发散式交流讨论，营造创新文化氛围，激发不同学科团队间的合作意愿，产出重大原创成果。

（四）深化教师考核评价改革，激发干事创业热情

建立以“师德为先、教学为要、科研为基、发展为本”的分类考核评价体系，将分类评价覆盖教师入职、聘任、晋升、考核、评优等发展全过程，激发教师创新活力。坚持服务国家需求和注重实际贡献的评价导向，完善“代表性成果”评价机制，分类分层次健全评价标准，鼓励学科交叉，促进科研团队建设，设置合理的科研评价周期。

（五）深化人才评价改革，建设高水平人才队伍

启动实施兰州大学高层次人才计划—“萃英学者”发展计划，取消学历、职称、奖项等前置条件，突出人才品德、能力、业绩导向，推行代表作评价和同行专家评价制度，共遴选4个层次的147名领军人才及具有国际竞争力的青年学者。

（六）规范知识产权管理，促进科技成果转化

拓展科技成果转化工作领导小组的职责和权限范围，规范完善知识产权管理服务体系。健全知识产权管理工作的分级分责、协同联动的管理机制。建立从科研项目申报到知识产权的申请、维护、转化运用等的全流程工作机制。建立职务科技成果披露制度和知识产权申请前评估制度，支持引入第三方服务中介，设立知识产权管理与运营基金，在收益分配、年度绩效考核与奖励中，取消专利考核指标以及专利申请资助和授权奖励。2019年，成功转化科技成果36项，转化金额共计8800余万元，较前10年科技成果转化总额增长近10倍。

二、“十三五”科技创新亮点特色

（一）完善科技成果转化体制机制，提升科技成果转化质量

积极组织谋划建立多层次科技成果转化体系，加大成果转移引导力度。筹建兰州大学技术与创新支持中心并申报国家知识产权局第三批技术与创新支持中心。建成一批产业技术开发、共性技术研发平台以及科技成果转化平台。各学院科技成果转移转化主动性增强，科技成果转移转化数量和质量较往年均有大幅提升。2018-2019年，成果转移转化总计2079项，合同总额6.9亿元。其中，成功转化科技成果44项，转化金额9016.1万元。成功完成有史以来最大成交额的科技成果转化，实现千万以上科技成果转化项目零的突破。

(二) 创新科研组织模式,促进学科交叉融合

1.深化体制机制改革。修订大学章程,编制学校2025行动计划纲要、科学研究和学科建设专项规划,制定实施学科交叉融合、实体性及非实体性科研机构管理、创新团队和平台整体评价、教师分类考核评价等规章制度。深化"放管服"改革,推进学校统筹与基层探索良性互动,向学院下放权力。推进学部制改革,整合学科资源,优化一学科多学院建设和一学院多学科建设。

2.强化科研平台建设。谋划培育前沿科学中心、协同创新中心、国家重点实验室、国家野外科学观测研究站等重大科研平台。成立西部生态安全省部共建协同创新中心、国家核产业研究院、"一带一路"研究中心、黄河流域绿色发展研究院、生态学创新研究院、泛第三极研究中心、县域经济发展研究院(乡村振兴战略研究院)、祁连山研究院、草地微生物研究中心等新型研究机构。

3.优化科研团队建设。建设一批特色突出、基础扎实的高水平科研创新团队;探索建立PI制度,由学术带头人组织和吸纳PI团队实施大科学攻关项目;完善优化团队人员聘任、经费管理和绩效考核等制度;鼓励科研团队与新型教学组织融合,推动教学团队与科研团队一体化建设,同步提高教学科研能力水平。

4.建设大型公共平台。组建跨学科大型仪器设备开放服务研究平台,建成国际领先的兰州大学高性能电镜中心,支撑材料科学、生物学、化学、物理学、医学等学科分析与研究。以黄土高原、青藏高原和内蒙古高原交汇区为重点,搭建寒旱区野外科学观测研究网络平台。围绕西部特色研究,搭建"一带一路"科学观测网。

三、"十三五"代表性重大科研成果

(一) 聚焦生物医药技术创新,驱动产业发展不断跃升

依托学校生物医药领域的学科优势和多年累积,学校"多肽药物"创新团队,以多肽药物为研究主题,解决多肽药物发展和应用为核心研究问题,在领域内处于国际领先地位,并联合上海天慈生命科学发展有限公司,利用双方各自优势,转移转化生物医药关键核心技术和成果,共同推动新药研发及上市,该转化是学校首次开展的千万元以上的科技成果转化项目。

(二) 三重螺旋结构胶原蛋白成果转化与研发取得新进展

肖建喜教授团队采用基因工程菌制备技术制备出具有三重螺旋结构的重组胶原蛋白,突破了目前国内胶原蛋白重组表达的技术瓶颈。基于已有研究基础,团队制备重组胶原蛋白原料产品,并完成菌种构建、表达、纯化和质控等工作,产品种类包括原液、粉末、凝胶和海绵四种形态,共申请发明专利7件,获得授权1件。

(三) 新型云式空气除尘技术,解决细颗粒物难高效收集的重大行业难题

云式除尘技术是由学校资源环境学院王博教授课题组研究开发出的一种新型空气净化技术,其

基本原理是通过创造一种湿度过饱和环境，细颗粒粉尘作为凝结核发生凝并、团聚，颗粒粒径增加，有利于收集；随后进入特殊设计的三级超重力场，使“长大”后的粉尘颗粒能够在除尘器内部快速凝并、高效脱除。该技术对细颗粒物的去除效率可以达到99.9%以上，对PM2.5的去除效率可以达到95%以上，具有耗水量低、维护方便、投资少、对高温高湿烟气适用性强等特点，解决了细颗粒物难高效收集的重大行业难题。该技术能够满足钢铁、石化、煤化工、火电、冶金、采矿等多行业的烟（尾）气净化、粉尘治理及物料回收需求；民用方面可用于散煤烟气净化、室内空气净化、柴油机尾气净化等领域。依托该技术成立了“甘肃省细颗粒污染控制技术与装备工程研究中心”；2018年通过环境科学学会组织的技术鉴定，达到国际领先水平；并获得当年度环保科技创新实用成果奖。2018年6月甘肃省人民政府办公厅印发《关于甘肃省节能环保产业专项行动计划》的通知，云式除尘技术被作为重点应用示范推广使用。

西北师范大学

一、“十三五”科技创新主要成效

西北师范大学立足区域经济和社会发展重大需求，以优势特色学科建设为龙头，以平台智库建设为载体，以体制机制创新为突破口，加强高校科技前沿基础研究，提高自主创新能力，全面提升科学研究水平，积极服务国家和地方经济社会发展。“十三五”期间，学校在科研成果、科研项目和科研经费、科技成果转移转化、科研平台建设等方面取得进展，科技创新能力不断加强。

（一）科研成果方面

“十三五”期间，学校教师年均发表SCI论文数量是“十二五”期间的1.56倍；获得自然科学类省部级以上奖励17项，其中一等奖2项。近五年，学校获授权发明专利约400件，平均每年约80件。为企业技术改造升级、新产品研发、信息系统研发等方面提供技术支持，完成技术开发项目经费1000余万元；开展技术转移（专利转让和授权使用）项目90余项，经费约600万元。

（二）科研项目和科研经费方面

“十三五”期间，学校自然科学类共争取各类纵向项目经费19181万元，承担国家重点研发计划子项目2项，国家自然科学项目254项，其中主持面上项目27项、青年科学基金项目32项、地区科学基金项目178项，其他项目17项。

（三）科技成果转移转化方面

近五年，学校在科技成果转移转化方面取得了一定的成绩。如，雷自强科研团队在环境修复、环境友好及农用生态高分子材料等方面开展的系列研究，与科研院所和企业合作项目30项，产值超过15亿元；张继科研团队聚焦西北特色农业产业开发和精准扶贫，科研成果在20多家企业进行转移转化，产值近13亿元；郭绍青科研团队在教育信息化、远程教育、教育云服务、数字化资源开发及双创人才培养等方面成果突出；把多勋、李巍团队在旅游规划、大景区规划、生态小康村建设等方面开展了大量工作。

（四）科研平台建设方面

“十三五”期间，学校获批31个省部级科研基地，其中国家地方联合工程实验室1个、教育部研究中心2个、省级重点实验室1个、甘肃省工程研究中心3个、甘肃省国际科技合作基地3个、甘肃省联合实验室3个、省高校新型智库4个、省级研究中心1个、省级协同创新中心1个、省级技术创新战略联盟1个、省高校重点实验室1个、省海智基地1个、省科普基地4个、其他省级科研平台5个。

二、“十三五”科技创新亮点特色

（一）充分发挥科研基地平台智库功能

在精准扶贫、产业转型发展、新型文化业态等领域取得了一批高水平智库研究成果。创办的《西北师大智库》作为智库研究成果的重要发布平台，有多篇成果获甘肃省委、省政府领导批示，被甘肃省委办公厅等部门采用。

（二）科研团队

雷自强科研团队在环境修复、环境友好及农用生态高分子材料等方面开展系列研究，授权专利200余件，其中6项专利技术实现产业化，产值超过15亿元；与科研院所和企业合作项目30项。张继科研团队聚焦西北特色农业产业开发和精准扶贫，为甘肃省110余家涉农企业提供技术服务，建立生产示范基地40多个、生产线20多条，开发的30多套新工艺、新产品在20多家企业进行转移转化，产值近13亿元。郭绍青科研团队在教育信息化、远程教育、教育云服务、数字化资源开发及双创人才培养等方面成果突出，其中数字化学习资源累计创造金额超500万元。

（三）推进技术研发和成果转化

西北师范大学白银高新技术产业研究院目前已经推广转化了凹凸棒石系列口红、面膜泥、养身泥、足膜泥、眼影及染发膏产品，黄芪、党参等甘肃省特色中草药精华液、面膜贴、固体饮料、参芪软糖，凹凸棒石基微生物菌剂绿色农药等。研究院自2019年12月成立以来，已申请国家发明专利11件，外观专利1件，获得授权实用新型专利1件，申请实用新型专利4件。

兰州理工大学

一、“十三五”科技创新主要成效

“十三五”期间，兰州理工大学主动对接甘肃省十大生态产业，服务区域经济社会发展，坚定不移实施重点突破战略和科技创新战略，不断完善“项目为牵引、平台为支撑、团队为载体、产出大成果”的四位一体的科技创新机制，科研业绩实现重点突破，科技创新能力持续提升。

（一）基地和平台建设取得重大成效

2016年以来，获批教育部省部共建“镍钴金属新材料协同创新中心”等11个省级以上科研平台。这些平台优化了学校科技创新资源配置、开放共享科技资源，为增强学校核心竞争力和社会影响力，提供了强有力的支撑。目前学校共有科技创新基地120个，其中省部共建国家重点实验室1个，其他国家级科研平台3个，教育部科研平台6个，部省级科研平台36个，区域研究院4个，校企校地合作科研机构38个，校级科研机构32个。

（二）国家级项目及经费取得较快增长

2016–2020年，学校科研经费总额达6.89亿元，其中来自财政类科技项目经费3.37亿元，来自企业的技术开发和成果转化项目经费3.52亿元。2019年国家自然科学基金项目获批72项，创历史新高，获批项目数量位列全国第138位。“十三五”期间，学校作为第一单位共获批3项国家重点研发计划项目。

（三）学术水平稳步提高，奖励获得突破

“十三五”期间，“边坡工程灾害防控技术创新及应用”等4项科研成果获得省科技一等奖。学校共发表SCI论文1563篇；发表EI论文1849篇。2017年以第二单位在Nature、Science发表文章各1篇；2019年SCI收录论文数量在全国高校排名143位，EI收录论文数量在全国高校排名85位。学校工程学、材料学和化学三个学科进入ESI排名全球前1%；中文社科引文索引（CSSCI）期刊以上的论文年均近30篇。

（四）科技创新团队、人才科研成果获得重大进展

学校两个教育部“长江学者和创新团队”，获得教育部滚动支持；建设甘肃省基础研究创新群体计划团队4个，甘肃省高校协同创新团队建设计划4个，校级红柳科技创新团队11个，入选“长江学者奖励计划”特聘教授2人。

（五）加强知识产权保护，有效开展专利转让

学校加大知识产权保护政策和措施，调整知识产权的评价考核体制，专利转化率明显提高。一是对知识产权进行直接转移转化；二是采用成果作价，校企合作等方式有效转让，让知识产权中介服务机构对成果进行作价，学校与企业共同开发新技术，共享成果。“十三五”期间，共有90余项专利技术转让许可给国内企业。

（六）三个学科进入ESI排名全球前1%

学校工程学、材料学和化学三个学科先后进入ESI排名全球前1%，2016-2020年双一流建设共计投入1.3亿元。强化建设红柳一流学科、红柳一流专业和一流师资，每年给予资金资助。

（七）加强产学研合作攻关，解决企业重大技术难题

学校重点围绕装备制造、有色冶金、石油化工、新能源、电子信息等产业开展校企合作，支持科研人员主动对接甘肃省企业，进行技术攻关，解决技术难题，实现科技成果的就地转化，实地调研甘肃省大型或战略性新型骨干企业70余家、科技园和孵化器6家、高校3所，共征集306家省内企业和108家省外企业共1242条技术难题，编制了《企业技术难题汇编》。

二、“十三五”科技创新亮点特色

（一）加强组织领导、学习科技创新政策

2020年3月，成立了“兰州理工大学科技创新机制改革领导小组”，由学校党委书记、校长担任领导小组双组长，完善岗位绩效考核，探索建立科学的评价体系，加快科技创新机制改革，推动科技工作高质量发展。

（二）贯彻落实科技“放管服”政策

兰州理工大学根据ISO9001标准，对内优化传统的行政管理体制，提升科研管理水平；对外优化服务管理，促进可持续性发展。在科研管理流程、科研经费管理等方面，简政放权，激发活力，释放潜能。最大限度给科研人员松绑，扩大自主权限。

（三）主动融入区域科技创新体系，建立特色研究院

学校与兰州、白银、金昌、张掖、酒泉等地区建立了全面合作关系，与地方政府共建了“兰州新区产业发展研究院”“白银新材料研究院”“酒泉先进技术研究院”等多个特色突出的区域研究院；学校与金川集团、酒钢集团、东风集团、兰州石化公司、兰石集团等200多家企业建立了稳定的产学研合作关系，创建了38个校企科研机构。

（四）完善科技成果转化保障机制

学校完善科研成果转化保障机制，规范科技成果使用、处置和收益管理，从科技成果转化利益、科技成果转化范围、技术开发与技术咨询类项目经费的收益比例、成果转化收益的分配方案、领导干部在科技成果转化中的奖励和报酬、岗位津贴考核等方面细化了科技成果评价标准，制定了相关管理制度。

三、“十三五”代表性重大科研成果

（一）全流程机器人作业的高效铝锭连铸生产线研制及产业化

有色冶金装备智能制造团队攻克了高速连续平稳传输浇铸、铝锭连续铸造高速层码垛、基于先进传感器的多机器人协同生产线管控技术三大关键技术，在国际上率先成功研发出双功能链连续传输、机器人随动捞渣、高速重载机器人层码垛等系统，研发了以高效率和高可靠性为特色的全流程机器人作业的新型高效铝锭连续铸造自动化生产线，形成了系列化具有完全自主知识产权的核心技术，打破了国外企业技术壁垒。成果已在国内39家电解铝企业成功应用，并出口墨西哥等国家。该成果于2019年获得甘肃省科技进步一等奖。

（二）多功能金属陶瓷涂层技术及产业应用

该项成果提出涂层结构取向控制提升涂层耐磨性能研发思路、开发定向结构涂层技术，制备高铝青铜、WC耦合Ni基合金多元多相复合定向结构耐磨涂层和PVD薄膜/HVOF热喷涂涂层复配的高应力耐磨蚀涂层，解决了石油采油缸套柱塞、铜管挤压穿孔针、煤矿采煤支柱导套、催化剂球阀密封面等耐磨损、耐腐蚀问题。提出利用涂层结构取向强化涂层耐磨性，生产的Ni基合金定向结构涂层泥浆泵缸套耐磨寿命提高2倍；高铝青铜耦合强化Ni基合金复合涂层铜管穿孔针摩擦系数相对Ni60单组元涂层降低约16%，呈现良好的减摩耐磨工况服役效果；生产的WC裹壳定向枝晶、阻塞腐蚀通道的镍基（Ni60-WC-20%CoCr）定向结构高承载耐磨蚀涂层腐蚀阻抗提高8.5倍，成功解决油田抽油泵柱塞和煤矿液压支柱等苛刻工况工程构件硫化物、氯离子腐蚀难题。该项成果于2020年获得甘肃省科技进步一等奖。

（三）边坡滑坡泥石流防治结构关键技术与应用研究

该项成果主要针对边坡、滑坡和泥石流防治结构的关键技术、理论与应用，首次提出了锚托板支护结构加固边坡和柔性加固失稳重力式挡墙的新方法、黄土地区土钉墙和框架预应力锚杆支护结构稳定性分析方法、框架预应力锚杆地震动力响应计算和地震动力稳定性分析方法、“品”字型抗滑桩结构新形式，发明了边坡稳定性三维预警方法以及带钢支撑混合结构拦挡结构体系等五种新型泥石流拦挡结构形式，并在防治工程中应用。目前，已推广应用到数百项工程实践中，形成了完善有效的技术体系，取得的经济效益超过10亿元。该项成果于2019年获得甘肃省科技进步一等奖。

（四）边坡工程灾害防控技术创新及应用

该项成果针对中国西北地区在地震、降雨、冻融和岩土体流变诱发的滑坡灾害防治难的问题，研发了有自主知识产权的柔性智能锚固边坡灾害防控技术。特别是半主动控制锚杆、防液化抗滑桩和控制预警一体化结构，首次攻破了边坡抗震主动控制难以实现的问题；研发了6种既能主动降温冷却，又能锚固的支护结构，解决了气候变暖冻土边坡上限退化和抗冻融失稳问题；发明了4种自排水挤密固结边坡锚固结构；开发了5种聚能爆破锚管；提出了原生态植被和锚固结合的综合护坡理念；研发了3种锚杆质量无损检测装置和4种快速锚固、可回收锚杆。该项成果已在甘肃、青海和西藏等60多项工程中应用，近3年获直接效益9900万元，取得显著经济、社会和环保效益。该项成果于2018年获得甘肃省技术发明一等奖。

兰州交通大学

一、“十三五”科技创新主要成效

（一）科研实力稳步提高

“十三五”期间，学校立项纵向科研项目1031项，总经费从“十二五”期间的19 269万元增加到“十三五”期间的23310万元，增幅约21%。国家级项目约263项，经费13 256万元，承担国家自然科学基金重点项目1项，为“十三五”期间甘肃省属高校获批的唯一一项重点项目。高水平论文数量稳步增长，化学学科和工程学学科进入ESI全球前1%。科研平台建设取得新进展，新建1个国家地方联合工程研究中心和教育部协同创新中心，新增28个省部级以上科研创新平台。

（二）高水平成果取得新突破

“十三五”期间，学校获奖质量显著提升，获国家科技进步二等奖1项。省部级科研成果奖励55项，其中一等奖7项，2017-2019年连续3年有4项成果获得甘肃省科技进步一等奖，获教育部高等学校科学研究优秀成果奖二等奖1项，这是学校自1992年以来，再次获得教育部科技类奖项。

（三）技术服务和成果转移转化能力明显增强

学校先后为全国近1500家企事业单位提供了科研服务、技术咨询、成果转化等工作，签订各类科技服务合同802项，经费1.43亿元，到账科研经费1.26亿元。科研成果应用及推广稳步推进，涌现出了以“植物源生物农药关键技术及生产成套装备”“绿色镀膜系列装备与工艺研发及产业化”“高速轨道交通空气动力学与应用”“铁道车辆热工系列成果”“高选择透过膜与膜精炼产业化技术”等为代表的一大批科技成果转化项目，有力助推了地方经济建设和行业发展。

（四）学科建设优势提升

在教育部第四轮学科评估中，交通运输工程、土木工程、环境科学与工程3个学科被评为B类学科，机械工程学科被评为B^-类学科，信息与通信工程、化学工程与技术2个学科被评为C^-类学科。2017年5个学科（群）入选甘肃省一流学科建设项目，2019年6个学科入选甘肃省“双一流”特色建设工程一流学科，24个学科获批甘肃省重点学科。2020年再获批8个国家级和9个省级一流本科专业建设点。

（五）科技人才建设进一步完善

学校通过编制出台《兰州交通大学高层次人才引进暂行办法》《兰州交通大学高层次人才引进暂行办法的补充规定》等文件，从政策层面奠定了针对高层次人才引进的框架基础。全面启动“兰州交通大学天佑人才计划”，包括“天佑学者、百人计划、青年人才托举工程”等项目，健全了学校的人才培养激励体系，为学校科技人才提供完善的培养机制和优良的成长环境。

二、“十三五”科技创新亮点特色

（一）推进科研体制机制改革

2018年，学校成立研究院，统筹管理校属14个专职科研机构，依托建设3个国家级、16个省部级和2个地方研究院的专职科研单位，在科学研究、成果转化、团队与平台建设、对外学术和文化交流等方面激发新的增长点。

（二）整合资源，加强激励，提升优势学科竞争力

实施“天佑学科高峰行动计划”，将现有学科按照“一流学科、重点学科、扶持学科”3个层次建设，学科建设水平明显提升。工程学、化学学科进入ESI全球学科排名前1%，步入国际高水平学科行列。

（三）发挥校办企业与大学科技园双驱动作用

推进学校13家有限公司、控股企业和参股企业成为创业人才培养基地、成果转化与孵化基地、大学生创业与就业见习基地建设平台。学校国家大学科技园入驻企业共计286家，较“十二五”末增长154.86%，其中在孵企业113家，大学生创业企业43家，高新技术企业14家。

（四）承办国际会议，促进学术交流

学校先后举办了第九届计算交通科学国际研讨会（CTS–2017）暨中国交通运输管理研究会2017年会、“‘一带一路’国家交通类人才培养国际论坛”“2019年亚太信号与信息处理联合会”第11届年会和“人类纪与人类命运共同体”国际学术研讨会国际会议，以促进学术交流。

三、“十三五”代表性重大科研成果

（一）轨道交通数字化应急联锁系统关键技术与系列装备研发与产业化

由陈光武团队研发的“轨道交通数字化应急联锁系统关键技术与系列装备研发与产业化”项目研发了平战结合、军民融合的铁路运输应急保障关键技术和装备。系统采用计算机联锁、应急抢险光缆通信、可扩展可快速组装的全电子智能化执行单元、联锁数据自动生成等技术，既能适应战时车站信号快速抢建抢修，又能适应于发生自然灾害后和扩建施工过渡车站信号快速抢险救灾的铁路信号数字化应急联锁系统，在数小时内重新搭建一套完整的“应急系统”，能够完全取代原信号楼全部联锁设备且达到使用程度，可大大减少抢修时间，降低成本，提高控制的机动性，填补了中国铁路信号系统抢修、保通装备的空白。该成果获得2017年度中国自动化学会科技进步奖一等奖。

（二）空间关系理论及其在地图自动综合和空间数据安全中的应用

由闫浩文教授及其团队研究的“空间关系理论及其在地图自动综合和空间数据安全中的应用”项目，在国际上较早系统研究了空间方向关系理论，率先开展了多尺度空间相似关系理论研究，提出了广受认可的空间方向关系模型，发现了影响多尺度空间相似关系计算的主要因子，提出了多尺度空间相似关系的计算模型，解决了空间方向关系可计算性差的难题。基于以上理论自主研发的土地利用地图自动综合软件在第二次全国国土资源大调查中得到应用，矢量地图数字水印软件在省内外多家地图出版企业使用，社会效益显著。项目研究成果获得2016年度国家测绘科技进步一等奖。

（三）高海拔高寒大温差恶劣环境下高速铁路混凝土耐久性及建造关键技术研究

由张戎令教授及其团队开展的“高海拔高寒大温差恶劣环境下高速铁路混凝土耐久性及建造关键技术研究”项目，以中国西北地区低负温、强腐蚀、大温差、大风等恶劣特殊的环境为研究背景，开展土木工程领域材料耐久性与结构全寿命的研究，得出了混凝土强度增长规律及孔结构特征，揭示了混凝土在恶劣气候环境下的强度衰减规律，预测了混凝土结构的使用寿命，建立了一套适用于西北恶劣环境下的高性能混凝土配制技术和施工质量控制理论。研究成果在兰新第二双线、格库铁路、成昆铁路、白明高速、敦当高速等西部重大工程中应用，社会效益显著。课题组的系列成果获得2017年中国土木工程科技创新最高奖——中国土木工程詹天佑奖和2019年中国铁道学会科技进步一等奖。

甘肃农业大学

一、“十三五”科技创新主要成效

（一）科研项目与经费持续增长

学校主持承担各级各类科研项目1678项，其中，纵向项目1262项、到位经费4.59亿元，横向项目416项、到位经费5006.79万元。

（二）高水平创新成果不断涌现

学校科技成果质量显著提高，数量持续稳定增长。共组织各类项目结题、验收和成果评价648项；申报各级各类科技奖励256项，获奖115项，其中省部级奖励77项。

累计发表论文8100多篇，其中SCI论文1547篇；出版著作教材254部；登记计算机软件著作权162项、商标权2项；审定作物新品种15个，许可生产2个，转化金额25万元；制定颁布标准55项；申报专利1250项、授权876项，其中授权发明专利167项、实用新型专利697项、外观设计专利12项，许可转让39项，转化金额83.6万元。

（三）科技创新平台建设成效显著

“十三五”期间，学校建设各类科技创新平台15个。其中，农业农村部3个、科技部1个、国家林业和草原局1个、甘肃省发改委4个、甘肃省科技厅3个、甘肃省教育厅3个，获批建设经费3787万元。

（四）学科特色不断凝练，学科水平显著提升

农业科学、植物与动物科学进入ESI排名全球前1%。4个学科入选甘肃省优势特色学科建设行列，18个学科全面进入甘肃省重点建设学科，新增一级学科博士学位授权点2个，一级学科硕士学位授权点4个，专业学位授权类别5个。

（五）人才质量不断提升

高层次人才入选各类人才项目及表彰人数共285人次，其中国家科技创新领军人才1人，国家农业产业体系岗位专家3人，甘肃省领军人才2人，甘肃省“飞天学者”14人，甘肃省农业产业体系首席专家7人；获得国家和省级荣誉奖项19人次，其中全国“五一劳动奖章”“全国模范教师”和“国家林草局教学名师”荣誉称号各1人；甘肃省高等学校成才奖9人，甘肃省科技工作先进个人表彰1人；甘肃省领军人才聘期考核优秀2人；入选“陇原人才”项目200人，其中A类6人，B类38人，C类129人，D类27人。

二、“十三五”科技创新亮点特色

（一）主动聚焦“乡村振兴”战略，全面服务“三农”发展

学校认真贯彻落实“十三五”以来的中央一号文件精神，结合自身学科和科研优势，积极投身“乡村振兴”战略实施，制定了《甘肃农业大学服务甘肃省乡村振兴战略行动计划》，成立了甘肃农业大学乡村振兴学院，并由校党委书记担任院长。

（二）完善科研管理体制，赋予科研人员更大自主权

制订了科技成果转化办法、创新基金管理办法、专家院管理办法、科研伦理与诚信管理办法，修订了科技成果管理办法、科研及社会服务工作量计算办法、科研经费管理办法等规章制度。成立了现代农业科技成果转化中心、资产经营管理有限公司、大学科技园有限公司，健全运行管理机制，有效推动了科技成果转化。

（三）聚焦国家战略，成功举办第一届寒旱农业科学论坛

甘肃农业大学举办了“第一届寒旱农业科学论坛”，并揭牌成立“一带一路”绿色农业研究中心和黄河上中游生态保护与农业协调发展研究中心。两个研究中心成立后，将以国家战略需求为牵引，坚持新发展理念，统筹山水林田湖草系统治理，聚焦生态修复、粮食安全、水资源高效利用和甘肃寒旱农业可持续发展的前沿领域、基础理论、关键技术和应用推广等进行科研创新，通过资源整合全面支撑乡村振兴战略实施，协同创新赋能农业农村现代化发展。

三、“十三五”代表性重大科研成果

（一）西北非耕地园艺作物栽培基质优化配制技术与产业化示范

项目遵循循环农业的基本理念，以拓展非耕地农业综合利用为目标，以种养废弃物为主要原料，研发园艺作物设施栽培基质，建立了农业废弃物基质化高效利用技术体系，实现了产业化示范，为戈壁、荒漠等非耕地的农业综合利用提供了强有力的技术支撑。在甘肃、新疆、青海、宁夏、内蒙古等8地非耕地区域建立示范点39个，示范推广设施蔬菜基质栽培累计达4593hm^2，新增产值11.23亿元，新增利润3.99亿元，其中在甘肃新增产值5.81亿元，新增利润2.48亿元，取得了显著的经济、社会和生态效益。该项目获2017年度甘肃省科技进步一等奖。

（二）北方旱寒区冬油菜北移集成技术研究与示范

项目育成陇油9号等抗-25℃~-32℃极端低温的强抗寒冬油菜品种，其推广应用使中国冬油菜种植区由北纬35°的天水北移到北纬48°的饶河、阿勒泰等地；提出了北方冬油菜秋壮春发栽培技术及“冬油菜+”高效种植模式，为改革北方传统的一年一熟为一年二熟/二年三熟提供了技术支撑；明确了影响北方冬油菜越冬主要气候因子及其临界值为冬季负积温-700℃~-800℃、最冷月最低气温-9℃~-10℃、极端低温-30℃，制定了北方冬油菜种植区划；建立了北方冬油菜品种试验记载规范、北方冬油菜抗寒育种技术体系，筛选到16个控制抗寒QTL、克隆到Fe-SOD等抗寒相关基因。成果累计推广应用$6.074\times10^5hm^2$，新增经济效益138 632.4万元，经济生态效益显著。该项目获2017年度甘肃省科技进步一等奖。

（三）诱导抗性技术的开发及其在厚皮甜瓜综合防腐保鲜中的推广应用

项目首次系统调查了引起厚皮甜瓜采后腐烂的真菌性病害种类、症状及侵染途径；揭示了主要采后病害白霉病、黑斑病、粉霉病和软腐病的侵染规律，其中白霉病和黑斑病属典型的潜伏浸染性病害；通过对康壮素（Harpin）、苯并噻重氮（BTH）、翠贝（Stroby）和乙酰水杨酸（ASA）等诱抗剂处理时期和浓度的筛选，确定了在幼果期、膨大期、网纹形成期和成熟期喷洒4次的最佳诱导果实抗性的处理方法；通过"采前+采后""诱抗剂+安全保鲜剂"结合的厚皮甜瓜综合防腐保鲜技术的优化及应用，可使低温贮藏60d后的果实腐烂率降低14%~16%。成果在甘肃和新疆两大厚皮甜瓜主产区的20多家农民专业合作社及运销企业进行了示范推广，年均推广面积4423hm^2，累计贮藏约3.8×10^5t，减少采后损失13%~17%，新增纯收益25 029万元。该项目获2016年度甘肃省科技进步一等奖。

（四）牦牛重要经济性状功能基因的挖掘与应用

项目系统测定了牦牛生产性能和血液生理生化辅助诊断指标，建立了牦牛血液生理生化诊断标准；构建了青海大通牦牛和天祝白牦牛全基因组CNVs染色体遗传图谱，筛选和鉴定了与牦牛肉用、抗病性状相关的关键功能基因；解析了AURKA介导STAG3调节牦牛精子发生的作用机理，研发了牦牛人工授精相关技术和设备，有效提升了牦牛受胎率，降低了牦牛的空怀率，提高了优势种畜的利用率；从分子水平解析了CRY1介导生物钟CLOCK调节牦牛季节性发情的分子机理，开发的新型小分子多肽产品小规模应用，为调控牦牛季节性繁殖节律奠定了基础；技术成果在甘肃、青海、西藏等牦牛主产区进行推广应用，累计示范推广规模达35.25万头，新增销售收入4.5亿元，新增利润1.06亿元。获2020年度甘肃省科技进步一等奖。

（五）秦巴山区甘肃片区核桃产业发展关键技术集成与示范

项目针对秦巴山区甘肃片区陇南核桃产业发展中应用品种混杂、良种覆盖率低、繁育技术落后等问题，筛选出陇南地区栽植核桃良种7个，确定主栽品种3个，审定良种"元林"1个；通过研究品种温、光、水等需求，优化了栽培技术，提出了高产栽培模式；集成了核桃低产林更新改造中高接换优、配方施肥、更新复壮等关键技术。建立核桃良种繁育圃10hm^2，繁育良种种苗120万株，建成新技术集成基地3个，面积210hm^2，示范推广面积2666 hm^2，苗木收入600余万元；建立核桃高产园133hm^2，比低产园产量平均提高了750kg/hm^2，增加产值300万元；改造核桃低产量林5532hm^2，平均单产提高1050kg/hm^2，新增利润18 196.494万元，新增税收178.471万元。印发培训材料33 600册，培训各类技术人员2547名、农民33 820名，技术示范与推广面积4665hm^2，为甘肃片区核桃产业发展提供了技术保障。

西北民族大学

一、“十三五”科技创新主要成效

（一）服务“一带一路”倡议

学校代表甘肃省承接了科技部对发展中国家科技援助项目“中国–马来西亚国家联合实验室中方项目”，与马来西亚在食品检测、加工技术、生物材料研发以及建立认证标准体系等方面开展高水平联合研发、技术示范、青年人才的交流和培养、先进适用技术的转移等科研合作，建立了长期、稳定的合作关系。依托学校建设的国际合作重点实验室自主研发的7项成果，成功实现在“一带一路”沿线国家推广转化。学校承担的国家科技支撑计划项目子课题“民族特色农产品多语言网络交易展示平台关键技术集成与应用示范”顺利通过科技部验收。该项目研究成果“‘一带一路’多语言电子商务平台”在甘肃省政府的大力推动下，以技术入股的形式与省属国企投资联合成立甘肃鸿智达网络技术股份有限公司，已成功实现产业化。

（二）助力国内生物疫苗产业发展

学校先后攻克了病毒类疫苗生产中细胞悬浮驯化培养、个性化无血清培养基设计与优化、生物反应器大规模细胞培养和畜禽血清产业化等关键共性技术。2020年新冠肺炎疫情暴发以来，为国内武汉生物制品研究所、北京3家新冠疫苗生产企业提供100%的专用血清。学科科研创新成果成套转化给5家国内生物制品企业，产值超过30亿元。MDCK无血清全悬浮培养技术应用到上市公司步长药业和中生集团武汉生物制品研究所的人用流感疫苗研发。

（三）高性能建筑保温材料产业化

学校开发的建筑节能与结构一体化装配式墙体围护体系成套技术研究成果，有效解决了目前推行的聚苯板薄抹灰外墙外保温系统存在的耐久性和防火安全问题，实现了保温墙体耐久性与建筑物主体同寿命。2017年研发团队自筹3400万元在临洮县中铺镇甘肃省装配式建材产业园建立了大型中试基地——甘肃海能新材料科技有限公司。

（四）发挥科技优势助力脱贫攻坚

学校设立“三区三州”“武陵山片区”等深度贫困地区科研项目，有针对性地做好科技扶贫工作。在临潭实施“一乡一村一特色”产业扶贫计划，开展了“临潭藜麦扩大种植及品种选育”等4项科技扶贫项目。目前藜麦扩大种植已初见成效，农户自发种植藜麦面积达66.7hm^2，单产3000kg/hm^2左右，产生经济效益约200万元；融入武陵山片区扶贫开发工作，组织专家起草《务川自治县白山羊产业发展规划（2019–2023）》，与务川县人民政府签订合同金额1000万元的务川白山羊产业战略合作帮扶协议，推进务川产业规模发展。

（五）服务区域经济社会发展方面

学校先后与甘肃省人民政府、兰州市人民政府、临夏自治州政府等地方政府签订了17个校地合作协议，制定《2020年度校地（企）合作联合资助项目实施方案》，2020年共签订服务项目82项，合同金额5325.14万元。学校具有自主知识产权的高新技术学科型企业兰州民海生物工程有限公司创制的动物血清系列产品，近三年销售总额近3亿元，利润2900万元，上缴税金2500万元；相关技术对接转化新疆天康生物、中牧股份兰州药厂和保山等药厂，三年实现产值9.7亿元，利润1.2亿元。学校自主研发的建筑节能与结构一体化装配式墙体围护体系成套技术研究成果，在甘肃兰州、张掖、天水以及山东、新疆等地成功进行专利技术转让，并先后建设了9条生产线、400多个工程，销售额大于80 063.88万元，利润24 113.64万元。

二、“十三五”科技创新亮点特色

（一）深化体制机制改革，不断完善科研创新体系

一是凝聚创新要素，加强科研组织力。实施职能部门、教学科研单位大部制改革，将24个职能部门缩减为16个；优化调整学科专业布局，组建中国语言文学、医学、民族学与社会学等9个学部，并围绕9个学部重点打造了64支科研创新团队，为学校学科建设、学位点申报、学科评估、新医科等建设提供了体制机制保障。二是完善科研管理体制机制，激发创新活力。先后修订、制定科研项目、成果、平台、科研评价等10余项科研管理制度，为进一步激发创新活力，搭建创新平台，促进科技工作高质量发展提供制度保障。

（二）服务区域经济社会发展，推动创新链“一条龙”建设

积极谋划构建面向区域经济发展的科技创新体系，打通从基础研究、应用研究到成果转化的“0–1–N”创新链路。一是营造良好政策环境，促进科技成果转化。制定《西北民族大学科技成果转化管理办法（试行）》，规定学校教师职务科技成果转化所获收益的90%可奖励给科技成果完成人；修订《西北民族大学教师高级职务任职资格评审条件》，规定教师完成的科技成果转化创收2000万元以上可直接申报评审教授，创收1000万元以上，可直接申报评审副教授。二是推进科技成果转移机构建设。2018年西北民族大学科技园正式被甘肃省认定为首批省级大学科技园；2020年“西北民族大学装配式建筑与节能建材研究院”获批甘肃省第二批新型研发机构培育对象，成为学校首个集科学研究、技术创新、研发服务和科技成果转移转化功能的科研平台。三是深化校地校企合作。出台《西北民族大学横向科研项目管理办法（试行）》，全方位开展校地（企）科研合作，促进高校、企业、产业等创新主体精准对接；实施《2020年度校地（企）合作联合资助项目实施方案》，安排1500万元引导资金鼓励老师申报校地（企）合作联合资助项目，资助金额按照项目合同

金额的30%进行资助。2020年共签订校地（企）联合资助项目82项，合同金额5325.14万元，到账经费2299万元。

三、“十三五”代表性重大科研成果

（一）生物疫苗和生物制药原辅材料开发与利用

学校加快生物技术产业化进程，攻克了病毒类疫苗生产中细胞悬浮驯化培养、个性化无血清培养基设计与优化、生物反应器大规模细胞培养和畜禽血清产业化等多项“卡脖子”理论与技术。在国内率先研发了生物反应器无血清全悬浮培养BHK-21细胞的口蹄疫疫苗新工艺，支持了天康生物、中牧股份的口蹄疫疫苗产品技术升级。研发了国内唯一采用细胞法生产禽流感疫苗的新工艺，实现了代替鸡胚法生产禽流感疫苗零的突破，达到国际先进水平。3项具有自主知识产权的核心技术成果转化给吉林冠界生物，实现了反应器单罐培养国内第一，实现年销售2.57亿元，年利润达0.76亿元。成功将MDCK无血清全悬浮培养技术应用到人用流感疫苗的研发，取得了突破性进展，目前已将部分研发成果转化到上市公司步长药业和中生集团武汉生物制品研究所。瞄准西部丰富畜牧业副产品资源，攻克了胎牛血清、胰蛋白酶、细胞培养用微载体和层析介质制备原理和产业化技术，成果转化创办了3个学科型企业，年产中试转化值超过2亿元，其中血清产品占据全国市场份额40%以上。

（二）建筑节能与结构一体化装配式墙体围护体系成套技术及产业化

学校开发的建筑节能与结构一体化装配式墙体围护体系成套技术研究成果，在节约成本降低工程造价的同时，解决了建筑围护体系的节能与结构一体化问题、耐久性问题、防火安全问题和装配式建筑的“三板”问题。在新型墙材与建筑节能、装配式建筑部品部件领域首创材料、设备、工艺、控制、应用、检测等一系列关键核心技术，总计6大专利池，100多项专利，孵化出3个学科型高新企业，研发10个主导产品，近五年中试转化经费6545.45万元，中试产品应用到10多个省级以上重大工程项目，成果转化至甘肃、山东等地的重点企业，十年累计销售额16.78亿元。近五年，先后获得国家住建部、国家科技部、中国建筑学会、教育部等国家级、省部级奖励10多项。

（三）“一带一路”特色农产品多语言电子商务平台

学校承担的国家科技支撑计划项目“民族特色农产品多语言网络交易展示平台关键技术集成与应用示范”瞄准民族地区商贸交流存在语言障碍、农产品销售困难的现实困境，研发形成了“一带一路特色农产品多语言（汉语、英语、蒙古语、藏语、维吾尔语）电子商务平台”重大科研成果。2019年5月，学校与甘肃省国资委、甘肃省国资企业丝绸之路信息港股份有限公司签订合作协议，合资组建“甘肃鸿智达网络技术股份有限公司”，共同建设“丝绸之路信息港大数据研究中心”“丝绸之路信息港中国–中西亚研究院”。鸿智达公司注册资金1000万元，学校以技术入股形式占比49%股份，成功实现成果产业化。

甘肃中医药大学

一、“十三五”科技创新主要成效

（一）科技承载能力进一步提升

“十三五”期间，实现“办学层次提升”和“办学空间拓展”两大目标，形成“一校四区”办学格局，拥有4所直属附属医院，建成以中医、中药、中西医结合为主的三个国家级一流学科，打造以西北地区常见病中医药防治、甘肃道地药材、地方中医药文献挖掘整理、名老中医经验传承等作为重点研究领域的人才培养基地、研发和转化基地、中医医疗和养生保健基地、中医药文化传承基地及对外合作交流基地。

“十三五”期间，甘肃中医药大学承担各级各类项目826项，获批总经费10 565.11万元，较“十二五”时期增长17.16%。其中主持国家自然基金86项，经费2977万元，项目数较“十二五”时期增长34.38%；国家重点研发计划课题4项，经费520.5万元，实现零突破；省部级项目261项，经费3521.15万元，较“十二五”时期增长35.23%。横向项目75项，经费679.76万元，较“十二五”时期增长120.58%。完成科研项目结题验收409项（同比增长103.48%），以第一完成单位获得各类奖项75项。发表论著114部，论文2646篇；获得授权专利及软件著作权145件，其中发明专利21件。

（二）科研创新平台水平进一步提升

学校现有各级各类科技创新平台37个。其中，国际科技合作基地1个，教育部重点实验室1个，省部共建协同创新中心1个，甘肃省中医药研究中心1个（含省级重点实验室4个），国家中医药管理局中医药科研三级实验室3个、二级实验室5个，工程实验室2个、工程研究中心3个，行业技术中心1个，工程技术研究中心2个、科技创新服务平台1个、临床医学研究中心2个。“十三五”期间，“教育部敦煌医学与转化教育重点实验室”顺利通过验收，“西北中藏药协同创新中心”晋级为省部共建协同创新中心，优化组建“甘肃中医药研究中心”，新建“陇药产业创新研究院”，支撑甘肃中医药产业自主创新能力和科技成果转化能力进一步提升。

（三）学科建设布局趋于全面

学校主干学科优势和特色明显，中医学、中药学、中西医结合学、临床医学、公共卫生等一级学科已经在地域行业内形成较高的知名度。有14个省部级重点学科、3个省级特色学科（A类）、7个省级重点学科、9个省级医疗卫生重点学科、2个省高校重点学科。有14门省级一流本科课程，19门省级精品课程，9门省级精品资源共享课。有32个本科专业、11个专科专业，有3个国家级特色专业、7个省级特色专业、3个国家级一流本科专业建设点、7个省级一流本科专业建设点、1个博士后科研流动站、3个一级学科博士学位授权点、5个一级学科学术型硕士学位授权点，具有同等学力人员硕士学位授予和高校教师在职攻读硕士学位培养权。“十三五”期间，新增中医学、中药学、中西医结合学3个省级A类一流特色学科，精神病与精神卫生学、临床医学、公共卫生与预防医学、医学生物工程4个省级重点学科。

（四）科研管理体系逐步完善

为进一步促进学校科研工作和学科建设，激励教职员工积极开展科研创新与社会服务活动，先后修订制定了《甘肃中医药大学“三区人才”支持计划科技人员专项计划实施办法（试行）》《甘肃中医药大学科研经费管理办法》等17项管理制度，编制印发《甘肃中医药大学科研管理与学科建设制度汇编》。起草《甘肃中医药大学科研与社会服务绩效考核管理办法（试行）》，修订《甘肃中医药大学专利管理办法》，建立专利申请前评估制度。

（五）社会服务能力进一步增强

学校积极开展校地校企科技合作与产业化开发，与定西市、镇原县等地签订了校地合作协议，通过科技成果转让、合作项目开发、共建研究机构等多种“产学研用”合作方式，联合开展中药新药研发，开展研究课题90余项，其中，转让专利技术4项，转让经费153.6万元。建成“甘肃省中药材种子种苗检测中心”，建立甘肃省中医药标准化技术委员会与甘肃省中药材种子种苗基地科技联盟。联合组建“2011西北中藏药协同创新中心”“甘肃省中药现代制药工程研究院”等。

二、“十三五”科技创新亮点特色

（一）种质资源，中医药全产业链发展质量的源头保障

2012年起，学校参加全国第四次中药资源普查，基本摸清了甘肃省中药资源现状，建立了后续资源监控系统—省级中药资源实时监测站。建设陇药种质资源筛选鉴定创新与新品（系）种选育体系，加快了新品（系）种的选育进度。目前，已经获得栽培品类单株纯系2500多份、混合优良群体200多份、野生单株纯系310份，初步建成“十大陇药”经典产区种质资源库与资源圃，这是甘肃省目前唯一的专业化的纯系种质资源圃库与野生资源驯化种植试点。联合开展生物有机肥药菌剂、无土设施种苗等关键技术攻关，目前已经形成岷县当归、渭源党参、陇西黄芪、西和半夏等道地药材道地典型区域的小面积原药生产质量控制模式与实践试验基地及原药产出样品，中药种植源头质量品质可追溯。

（二）创新平台，提升中医药学科优势促进产业创新发展

优化组建甘肃省中医药研究中心，加强中医药基础研究及应用基础研究，提升甘肃省中医药自主创新能力和科技成果转化能力，加快陇药产业创新研究院和西北中藏药协同创新中心建设。全力推进敦煌医学与转化重点实验室建设，该实验室是教育部在甘肃省批准建立的第一个以医药类基础

研究与应用基础研究为主的重点实验室，积极推进敦煌医学研究成果和敦煌医学文化在国内和“一带一路”沿线国家的传承、交流和传播。完善杏林百草园与和政药用植物园建设，建设医药学专业学生实践实习基地，建成甘肃省最大的药用植物种质资源库。

（三）甘肃方剂，为积极应对新冠肺炎疫情防控提供科技支撑

学校迅速落实《教育部关于加强高校新型冠状病毒防治科研攻关的通知》精神，启动新冠肺炎应急防治专项，支持专项预算资金开展研究，与奇正藏药签订技术开发合同共同开展消字号护肤产品研发，第二附院院长张志明教授作为甘肃新冠肺炎预防专家组副组长积极参与中医药临床诊疗方案研究，充分发挥了中医药在新冠肺炎预防、治疗、康复中的优势特色，为应急和防治研究工作提供了科技支撑。2020年登记备案通腑合剂和扶正屏风合剂2个新冠防疫院内制剂，目前学校第二附院已有12种剂型54个院内制剂，其中一些剂型产品有望进一步提升转化成为新药。

（四）健康扶贫，精准扶贫脱贫攻坚的助推器

目前学校选派“三区”科技人才141人次，组建中药材田间管理技术、中药材产地生产加工技术、中药材病虫害防治技术、电子商务及信息技术、农业政策规划宣讲、健康诊疗及技术咨询等专业化服务团队6个，帮助受援地农户申办农民合作社5个，引进中药材和经济作物新品种4个，获得实用新型专利6件，科研成果前期推广1项，帮助建设电子销售终端11个，举办中药材技术专项培训50场，投入种苗、化肥、农药等农资50余万元，带动当地农民开展相关科技工作近5000人次，实现农业增收2000余元。疫情期间，“三区”人才团队编写《春耕备耕防护手册》印制8000余册，并提供部分春耕农用物资和防疫物资，并协助开展疫情防控工作。

三、“十三五”代表性重大科研成果

（一）敦煌医学与转化教育部重点实验室建设与成果转化应用

敦煌医学与转化教育部重点实验室2012年批准建设，专项经费4500余万元。2017年通过教育部验收，现有面积4500m^2，仪器设备总值6500余万元，建成细胞和分子生物学、医学检测等11个较为完善的功能平台。编写《敦煌医学研究大成》系列丛书，代表性项目有“敦煌医学文化及其现代价值”“敦煌医方防治优势病种的物质基础及开发研究”“敦煌膏摩方芎草膏的开发转化”等，获省科技进步二等奖1项、三等奖1项，中华中医药学会二等奖1项。参与研究开发院内制剂21种，开发“黄芪当归胶囊”保健食品1个并实现科技成果转让，研制出美白玉颜面膜、养颜消斑面膜、解毒祛痘面膜系列纯中药美容面膜，开发敦煌百会灸疗法和敦煌火灸铺灸疗法2种诊疗技术，研发多项敦煌文创产品。2020年敦煌医学专科门诊就诊量达到1.95万余人次，由敦煌古医方研发的院内制剂活络洗液、平胃胶囊、消定膏3个品种年销售额225.12万元。

（二）甘肃城乡自然人群队列建设与肿瘤随访研究项目

项目是国家重点研发计划精准医学研究重点专项“西北区域自然人群队列研究”项目课题之一，财政经费269万元。项目建成20 367人队列，其中血液样本20 367份，基线资料20 367份；建立占地1000m^{2}的样本库；培养研究生6人，在读博士生1人；开展培训6次，培训人员180人次，提高了基层医疗卫生人员的科研素养。与钟南山院士团队合作，初步开展了甘南地区慢性阻塞性肺疾病（COPD）的病例对照研究，发现人蛋白酶激活复合体亚基2（PSME2）和内皮PAS结构域包含蛋白-1（EPAS1）在COPD患者肺组织和正常肺功能的肺组织中存在显著的差异表达，创新性提出氧敏感相关基因及其遗传变异参与了COPD的发生发展过程，丰富了COPD的发病机制。

（三）新型冠状病毒肺炎中西医结合防控研究项目

项目是甘肃省教育厅产业支撑项目，财政经费150万元。项目开发甘肃方剂的中药制剂，筛选出与不同靶点或靶点组合有特异性结合的靶向活性分子，筛选适宜中草药进行产品处方设计、提取、剂型、安全性评价工艺研究，研制消杀产品2~3种；建立疫情发展预警模型，提出基于突发公共卫生事件视域的学校健康教育的应对策略。目前已协助建立了2019-nCoV流行病学问卷调查（微信版）、甘肃省92例中医病历数据库，优化“甘肃省新型冠状病毒肺炎中医药防治方案”，形成甘肃省COVID-19的治则治法，完成院内制剂“扶正避瘟合剂”申报，正在申报“宣肺化浊方”。开发系列防疫避瘟香囊及系列外用消杀产品，开展部分新冠病毒流行病学、免疫病理机制分析研究，发表相关论文29篇，编写《大专院校防控新型冠状病毒肺炎疫情工作指南》等。

（四）第四次中药资源普查项目

项目是2017年甘肃省财政厅、甘肃省卫健委第四次中药资源普查项目，财政经费150万元，调查甘肃省366个代表区域、面积291336.53km^2、样地数量2630个、样方套数量13029套，记录重量的种类435种，有蕴藏量的种类421种，植物种类3690种，制作腊叶标本101396份，收集药材样品5633份，采集种质5122份。项目获得授权发明专利20项，实用新型专利11项，外观设计专利2项，软件著作权3项；制定道地药材标准8项、食品安全地方标准2项、中药材商品规格等级标准6项、道地药材标准通则1项、中药材包装运输仓储行业标准20项、种子种苗标准10项，发表论文125篇，发现新种1个，新记录属12个，新记录种55个，培养本专科生、硕博士生及其他人员1547名，出版专著14部。

第四节　企业创新成效

企业是技术创新的主体，是推动社会经济技术进步的重要力量。选择中国石油兰州石化公司、酒泉钢铁（集团）有限责任公司、金川集团股份有限公司、兰州兰石集团有限公司、天水华天科技股份有限公司、兰州生物制品研究所有限责任公司、中农威特生物科技股份有限公司、甘肃省敦煌种业集团股份有限公司、大禹节水集团股份有限公司、甘肃公路交通建设集团有限公司等代表性企业，集中反映“十三五”时期在甘企业科技创新进展及取得的重大科技成果。

中国石油兰州石化公司

一、“十三五”科技创新主要成效

（一）创新驱动成果丰硕

公司在汽柴油加氢装置改造，催化裂化、烷基化、醚化系统集成优化技术，分子筛二次修饰、ZSM-5活性恢复、重金属涂层捕集等关键技术转化应用，乳聚丁苯、丁腈橡胶生产技术，医用聚烯烃产品，“油浆沉降进焦化—焦化蜡油脱氮进催化”组合加工技术等方面取得创新型成果。“大型乙烯装置成套工艺技术及关键装备重大成就与工业应用”和“高汽油收率低碳排放系列催化裂化催化剂研制与工业应用”荣获国家科技进步二等奖。

（二）产品开发贡献突出

公司着力抓好合成树脂、合成橡胶、催化裂化催化剂、小品种精细化四大系列的新产品开发。合成树脂向医药、食品、汽车、特殊工业等领域进军，开发生产了医用、车用、管材、高压电缆、耐热家电等系列高端产品，首次生产出铬系聚乙烯产品，累计开发聚烯烃新产品132个，专用料比例提升到64%。合成橡胶产品成功实现向环保化、定制化转变，达到欧盟环保法案的要求，成为普利司通、固特异等高端用户的供应商。液体橡胶产品开发按期完成国家级项目，成功应用于天宫一号、神舟九号、长征二号项目。催化裂化催化剂应用新型分子筛材料，开发了4个系列、43个新产品，在国内外得到推广应用。正己烷通过食品级认证，产品附加值明显提升。累计开发树脂、橡胶、催化剂和小品种精细化新产品253个，获得集团公司认定的自主创新重要产品9项。

（三）新技术应用成效显著

围绕长周期运行、本质安全、节能减排等重点工作实施技术攻关，积极推广应用“四新”技术，显著提升了装置的运行水平。突出长周期运行，深度应用炼化腐蚀在线监控、腐蚀检查等新技术，投用光纤差动保护、快切装置和在线状态监测系统，在装置检修上应用了一批先进技术和施工方法，设备的运行可靠度大幅提高，装置平稳率连续3年保持炼化企业前三名。积极运用自动控制装车、外贴式液位检测、光栅光纤感温感烟检测等新技术，解决了装车栈桥、罐区等重点隐患项目，本质安全水平有了较大提高。以乙烯和炼油主要装置及公用工程为重点，积极推进炼化能量优化重大科技专项攻关。严格执行环保新标准，先后建成重催再生烟气及锅炉烟气脱硫脱硝、污水处理废气净化、催化剂尾气治理、油品栈桥油气回收等重点废气治理工程，完成炼油、化工、催化剂污水、化工及炼油雨排废水等四大废水系统提标改造，在国内首次使用生物技术综合治理乙烯废碱。在线近红外检测技术加强乙烯裂解原料、连续重整原料和中间馏分实时监测，为原料优化、中控指标控制、产品收率提升等提供实时数据。

（四）信息技术广泛应用

公司持续推进信息系统集成工程建设，实现了120多个管理流程的在线审批和考核自动化。积极打造企业协同工作智能管理平台、视频会议系统、生产决策分析等系统，实现生产、供应链、办公、绩效等业务线数据、流程集成化应用，并实现数据自动提取，数出一源，为炼化企业智能化奠定基础。推进生产管理信息系统的完善和优化，以MES2.0深化应用为重点，确定MES实时数据、生产数据、质量数据集成优化方案，并配合班组核算、设备管理、能量优化、先控技术服务平台、装置平稳率、工艺报警管理、仪表自控率等项目组完成数据优化工作。完成了质检部化验室仪器仪表分析数据自动推送发布，完成了公司产品、原材料、包装物的质量检验信息查询系统上线运行。

（五）人才队伍不断壮大

截至2020年底，公司专业技术人员达到5944人，占员工总数的31.5%。现有技术领衔工作室领衔人15人，专业技术骨干人才178人，在聘甘肃省领军人才6人，先后有50余人次获得国家和集团公司以上级别各类技能竞赛奖牌。

二、“十三五”科技创新亮点特色

（一）注重“两个依托”，形成创新合力

依托外部资源，搭建创新平台。通过委托开发、产学研平台等多种模式，与多所知名院校创建联合实验室，与多家院所签订框架合作协议、形成产研战略联盟，与国内外知名运营商搭建信息化商务运营和技术合作平台，快速推动科技创新能力提升。依托科技人才，提升创新能力，始终将人才作为科技进步核心保障，分层级分专业开展技术攻关和应用技术研究，让广大领军人才、行业专家、专业技术人员在生产经营、重点项目中克难攻坚，提升整体创新能力。

（二）抓好“三个创新”，打造强力驱动

推动思想创新，摒除陈旧观念。围绕黄河流域高质量发展示范企业打造，持续解放思想、破除藩篱，实现企业科技创新和信息化工作新的突破和跨越。推动机制创新，破除制约障碍。建立技术创新激励、试错容错和培植保护机制，打造科技创新、技术合作、人才培育三大管理平台，出台成果转化创效激励、新技术应用保障等8项举措方案。推动技术创新，促进转型升级。突出劣质重油加工、清洁油品生产、高附加值特色产品开发、低成本化工原料、新一代催化剂、数字化转型智能化应用等重点方向，突出安全清洁绿色和高质量发展，大力推动技术进步、转型升级。近年来完成116项结构调整项目，实现汽柴油国Ⅲ到国Ⅵ质量升级“四级跳”，形成一批重大成果和自主知识产权成套技术，取得2项国家科技进步奖，3项技术获得中国石油十大科技进展。

（三）坚持“四个围绕”，提升竞争实力

围绕生产瓶颈搞攻关，破解技术难题。近年来实施科技创新创效攻关项目200余项，年均奖励难题揭榜项目300余万元。围绕成果转化搞科研，推进技术应用。“十三五”以来实施科技项目212项，获得专利授权51项，省部级以上科技成果50项，科技增效贡献超过18亿元。围绕市场需求搞开发，优化产品结构。围绕合成树脂、合成橡胶、催化裂化催化剂、小品种精细化4大系列开发“高精新优特”产品，建成国内首个医用药包材聚烯烃树脂生产基地。围绕能力提升搞培养，培育人才队伍。启动高层次技术人才“百人培育计划”，推进高技能人才“千人培育计划”，分门别类、清单化培养技术人员，分层面、分专业、有计划培养专业领域技术尖子和领军人才。

三、“十三五”代表性重大科技成果

（一）聚烯烃新产品及成套工艺技术研究开发与工业应用

医用聚丙烯PP、低密度聚乙烯LDPE洁净生产工艺研发，形成了完全自主的医用聚烯烃产业链，建立医用聚烯烃树脂产业化基地，填补国产医用料的市场空白，打破医用料进口垄断。

（二）聚烯烃重大专项二期专题五，洁净聚烯烃平台技术开发及应用

提升高压聚乙烯电缆料和医用料、聚丙烯医用料产品洁净度，进一步提升高压和聚丙烯高端产品质量。

（三）茂金属聚乙烯成套工艺技术开发及应用

以工艺包为技术支撑，以反应器的重新设计为核心，配套原料精制系统，催化剂直注系统，聚合反应系统，粉料处理系统，挤压造粒系统，DCS系统的重新设计，缩短了工艺流程，提升了装置运行周期，使装置非计划停车率减少90%，减少了75台套设备，降低了操作维护和管理成本，使装置具备了茂金属和铬系产品生产能力。十三年来，累计开发生产聚烯烃新产品达6.5×10^{5}t，增效超

过8亿元。

(四) 催化裂化催化剂生产新技术研究开发与应用

催化剂混合配伍和5×10^4t/a催化裂化催化剂成套制备两套工程化技术，突破了催化剂新型高效成胶、催化剂无磷交换、催化剂低铵交换三项关键工艺新技术。近年来，催化剂销量和市场占有率实现稳步提升，中石油内部市场占有率达到74%，较专项一期完成时提高19%。2019年，催化剂生产成本降低7%，综合能耗下降12.7%，每年可减少固废排放近1000t，产品收率提高1.5%，累计效益合计为2.3亿元。

酒泉钢铁（集团）有限责任公司

一、“十三五”科技创新主要成效

(一) 科技项目

公司累计开展科技项目1496项，其中公司级科技项目485项，分公司自主实施技术改进项目1011项；申请立项甘肃省、嘉峪关市科技计划项目98项，其中立项省级科技计划项目22项，立项市级科技计划项目76项。

(二) 产品研发

完成新产品研发试制和扩大试验1.6×10^6t，钢铁产业形成了以桥梁结构用钢、铝电系列用钢、高锰无磁钢、热镀锌铝镁板带为代表的一批优势产品，应用领域不断向专业化方向拓展。其中，8项产品荣获甘肃省工业优秀新产品奖；装备制造业研发了风电轮毂、风电机架等一系列新产品。现代农业形成生态原鲜奶、巴氏奶、灭菌乳、酸奶产品、含乳饮料、植物蛋白饮料等6个系列34种乳产品；研发了干型葡萄酒、冰酒、利口酒、葡萄白酒（白兰地）、起泡酒等五大系列100多种葡萄酒品种。

(三) 科技投入

2016–2020年，公司科技投入总额117.85亿元，科技投入占营业收入比例分别为1.76%、2.54%、2.55%、2.67%、2.61%，科技投入力度总体呈现逐步增长趋势。2016–2020年，累计获得省市科技计划项目支持资金2653万元。

(四) 科研成果

2016–2020年，公司取得专利授权1108项；荣获甘肃省、嘉峪关市及行业科技奖项185项，其中甘肃省科技进步奖16项，甘肃省工业优秀新产品奖8项，甘肃省专利奖14项，甘肃省冶金有色工业科技进步奖123项，甘肃省机械工程学会科学技术奖2项，中国钢铁工业协会冶金科学技术奖3项，中国冶金矿山科学技术奖4项，嘉峪关市科技进步奖、技术发明奖15项。

（五）科技成果转化

粉矿悬浮磁化焙烧选矿改造工程的建成及达产达标，标志着粉矿悬浮磁化焙烧技术成功实现工业化转化。酒钢集团公司氢冶金研究院的成立以及煤基氢冶金回转窑中试线的建设与中试试验，标志着煤基氢冶金技术从实验室走向半工业试验。研发的超纯铁素体不锈钢平环强磁选机聚磁介质齿板组，与外购齿板相比强磁粉矿金属回收率提高4.74个百分点。研发的电解铝用高抗蠕变耐蚀打壳锤头使用寿命已经达到原来的3倍以上，电解槽内衬优化技术成功在250台500kA铝电解槽上推广应用，效果良好。创新运用固体电解质替代冰晶石实现电解槽启动技术，实现了铝业固体电解质固废资源的循环利用，电解槽启动成本可降低8%。装备制造产业通过合作引进覆膜砂技术和3DP砂型打印技术，产品实现“近净成形”，进入高端铸件领域。钢渣沥青混凝土在G30高速公路面层成功铺筑与试验，为钢渣沥青混凝土技术推广应用提供了理论指导和现实参考。利用水渣、粉煤灰、脱硫石膏、牛粪等固废为主原料研制开发种植土（工业固废占比70%以上），在酒钢冶金渣场环境绿化改造中成功应用，为工业固废环保治理及资源化利用开辟了新途径。

（六）科技人才

截至2020年，公司拥有享受国务院特殊津贴人员3人，工程技术类正高级工程师56人，甘肃省领军人才11人，陇原青年创新人才3人，“西部之光”访问学者10人。酒钢集团公司专职研发机构拥有各级管理技术人员145人，其中高级工程师以上职称占比42.76%，研究生以上学历占比20.69%。

（七）科研平台

公司拥有国家级技术中心1个、省级企业技术中心5个、省级重点实验室2个、省级工程技术研究中心5个、省级工程研究中心4个、企业博士后工作站1个、联合实验室1个。目前形成了以选矿研究实验室、铁前研究实验室、炼轧中试实验室、材料分析实验室、表面（腐蚀）实验室、焊接实验室为支撑的科研实验基地，有效指导生产工艺优化和产品研发工作。

二、“十三五”科技创新亮点特色

（一）深化技术创新领域体制机制改革

按照“市场化运行，契约化管理，差异化薪酬”的总体思路，在技术体系推行市场化改革，科研服务领域推行有偿服务，实行市场化定价收费。在研究开发领域推行契约化管理，公司层面研发机构以契约方式建立技术服务关系，钢铁领域研发机构内部推行“基薪+创效提成”激励模式，装备制造领域研发机构内部推行阿米巴模式，实行差异化分配，推行技术创新工作的价值化衡量。

（二）科学灵活布局专业研发机构与职能

为实现研发与生产的有效融合，全面提升技术创新效率，研发机构采取分层级灵活布局的模式，在分子公司层面设立与具体产业紧密结合的产品研发机构，快速反应满足市场用户需求；在公司层面设立面向多产业领域、基础性工艺研究领域的研发机构，为公司经营发展提供技术支持。

（三）优化科技工作布局打基础利长远

按照“培育一批、研究一批、实施一批”的思路统筹布局科技工作，既立足当前经营需要，又着眼未来长远发展。逐步推行“631”计划，即科技工作中60%立足于生产线需要，为经营生产提供支持；30%为基础性工艺研究，增强创新创造基础；10%为前瞻性前沿性技术跟踪，紧跟行业发展步伐。

（四）健全科技激励机制，提活力促创新

为营造技术创新的良好环境，激发广大技术人员创新创造，公司出台技术创新成果奖、优秀技术人员奖、专利授权奖、技术标准编制奖、优秀论文奖、创新创效提成等系列奖励激励政策，鼓励技术人员争优创先，引导技术人员勇于创新创效，为企业的高质量发展提供强大的技术支撑。

（五）内外结合打造科研实验检测平台

科研试验检测平台建设采取“两条腿”走路模式：一是加强自有科研力量建设，在试验服务领域、试验检测方向、试验检测深度等方面有效提升能力。二是借助社会资源拓展检测能力，先后与北京钢铁研究总院、西安建筑科技大学、兰州理工大学、西北地质勘察院酒泉测试中心、通标标准技术服务公司（天津）等单位建立合作关系，打造完整的科研试验检测服务网络。

（六）统筹布局创新资源支撑产业发展

以科技项目为抓手，持续开展新产品研发，优化产品结构，加大专业应用领域产品的研发和推广力度，提高新产品市场占有率。瞄准传统产业转型升级的“卡脖子”技术，大力实施技术攻关，补齐重点领域技术短板，推进技术成果的转化应用。发挥公司多产业并举的优势，大力推进产业间横向联合创新，促进多产业间耦合创新发展。

（七）持续加强科技经费保障作用

深入落实企业科技创新主体地位，持续加大科技投入，注重科技经费的使用效果，优先保证解决瓶颈问题、改善工艺水平、突破核心技术等具有良好预期效果的科技项目经费，提高技术创新工

作效果。

三、“十三五”代表性重大科研成果

（一）粉矿悬浮磁化焙烧技术成果

“十三五”期间，公司先后完成粉矿悬浮磁化焙烧间歇试验和扩大连续试验、总尾矿悬浮磁化焙烧扩大连续试验、块矿悬浮磁化焙烧扩大连续试验，取得良好指标，为大幅提高酒钢精矿品质和金属回收率，高效回收尾矿资源提供了一种高效、可靠的技术路线。酒钢粉矿悬浮磁化焙烧选矿改造一期工程，同原强磁选工艺相比，精矿品位提高了10.4个百分点，金属回收率提高了25.92个百分点，经济效益显著，成功破解了粉矿悬浮磁化焙烧工艺大规模工业应用难题，为国内难选铁矿资源高效利用探索出一种新的有效解决方案。

（二）2205双相不锈钢研制开发

双相不锈钢兼有奥氏体和铁素体不锈钢的特性，其优越的性能备受应用领域青睐，是未来最有发展前景的钢种之一。公司系统性解决了2205双相不锈钢冶炼、连铸、轧制、酸洗等全产业链工艺技术难题，成功研发生产了NO.1板、中厚板、2B板等系列产品7.86×10^4t，直接经济效益显著。2205中厚板被成功应用于白鹤滩水电站建设，制作的连续油管成功应用于中国石油天然气集团有限公司长庆油田井下作业，产品迈向石油化工、造船、环保、板式换热器等高端应用领域。2017年度荣获甘肃省科技进步一等奖，先后申请国家专利5项，已授权发明专利3项，实用新型专利1项。该产品的成功研发与应用，优化了不锈钢产品结构，展现了产业工艺技术水平，产品在国内不锈钢市场上享有一定的知名度，对促进产业持续发展和提升产品竞争力发挥了重要作用。

金川集团股份有限公司

一、“十三五”科技创新主要成效

“十三五”期间，金川集团股份有限公司以镍钴资源综合利用国家重点实验室建设为契机，以实施六大科技攻关项目为重点，紧密围绕公司生产问题和发展战略需求，先后组织开展300余项科研重点课题研究，其中国家重大科技任务14项、甘肃省科研项目26项、金昌市科研项目10项，获得支持经费9294.20万元。修、制定国际标准2项，国家标准11项、行业标准38项、团体标准3项、企业标准10余项；获授权发明专利90余件，实用新型专利380余件。

在提升传统产业、支撑战略性新兴产业发展等方面取得了重要成绩，60%以上的科技成果得到转化应用。获省部级二等奖以上奖励36项，其中“冶金炉窑强化供热关键技术及应用”“镍阳极泥中铂钯铑铱绿色高效提取技术”两项成果获2019年度国家科技进步二等奖。开发的具有自主知识产权的从铜冶炼废水中提取制备铼酸铵产品（符合YS/T894-2013标准中的优级品的规定）工艺技术及

装备，在金川广西防城港建成了铼酸铵4000kg/a的生产线，产生了良好的经济效益和社会效益。生产铱、钌、锇等优质铂族金属产品，开发出高纯镍、高纯钴、高纯铜及纯度99.9%以上的碲、铋等金属产品。

“十三五”时期，公司着力进行国家级科研创新平台建设，2016年，“镍钴资源综合利用国家重点实验室”建设和运行实施方案通过了国家科技部组织的专家论证，正式开始实施。2016年11月，“国家镍钴新材料工程技术研究中心”第五次评估答辩会在北京举行，国家科技部专家组对该中心建设给予了高度评价。获批建设以来，在地质找矿、采矿、选矿、冶金、化工等领域积极承担国家级、省部级、同行业及依托单位科研任务，取得了一批高水平、高质量的研究成果。

二、“十三五”科技创新亮点特色

“十三五”时期，公司不断探索完善科技创新体制机制建设，建立了以国家级企业技术平台建设为核心，以重大科技攻关项目和技术改造项目为抓手，以群众性技术创新为补充的企业科技创新体系。通过“国家镍钴新材料工程技术研究中心”和“镍钴资源综合利用国家重点实验室”等国家级科研平台的创建工作，完善了以镍钴研究设计院、兰州金川科技园公司为主体的专业科技研发队伍及平台建设，并开展了大量基础性、战略性课题研究和涉及企业发展的关键技术研发。通过独立项目组运行管理模式的实施，科技创新管理体系和科研奖励机制不断完善，充分调动了各层次工程技术人员参加科技创新的积极性，激励了厂矿工程技术人员紧贴生产现场开展工艺优化、装备提升、职工技术创新等活动。通过国家级、省部级专项课题的申请、国家重点实验室开放课题和联合科技攻关项目的设立，建立了与国内外科研院所、高校、兄弟企业等外部科研力量的长效合作机制，促进了公司科研能力的提升及重大技术难题的解决，拓展了公司技术集成服务空间。

完善以研发项目启动、目标制定、团队建设、需求管理、计划制定、质量管理、风险管理、计划控制和关键因素控制为主要内容的研发组织管理制度，形成包括市场需求组织管理体系、技术与产品开发组织管理体系和条件保障组织管理体系等组成的研发运行机制。

针对行业技术瓶颈问题，与高校、科研院所联合开展应用基础研究，为工业应用研究提供技术支撑；针对重大、难决策的重大技术难题，建立并行研究机制，形成各研究单元科技创新的内在动力；积极营造创新氛围，激发实验室的创新活力；引导和激励实验室各研究单元增强自主创新能力，实现协调发展，全面提升重点实验室科技创新水平。

三、“十三五”代表性重大科研成果

（一）羰基系列产品关键技术研发及产业化

围绕羰基镍规模化生产和系列产品的开发，继续开展科技攻关，对羰化冶金技术进一步优化，提高工艺适应性和稳定性，打通了羰基镍生产线合成工序流程，开发了满足不同领域需求的羰基镍粉、羰基镍丸、镍铁合金粉、羰基铁粉等4大类16种系列产品。项目突破了中国在羰化冶金领域的重大科学技术瓶颈，实现了中国在该行业、该领域科学技术的跨越式发展，打破了国外对羰基镍技术的垄断，填补了国内规模化羰基合成镍的技术空白，技术达到国际先进水平，为镍冶金提供了又一高新技术路径，优化了中国镍产品结构，提高了中国高端领域优质镍原料的自主保障能力，有效预防该领域的“卡脖子”风险，满足国家战略需求。近5年，获授权发明专利7件，实用新型专利23件。

（二）铂族贵金属一二次资源绿色高效提取技术研究

开展了铂钯高效富集及分离、短流程钯精炼等铂族贵金属一二次资源绿色高效提取技术，对于推动铂族贵金属清洁、高效冶炼技术进步，提高中国贵金属综合利用水平、缓解资源短缺局面、提升铂族贵金属的保障能力、促进环境和社会经济可持续发展具有重大意义。发明了铂钯高效富集及分离技术、短流程精炼钯技术、二步还原精炼铂技术、铑铱高效精炼技术，研发了从废旧催化剂、电子废弃物为代表的贵金属二次资源中分离回收铂钯金等有价金属新工艺。项目成果在金川集团股份有限公司等多家国内企业应用，用于处理镍阳极泥、铜阳极泥、废旧催化剂、废旧电子元件、废旧合金等多种贵金属资源的绿色高效提取，近三年累计创造经济效益19.75亿元。2019年获国家科学技术进步二等奖，获授权发明专利30件，形成企业标准6项。

（三）绿色充填胶凝材料开发与废石尾矿资源化利用

项目针对低活性酸性矿渣活性激发影响因素的复杂多变性，建立了复合激发剂配方优化决策模型和激发剂配方优化决策技术路线；基于金川全尾砂和废石开展了膏体充填关键技术研究，确定了针对金川全尾砂–废石膏体料浆制备和泵送关键工艺的技术参数和系统配置方案；创新采用顺序控制+回路调节双闭环的联合控制方式，实现了“一键充填”，达到了机械化换人、自动化减人的目标。该项目研发的废石高浓度料浆自流充填管道输送技术已在金川矿山、新疆喀拉通克镍矿全面推广应用；废石全尾砂膏体泵送充填工艺技术已在金川矿山、蔡家营铅锌矿全面推广应用。废石粗骨料用量达到3.28×10^6t/a，节省充填骨料费用达到8565万元/a，充填成本降低10%以上，大幅缓解了充填骨料供应压力，对降低充填成本、提高固废资源综合利用水平具有重要意义。获中国有色金属工业科学技术一等奖，获授权发明专利9件，制定标准1项。

兰州兰石集团有限公司

一、“十三五”科技创新主要成效

兰州兰石集团有限公司始终把科技创新摆在发展全局的核心位置，聚焦建机制、搭平台、聚人才、强能力抓科技创新，催发了转型升级、创新发展的活力，助力甘肃省装备制造产业和区域经济社会发展。

（一）创新资源大量集聚

“十三五”时期，公司科技投入11.9亿元，健全投入机制，优化投入结构，不断完善企业科技创新保障体系。拥有国家级企业技术中心、工业设计中心及能源装备国家专业化众创空间国家级平台3个、省部级平台12个。拥有兰石研究院及多个技术中心自主平台，在青岛、西安、上海设研发中心，兼并1所石油化工甲级设计院——洛阳瑞泽石化工程公司。依托平台项目获批建立博士后科研工作站，探索建立院士工作站、设立首席科学家职位，引入3名“国家杰出青年”开展联合攻关，吸引聚集各类科研人才1000余人。

（二）创新能力大幅提升

“十三五”时期，兰石集团承担国家重大科技研发项目1项，省级科技计划项目14项，累计完成重大科技创新项目48项、实现转化产值18.9亿元、实施示范工程6项、实现经济效益12亿元、拥有专利624件。先后在石油装备关键零部件智能制造新模式、核电站用焊接式板式热交换器研制、海工装备备件国产化、复合密封高压换热器等项目方面取得突破，打破了国外技术封锁与垄断。开展海洋钻井包关键技术及部件国产化攻关，填补国内行业空白，实现了海工装备制造设备国产化。

（三）产业规模不断扩大

2016年获批国家级技术创新示范企业，拥有兰石研究院、兰石重装、兰石装备、兰石重工、兰石换热、兰石兰驼等6家高新技术企业，兰石集团及兰石重装为知识产权优势企业。依托核心技术创新发展业态，带动兰石集团正式进入煤制氢产业领域；完成2500型压裂车工业性试验，实现产业化应用；推广物联网、水肥一体化等“兰石技术”在现代农业产业园应用。与恩力能源科技有限公司、河北清华发展研究院合作，正式进入智能微电网和新能源电池领域，被纳入国家首批、甘肃省唯一家“新能源汽车动力蓄电池梯次利用示范项目”；与中科院兰州化物所、甘肃九次方纳米设备公司合作成立兰石中科纳米科技公司，围绕工业危废高值化利用、环保“三废”综合处理、纳米新材料制备等领域，与金川公司、白银公司、甘肃稀土、西北永新等企业开展产业化合作，积极拓展新技术、新产品、新业态，形成更具竞争力的产业格局。

（四）创新环境显著改善

制定研发团队研发成果奖励办法、科学技术奖励办法、能源装备设计与制造互联网融合双创平台基本制度、双创平台运行管理办法、双创平台双创团队管理办法、双创平台双创导师管理办法、双创平台双创资金管理指导意见等制度办法，完善导师选配、团队组建、资金运用、日常运行管理体系，设立科技进步奖、科技创新奖、专利奖等，对创客提出的创意“金点子”一经采纳即给予

5000元以内奖励；创建9个劳模工匠创新工作室，常态化开展职工小发明、小创造、小设计、小革新、小建议“五小”创新，厚植创新创业沃土。近五年引进本科以上专业技术人才和技术工人3022人，其中博士研究生5人、硕士研究生265人、本科学历1228人、技术工人1524人；拥有技师、高级技师435人，国家级技能大师3人、省级技能大师5人。

（五）开放合作重点突破

公司联合中国科学院、天水电气传动研究所集团有限公司、中石油玉门油田公司等20多家行业上下游企业和高校、科研院所等力量，牵头组建“甘肃省能源装备创新联合体”，推动能源装备产业链创新链升级。与中国科学院、西安交通大学、兰州理工大学等30余所高校和科研院所建立8个联合实验室、研究院和研发中心。

二、“十三五”科技创新亮点特色

“十三五”时期，兰石集团主动承接转化攻关项目，在企业技术研发、平台建设、成果转化、新项目孵化、产学研合作及新兴产业拓展等方面取得了突破性进展。

（一）着力构建科技创新生态体系

成立兰石能源装备研究院，重构技术委员会决策、专家委员会技术把关、“四院、五部”组织体系，突出集团科技创新战略引领支撑功能，强化各产业板块创新主体作用，提高全产业链科技创新能力，集团科技创新资源整合、上下协同效应逐步显现。

（二）充分发挥平台支撑带动作用

目前拥有国家级企业技术中心、工业设计中心及能源装备国家专业化众创空间等国家级平台3个，省部级平台12个，与省内外30余所高校和科研院所开展合作，建立联合实验室、研究院及研发中心。探索建立院士工作站、设立首席科学家职位，引入“国家杰出青年”开展联合攻关。各类各层级平台聚集各类创新型人才1000余人，2015年以来获得甘肃省科技计划项目14项。

（三）重大技术攻关取得突破进展

石油装备关键零部件数字化铸造及智能制造新模式实现技术引领，300MN多缸薄板成型液压机组、核电站用焊接式板式热交换器、海洋自升式平台12 000m钻井装备、复合密封高压换热器等项目填补国内空白，集团掌握了15 000m半潜式超深井海洋、陆地钻机、低阶煤气化装置、航天钛合金铸造工艺技术等行业前沿核心技术，科技创新核心能力显著增强。

（四）大力推进科技成果推广转化

聚焦市场导向，大力推动科技成果工程化、产业化、效益化，一批重点项目产业化成效显现。由兰石与中科院热物理研究所共同开发的兰石金化千吨级循环流化床加压煤气化示范项目，实现煤化工领域关键技术突破，并获盘锦浩业11.5亿元项目订单，在推进煤炭清洁利用、带动能效整体水平提升上起到示范作用。3000hp压裂车组、悬浮床加氢技术等成果相继完成工业试验和市场推广，实现从单台产品制造向EPC、工业服务、投资运营等多业态转型发展，为装备制造业持续发展打开了前景空间。依托兰石能源装备产业优势，快速布局氢能产业。“十三五”时期，兰石集团已完成重大科技创新项目48项、实现转化产值18.9亿元、实施示范工程6项、实现经济效益12亿元。

三、“十三五”代表性重大科研成果

（一）半潜式钻井平台用15 000m钻井包研发

“半潜式钻井平台用15 000m钻井包研发”项目是兰石集团超大型战略性引领科研项目。项目内容是开展适用于半潜式钻井平台的双作业全自动钻井包及其关键装备研发与核心技术研究，涉及23台核心设备的开发和7项相关关键技术研究，具备完全的自主知识产权。项目开发的半潜式钻井平台用15 000m钻井系统，适应深水3658m、额定钻深15 240m，抗风浪性能好，满足全球95%的海洋油气区块作业需求，采用了双绞车提升与主动补偿、可变绳系的游吊系统等专有技术，具备总体可靠性好、运行经济性好、作业效率高、重量重心低等优点，达到国内领先、世界先进水平。

（二）加压循环流化床粉煤气化技术

兰石集团联合中科院热物理研究所，围绕核心技术研发、成果快速转化应用，创造性的采用循环流化床富氧加压煤气化技术，开发完成低阶煤循环流化床加压气化工艺包，突破大型循环流化床加压煤气化炉、渣冷却器等核心装备的国产化制造，建设完成匹配3×10^{4}t/a合成氨的循环流化床加压煤气化工业化示范工程。

（三）300MN多缸薄板成型液压机组

兰石研究院在消化吸收国外先进薄板成型液压机技术的基础上，成功研发高精度薄板成型装备。在研究过程中攻克了100MPa超高压连接及密封、多油缸（58个油缸）阵列式布置与同步控制、超深孔（孔径Φ40mm，深4000mm）加工、梳型移动锁止等方面的关键技术和工艺难题，研制具有自主知识产权的产品，打破国外技术封锁与垄断，填补国内大型薄板成型机组空白，该机组是目前全球成型能力排名第一的薄板成型装备，可广泛应用于军工、核电、海水淡化、汽车、建材等行业。

天水华天科技股份有限公司

一、“十三五”科技创新主要成效

“十三五”期间，天水华天电子集团通过强化内部管理、加强科技创新和新产品研发、大力开拓市场、持续不断地实施技术改造，集团技术创新能力、管理水平、市场竞争力都得到有效地提升，综合实力和经济效益大幅提高。广大工程技术人员以“十三五”发展规划及科技发展规划为指导，坚持推进科技创新，以全面提升技术创新能力为主线，以解决制约生产经营的重大“瓶颈”技术问题、调整产品结构、培育创新人才为重点，开展了一系列的科技创新活动，取得了一批高水平的创新成果，使华天的产品结构得到优化，技术水平与产品竞争力得到大幅提升。

（一）科技成果

“十三五”期间，取得科技成果、新产品、新技术80余项，其中达到国际先进水平18项，申请并获授权专利174项，其中发明专利39项（PCT3项），外观设计7项。共获得中国专利优秀奖1项、省部级科技进步奖2项、技术发明奖1项、专利奖4项、专利发明人奖2项、省工业优秀新产品奖4项、市科技进步奖2项、技术发明奖1项，6项新产品（新技术）获“中国半导体创新产品和技术”，先后荣获2016–2017年度中国半导体市场领军企业奖和最具影响力企业奖、2016–2018年度中国半导体封装测试十大企业、2018中国电子信息行业社会贡献50强、2019年和2020年电子信息百强企业。

（二）研发经费

2016–2020年，公司增加了对核心技术自主创新和前瞻性技术研发的投入，加大了对引进技术消化吸收、再创新的科技投入，适当增加了基础性科技研究投入，近5年公司研发投入达21.4亿元，研发费用占销售收入的比例达5%以上。

（三）科研项目

“十三五”时期，公司先后承担了国家科技重大专项“极大规模集成电路制造装备及成套工艺”（02专项）4项、甘肃省科技重大专项3项、甘肃省技术创新专项1项、甘肃省重点研发计划项目1项、天水市科技支撑计划项目1项；完成自立科技创新计划项目507项。

（四）科技人才

近年来，公司全面实施人才兴企战略，不断在“育、引、留、用”上下功夫，先后培养、引进工程技术人才3000余人。高级专业技术人才39人，中级专业技术人才300余人。拥有“全国青年岗位能手”1人、省级领军人才3人、省优秀专家2人、首届陇原工匠 1人、技术带头人11名、外聘专家12名，人才队伍的发展壮大为企业转型升级提供了强有力支撑。

（五）科技成果转移转化

针对科技成果转移转化情况，公司出台了促进科技成果转化实施细则，明确担任领导职务科技人员可按规定获得成果转化奖励。“十三五”期间，通过国家、省级科技项目的实施，促进了科技成果的快速有效转化，大部分科技成果实现了转化，并产生了良好的经济效益。

（六）科研平台建设

不断探索科研平台管理机制，统筹集团技术资源，以重大项目为抓手，坚持自主研发和开放合作相结合，注重集团内部协同创新，实现“高端超越”。选择性“前沿布局”，与科研院所开展紧密合作，推动产学研合作向深层次发展。培养和引进一大批有过硬技术能力的技术人才，使研发平台成为内部核心技术力量培养、成长和输出的基地。购置了一大批国际先进的检验检测仪器设备，强化自主创新能力和核心竞争力建设，推动科研成果加速转化，带动区域相关配套产业发展。

二、“十三五”科技创新亮点特色

“十三五”时期，公司认真实施“科技兴企和人才强企”战略，注重科技创新、加大资金投入、强化协同合作、重视人才培养，科技创新体系日趋完善，科技成果显著增加。先后出台了《知识产权管理办法》《科研项目管理办法》《技术人员管理办法》《科技进步奖励条例》等激励政策，多元激励人才，每年科技创新奖励资金达100万元。每三年举办一次科技创新奖励大会，大幅奖励在科技创新过程中有突出贡献的先进集体和个人，激发科技人员的创新热情，营造良好的创新氛围。同时，坚持安居留人，切实关心人才，投入大量资金，建设7栋人才公寓，面积达11.1万km^2，解决了新进大学生、中高级人才的住房困难。坚持待遇留人，切实成就人才，给高层次人才不少于沿海发达地区的优厚待遇。

公司在开展自主创新的同时，充分利用社会科技资源，加强与高校、科研院所交流合作，探索建立合作机制，开展多层次技术创新。与北京大学微电子研究院、北京工业大学共同承担极大规模集成电路制造技术及成套工艺专项，与兰州大学共同承担省科技重大专项，与中国科学院微电子所开展先进封装的合作研发，与复旦大学等高校开展工艺攻关等合作项目，有力催生和培育了一批科技成果，专利授权数量、新产品新技术及科技成果数量逐年增多。

三、“十三五”代表性重大科研成果

（一）基于引线框架的倒装（FC）封装技术

该技术以市场需求为导向进行自主研发，通过对FC先进封装技术的研究和封装产品的开发，设计适合FC工艺的引线框架，攻克了倒装上芯、回流焊、下填充及塑封工艺难点，全面掌握了FC封装的关键技术，使产品可靠性等级达到MSL1/MSL2，封装技术达到国际先进水平。同时为国内集成电路企业自主创新产品提供配套封装服务，为国内自主研制先进封装设备、材料提供技术支撑，提高中国极大规模集成电路制造装备和材料的国产化水平，并显著提高中国集成电路封装整体技术水平，大幅度降低先进封装产品的制造成本，极大地增强了企业的整体竞争能力。

（二）多芯片堆叠（MCP）封装技术

通过该技术的研发，突破和掌握了超薄芯片减薄、划片、上芯防裂片技术，多层堆叠芯片封装的上芯、压焊、塑封技术，PWB（BT）基板布线、芯片布局及防散热技术，BGA焊球植球技术，再流焊技术及清洗检测技术，高导热、低应力塑封料防冲丝防翘曲技术等，形成了完整成套的MCP封装工艺，目前封装工艺稳定。该技术引领了中国集成电路封装行业的科技进步，为中国自主设计的极大规模集成电路提供封装服务，在加快转变经济发展方式中提升了公司高端封装领域的竞争力，提升了公司经济效益和社会效益，有效推进了企业技术进步和产业升级换代的步伐，极大地提高了企业技术水平和科技创新能力的建设，有力地促进了中国集成电路封装产业的发展。

兰州生物制品研究所有限责任公司

一、“十三五”科技创新主要成效

“十三五”期间，兰州生物制品研究所有限责任公司根据发展规划与目标，不断完善科研体系建设，加强创新能力的提升，重视自主研发并拓宽国际、国内合作交流，全面推进重大科研项目的目标进程，科研工作取得了重大进展。公司科研课题按步推进，先后完成了3价轮状疫苗、13价肺炎结合疫苗、4价流脑结合疫苗、长效促胰岛素分泌素、抗CD52治疗性单抗等重大科研课题的阶段目标，为日后新品上市迈出了坚实一步。

二、“十三五”科技创新亮点特色

公司不断完善体系建设，加强创新能力的提升，重视自主研发并拓宽国际、国内合作交流，全面推进重大科研项目的目标进程。持续加强科研质量体系的建设，不断提高质量管理体系运行的有效性，使科研工作符合国家相关要求。积极推进关键技术体系及技术平台建设和发展，突破核心关键技术及共性技术，使科研工作以及新产品的开发建立在坚实的基础上。主要突破了多糖蛋白结合、细菌发酵培养、多糖纯化、规模化蛋白纯化、细胞规模化培养、质量控制、连续灌流培养等一系列重点技术和工艺。加快重大、重点项目的推进，包括3价轮状病毒疫苗、13价肺炎结合疫苗、4价流脑结合疫苗、鼠疫疫苗、双价诺如重组疫苗、23价肺炎多糖疫苗等新型疫苗的研发速度和产业化进程。加大治疗性蛋白药物和重组蛋白药物的研发力度，重点推进抗CD52抗体的临床试验，以及长效促胰岛素分泌素的研发进度。加大科研人才队伍建设，通过研究生学位点、博士后工作站自主培养，以及通过送出去（与法国巴斯德联合培养博士生）进行联合培养，持续打造中青年科技优秀人才，为公司提供人才保障。加强对外合作，通过产学研用模式，引进先进技术，补短板，促发展，加快新品研发。

三、“十三五”代表性重大科研成果

“十三五”期间，公司在细菌发酵培养、多糖纯化、多糖蛋白结合、细胞规模化培养、规模化蛋白纯化、连续灌流培养等一系列重点技术和工艺方面取得进步。在此基础上，公司先后完成了多项重大科研项目的阶段研发目标，3价轮状疫苗上市申报审评已完成CDE临床和药学审核，13价肺炎结合疫苗与四价流脑结合疫苗均进入Ⅲ期临床阶段，重组诺如双价疫苗、长效促胰岛素分泌素、抗CD52治疗性单抗已进入或即将进入Ⅰ期临床试验。

中农威特生物科技股份有限公司

一、“十三五”科技创新主要成效

针对中国兽用疫苗规模化生产核心技术和装备制造水平严重滞后、核心设备严重依赖进口、技术壁垒难以突破等困境，中农威特公司联合兰州兽医研究所等单位，科技攻坚、创新突破，通过“口蹄疫灭活疫苗大规模生产关键技术与配套装备研发及产业化应用”的项目研发及技术推广，重点攻克了三大难题。完成核心装备研发、实现关键技术创新、加速科技成果转化。猪口蹄疫O型、A型二价灭活疫苗（Re-O/MYA98/JSCZ/2013株+Re-A/WH/09株）获得一类新兽药注册证书（证号：（2017）新兽药证字56号），该疫苗的问世，彻底解决了国内猪O型和A型口蹄疫免疫防疫的需求。

“十三五”期间，公司积极申请甘肃省科技厅项目共6项，申请科研经费共计312万元，公司还坚持自主创新的发展道路，努力提高技术水平，以达到国际先进水平为研发目标，近年来共投入研发经费7000多万元，开展自筹研发项目6项。已申请国家发明专利7项，其中5项已授权，2项已进入实质审查阶段，其中一种用于BHK-21细胞高密度悬浮培养的低血清培养基及其在口蹄疫病毒增殖中的专利已应用于生产实践，经济效益和社会效益显著。

依托中国农业科学院兰州兽医研究所、国家口蹄疫参考实验室、家畜疫病病原生物学国家重点实验室等技术平台，依靠自身高效、完善的研发创新团队，公司已具备系统、雄厚的科技创新实力。公司在兽用生物制品的研发、生产、工艺设计、技术咨询、行业服务等领域处于国内领先水平。公司与国内多家科研院所、高校深度合作，建立了“产学研用”协同创新机制，攻克了一批具有全局性和引领性的关键技术和工艺，提高了中国兽用生物制品的创新能力和国际竞争力，目前，已成功研制10余种新产品。

二、“十三五”科技创新亮点特色

公司已成立了中试实验室，新产品研发、生产工艺改进和质量监控技术研究的实验室，同时可以共享兰州兽医研究所拥有的家畜疫病病原生物学国家重点实验室、农业部畜禽病毒病重点开放试验室、国家口蹄疫参考实验室、甘肃省动物寄生虫病重点实验室、中国农业科学院人兽共患病重点实验室、中国农业科学院草食动物疫病重点实验室、甘肃省生物检测工程技术研究中心等平台的技术优势，专门用于新产品的研发。

公司建立了完善的内部管理制度，主要包括：激励机制、知识产权保护制度和保密制度等。公司采取开放、流动、竞争的人才机制，不断引进高素质人才，扩大研发队伍，促进学术交流，保持精干力量。

三、“十三五”代表性重大科技成果

“十三五”期间，企业联合兰州兽医研究所等单位研制的“猪口蹄疫O型、A型二价灭活疫苗(Re-O/MYA98/JSCZ/2013株+Re-A/WH/09株)”获得一类新兽药注册证书（证号：(2017）新兽药证字56号)。该疫苗是国内外首例使用反向遗传技术定向设计和优化改造疫苗种毒的猪用口蹄疫O型、A型二价灭活疫苗，含有灭活的口蹄疫O型Re-O/MYA98/JSCZ/2013株和A型Re-A/WH/09株病毒，可同时预防猪O型、A型口蹄疫。该疫苗解决了传统疫苗存在的抗原产能不高、稳定性差、抗原谱窄以及免疫抑制严重等问题，实现了上述多种性能的提升，尤其是从疫苗种毒的“源头”上提升了疫苗抗原谱和免疫保护力的核心技术指标。

甘肃省敦煌种业集团股份有限公司

一、“十三五”科技创新主要成效

“十三五”期间，甘肃省敦煌种业集团股份有限公司不断强化科技创新，加大科技投入，加强知识产权保护，聚合多种创新要素，积极开展科技创新工作，在新品种研发、科研项目、成果转化等科技创新方面取得了一定成效。公司研发经费投入达到7789.94万元，并积极争取各级各类项目科研补助经费2050万元。

（一）科研项目

先后主持了国家物联网区域试点专项1项、甘肃省科技重大专项1项、国家地方联合工程实验室创新能力建设项目1项、甘肃省重点研发计划项目3项，并以参加单位参与了转基因国家科技重大专项2项、“七大农作物”育种专项国家重点研发计划3项和国家星火计划项目1项的实施工作。

（二）科研成果

加大种子产业的创新步伐，强化以杂交玉米为主的农作物种子新品种研发力度。公司25个敦玉系列杂交玉米新品种通过国家和省级审定。申请植物新品种保护75项，有6项获得授权；完成科技成果登记28项，主持制定甘肃省地方标准7项；发明专利3项、软件著作权11项。主持完成的项目获得全国农牧渔业丰收三等奖1项、甘肃省科技进步二等奖、三等奖和甘肃省专利二等奖各1项。公司自主进行生产加工销售的玉米品种年销量达到5.1×10^{7}kg，推广面积达到1.66×10^{6}hm^{2}，占全国市场份额的5%。完成9个已审定玉米新品种的市场转化工作，实现转化收入920万元。

（三）科研平台建设

甘肃省玉米育繁重点实验室（培育基地）顺利通过主管部门验收转为省级重点实验室，杂交玉米育繁国家地方联合工程实验室（国家发改委）、农业农村部机械化生产玉米品种创制重点实验室（农业农村部）、甘肃省种业物联网工程实验室（省发改委）、博士后科研工作站、甘肃海智基地酒泉敦煌种业工作站、甘肃省技术转移示范机构等一批机构获得批复并完成组建，公司独立研发机构敦煌种业研究院也入选甘肃省首批新型研发机构。

（四）新技术研究与示范

公司完成了基于物联网的杂交玉米种子可追溯系统、商业化育种管理平台和种质资源库管理软件的开发工作，引进分子标记、单倍体等生物育种技术加快品种选育进程，联合中国农业科学院、中国农业大学开展了转基因育种技术方面的合作。

二、“十三五”科技创新亮点特色

公司把新品种研发和体制机制创新摆在企业发展的核心位置，在品种研发、加工工艺、营销模式、人才队伍建设等方面进行探索创新，公司的核心竞争力进一步提升。

（一）突出科技项目带动

成立了专职研发机构“敦煌种业研究院”，并结合项目实施组建了杂交玉米育繁国家地方联合工程实验室、甘肃省玉米育繁重点实验室等创新平台。建立了生物育种实验室，配备了专业仪器设备和技术团队，先后引进分子标记、单倍体等生物育种技术，并与国内优势科研单位开展了转基因育种、不育系等技术的合作研究。申报和实施了一批国家级、省级、市级科研及产业化补助项目。

（二）推进生产营销创新

在生产环节开发采用了田间GIS系统，对生产全程采用电脑信息化管理，在收获加工环节，开发采用了种子收获、脱粒、精选、包衣、包装、仓储和质量控制等一系列信息系统，并建立了杂交玉米种子可追溯系统，实现杂交玉米种子质量的全程溯源。针对传统生产方式的弊端和就种子卖种子的传统模式，借鉴杜邦先锋的经验，率先推广玉米单粒种植法，开创了以质量为支撑，为农民提供超值服务的营销模式。

（三）加大合作交流力度

强化与科企合作单位及专家深度合作，依托科研单位的优势指导公司的育种工作，培养专业人才和技术队伍，建立研发团队和研发体系。不断拓展科企合作的领域和空间，将科企合作的领域从单纯的技术指导拓展到项目、研发、人才培养等企业生产销售的各个方面。

（四）建立健全企业研发体系

明确公司技术研发部门在创新链条中的职责定位，形成技术开发与应用研究和基础研究相配套的梯次研发结构，建立适合公司发展需要的研发体系。“十三五”期间，累计投入1亿多元进行科研开发及试验站点建设和设施设备配置，建立了覆盖国家玉米主产区的“一院六站”商业化育种体系和高规格优质种质资源室和标准化种质资源库。

（五）加强科研人才引进和培养

聘请和引进高端科技人才和重大科研项目领军人才，进一步充实科研力量，优化人员结构，提升科研层次。依托建立的院士工作站、博士后工作站等平台，加强科研合作和科研技术、团队和人才的协作交流，提升自主科研能力和水平。

三、“十三五”代表性重大科研成果

（一）机收玉米新品种选育及机械化生产技术研发应用

先后创制了一批早熟抗逆耐密及适宜机械化生产的玉米育种新材料和优良自交系，先后引进早熟、耐密、抗倒伏、宜机收的坚秆类材料和优异种质资源775份，筛选出适宜作为机收玉米选育父母本的优异种植材料56份，创制早熟抗逆耐密适宜机械化生产的稳定自交系31个、新组合19个，选育出敦玉27、敦玉328等适宜机收的杂交玉米新品种6个，新品种在丰产性、抗病性、抗倒性和脱水性等方面表现突出，综合性状优良。3年累计销售玉米种子2540t，新品种示范推广面积$1.28\times10^{5}hm^{2}$，累计新增经济效益达1.03亿元。该成果获2020年甘肃省科技进步二等奖。

（二）杂交玉米新品种敦玉735

联合华中农业大学和中国农业科学院作物所，通过系统鉴定与评价国内外优异种质，利用分子标记、单倍体等生物育种技术与多点异地鉴定有机结合，筛选优质、抗逆种质，设计与创制符合西南玉米区域生产目标的选系材料，选育出具有配合力高、适应性广、抗逆性强等特点的优良自交系和高产、广适、抗病、耐旱耐瘠、综合抗性好、籽粒品质好的新品种。敦玉735于2020年4月通过国家农作物品种审定委员会审定，具有高产稳产和适应性广的优异特性，平均单产比当前主推品种增产1500kg/hm²以上。

（三）基于物联网的杂交玉米种子可追溯系统

该系统采用二维码和RFID相结合的包装策略，实现了防伪、防串、产品信息追溯，提高了出入库效率，节约了成本。通过物联网技术对种子生产田间的地面及地下生态环境及多种气象要素进行自动采集和数据收集，减轻了监测人员的劳动强度，为数据分析和制种育种提供了有力的数据支持。开发了适用于脱粒生产的自动控制系统，对脱粒工段的全线设备实现逻辑联锁、协调控制。研发了种子溯源信息平台，打造了数据闭环，实现了种子生产、仓储、流通全过程的追溯功能，加强了种子的精准监管以及高效追踪溯源。该成果获2018年甘肃省科技进步三等奖，并入选中国“互联网+”行动百佳实践案例。

大禹节水集团股份有限公司

一、“十三五”科技创新主要成效

“十三五”时期，大禹节水集团股份有限公司主持实施国家科技支撑计划、国家重点研发计划等国家及地方重大科研项目10项，先后获得国家科技进步二等奖1项、大禹水利科学技术一等奖1项、全国工商联科技进步二等奖1项、甘肃省科技进步一等奖1项、三等奖1项，甘肃省技术发明三等奖1项、天津市科技进步三等奖1项。国家专利200多件，其中发明专利45件。

（一）精量低耗灌溉技术集成与示范

主持实施国家科技支撑计划“精量低耗灌溉技术集成与示范”项目，研制了低压滴灌关键核心产品4个，建立规模化生产技术4套，形成精量低耗灌溉技术模式8套，建成示范区615.6hm²，推广辐射2800hm²，申请受理专利17项（其中发明专利12项），登记软件著作权5项，发表研究论文55篇，形成精量低耗灌溉技术规范规程7项；研制的灌水器制造偏差为2.42%，灌水均匀度和抗堵塞性能较国外、国内其他厂家分别平均提高7.41%和16.67%；低压滴灌水肥一体化技术模式下玉米增产18.7%以上；山丘区猕猴桃及柑橘低压滴灌模式下，灌溉系统节能降耗15%，投资和运行费用综合降低18%，灌溉水利用率提高12%，肥料利用率提高13.8%，增产17.5%。

（二）西部牧区高效节水技术集成与应用

主持实施国家重点研发计划“西部牧区高效节水技术集成与应用”项目，研究专用型高效灌溉技术与装备，构建西部牧区草原高效用水灌溉制度和灌溉技术体系，形成了西部牧区高效节水灌溉技术应用推广模式，支撑西部牧区退化草原和生态恢复，保障中国西部牧区社会经济发展。研究了苜蓿等饲草作物种植行与地下滴灌管支毛管布置管网模式，优化了地下滴灌灌溉制度及设计参数，集成构建了牧区浅埋滴灌丰产节水技术体系，较旱作传统灌溉方式，饲草亩均节水80%，产量翻番（干草15t/hm^2），增收13 500元/hm^2，粗蛋白增加一倍以上。比较常规地表滴灌粗蛋白质品质显著提高：节水35%，节肥12%，粗蛋白质提高18.55%，纤维减少9.9%，商品率提高69%。累计实施牧草种植$2.0\times10^5 hm^2$，累计节约用水$3.15\times10^8 m^3$，农民增收27亿元。

二、“十三五”科技创新亮点特色

（一）地下滴灌系统

基于山丘区水源分散与电力供需矛盾、常规滴灌与机械作业矛盾、灌水和施肥非同步调控矛盾等国际技术难题，创建了山丘区清洁能源灌溉技术体系，创制了适合农业机械作业的地下滴灌系统，构建了喷、微灌水肥一体化精量调控技术模式。

（二）精量灌溉技术集成应用模式

针对农田水利设施“有人建无人管”的突出矛盾、“最后一公里”管理乏力等问题，从规模化、区域化和一体化三个维度率先提出模式集成与推广应用，提出了大系统高效节水灌溉技术应用模式、西部牧区高效节水灌溉技术与集成应用模式、“技术+产品+工程+服务”全产业链一体化服务模式，构建了适合中国区域特色的精量灌溉技术集成应用模式。

（三）农业精量灌溉装备智能制造新模式

在剖析中国农业灌溉装备制造效率低、成本高等问题的基础上，深入研究了灌溉装备智能制造设备、信息技术和标准体系，首创中国灌溉装备工厂智能制造改造先例、创制了精量灌溉装备智能制造先进信息技术网络体系、构建了农业精量灌溉装备智能制造新模式和标准体系，形成了全过程、全流程、全方位的科学、便捷、高效一站式服务体系，创建了农业精量灌溉装备智能制造新模式。

三、“十三五”代表性重大科研成果

（一）农业精量灌溉装备智能制造新模式建设

主持完成2017年智能制造综合标准化与新模式应用项目“农业精量灌溉装备智能制造新模式建设”，实现了关键装备数控率达到98.81%、核心产品产能速率提高33.17%、生产效率提高25.21%、土地利用率提高69.71%、产品研制周期缩短47.87%、产品不良品率降低36.78%、单位产值能耗降低26.72%、运营成本降低21.81%的“四提高四降低”任务目标，大幅提升了生产制造、管理决策及客户服务的能力及效率。该项目首创国内灌溉装备工厂智能制造改造先例，自主研发国内首台套原辅料混配输送系统、滴头自动分拣智能识别及选配装置、滴灌管带生产线集中管控系统、在线无损检测技术、成品数控化运载仓储技术等智能装备技术，创新研制了灌溉装备专用智能制造执行系统（MES）、全生命周期管理系统、个性化定制营销及远程运维服务系统等先进信息技术，构建起区域化、工程化、系列化的智慧农业灌溉装备技术模式，形成了全过程、全流程、全方位的科学、便捷、高效一站式服务体系，研究制定了农业精量灌溉装备智能制造系列化标准体系，实现了信息系统与产业链的全覆盖，建立面向生产全流程、管理全方位、产品全生命周期的智能制造新模式。

（二）精量低耗灌溉技术集成与示范

研制了低压滴灌灌水器、注入式比例调节施肥机、物联云智能灌溉控制系统等5件低压滴灌关键核心产品装备并形成规模化生产能力；集成了膜下低压滴灌技术、斜管沉沙过滤技术、水肥一体化技术，以及低压滴灌关键技术产品的集成应用，并通过玉米在低压滴灌技术模式下的高产规律、灌溉方式和灌水制度，初步构建起了低压滴灌技术模式；建成低压滴灌示范区293hm^2，推广辐射2800hm^2；以大型喷灌机为对象，研究了水量、水肥与作物生理生态、产量等因素的关系，构建起了规模化中低产田喷灌精量管理与水肥优化控制技术模式，建成示范区200hm^2；研究了山丘区小型水源蓄、引、提、灌之间的相互作用关系，开发了光伏提水太阳能泵站和风光互补控制系统，初步形成了适合山丘区特色林果的清洁能源节水灌溉模式，建成示范区20hm^2。

（三）西部牧区高效节水灌溉技术与集成应用

针对西部牧区草原退化、生态环境恶化现状，以干旱牧区草原生态保护和农牧民经济收入增加“双赢”为目标，以水草资源-生态-经济-社会复合大系统的耦合机理研究为基础，以水草资源合理开发高效利用为核心，研究适应西部牧区地形、地貌、水资源特点的高位水源建造技术、太阳能风能驱动技术等专用型高效灌溉技术与装备，构建西部典型牧区水-草-畜动态平衡机制及水资源优化配置理论，通过草原高效用水灌溉制度和灌溉技术体系建立，实现了西部牧区牧草水分生产力提高15%以上，灌溉效率提高10%，草地覆盖率提高15%。

甘肃公路交通建设集团有限公司

一、“十三五”科技创新主要成效

“十三五”期间，甘肃公路交通建设集团有限公司围绕“立足公路交通大市场，坚持新发展理念，以科技、人才、金融和体制创新为驱动”的指导思想，大力实施科技创新补短板行动，科技创新各项工作取得较好成效。

（一）科研平台

一是成立了隶属于集团董事会的公交建科创委员会，一主一辅两个科创中心，打造了以科创委员会为统领，科创主、辅中心为主要载体，“N”个研发平台、科创公司融合发展的“1+2+N”科创体系；二是获批建立公路建设与养护技术、材料及装备交通运输行业研发中心、西北寒旱区公路基础设施长期性能交通运输行业野外观测研究基地等2个部级科研平台；甘肃省道面工程技术研究中心等12个省级创新、研究中心；甘肃省公路路网监测重点实验室等4个省级重点实验室；1个博士后科研工作站；甘肃省公路试验检测创新服务平台、甘肃省博士后创新实践基地等2个省级创新实践基地及创新服务平台；三是与中国科学院兰州化学物理研究所共同组建成立了“中科甘肃公交建科技创新中心”，与兰州大学、华为公司联合成立甘肃省智慧交通实验室。产学研协同创新呈现多元化。

（二）科研成果

先后完成国家科技部、交通部等科研项目62项，其中完成省级及以上重大科技计划项目5项；取得国家级工法5项、省（部）级工法99项；累计获得各类授权专利286项；主编参编行业或地方标准27项；软件著作权30余项；获得省部级优秀勘察、设计、咨询奖80余项，获得中国公路学会及甘肃省科技进步奖9项，其中甘肃省科技重大专项课题“甘肃省湿陷性黄土地区公路修筑成套技术研究”，荣获中国公路学会科学技术一等奖，破解了湿陷性黄土对甘肃省交通发展的瓶颈制约。

（三）科研成果转化和产业培育

十三五期间，公司在新材料技术研发推广方面多点发力，全力推进科技成果转化和产业化进程，路面工程振动拌和+大厚度摊铺施工技术、复合改性沥青等一批关键技术得以广泛应用。一是改性沥青类科研成果已形成较完整的产业链。研发的高粘改性沥青、高粘改性乳化沥青在亚洲第二长大隧道麦积山隧道道面防滑改造工程、兰州机场高速路面技术改造工程中得到应用；二是“橡胶沥青在甘肃的适用性研究及产业化应用”项目成果在临合高速公路、兰州新区市政道路铺筑橡胶沥青近200km，累计实现产值5000万元；三是研发的沥青红外指纹识别系统已累计出售120台，累计销售收入4000多万元，远销青海、新疆等11个省份；四是自主研发的新型融雪剂、耐紫外沥青路面裂缝灌缝胶产品已覆盖甘肃省7个市（州），使用效果良好，环保性能显著，客户满意度较高；五是桥梁预应力孔道压浆料和SC快修材料累计销售达17 000t，实现产值3000余万元；六是研发形成了具有自主知识产权的新型钢底板波形钢腹板组合梁成套技术，广泛应用于中川机场T2航站楼连接线等工程，总用钢量突破1×10^5t，形成了甘肃省钢结构桥梁的制造生产与安装产业链。

（四）科技投入

甘肃公交建集团坚持创新核心地位，将科技兴企作为高质量发展的战略支撑。近五年，公司逐年加大科技投入经费，投入研发经费3.8亿元。2020年，公司成立了5.02亿元的科创混改基金，科技投入占主营业务比重突破1.0%。

（五）科技人才

甘肃公交建集团坚持人才引进与培育两手抓，不拘一格遴选人才，不断优化人才发展环境，出台科技人才激励政策，激发人才创新活力，极力打造高质量人才梯队。目前，共引进科研团队12个，引进培养博士18人、拥有副高级以上职称1415人，其中正高级职称172人，各类职业资格人员2303人，有享受国务院政府津贴、交通运输部青年科技英才、甘肃省领军人才、甘肃省优秀专家、“西部之光”访问学者等高层次人才20多人。

二、“十三五”科技创新亮点特色

（一）打造“1+2+N”科技创新体系

依托设计、建造等业务板块，以科学研究、技术创新和成果转化为一体，形成了以集团公司科技创新委员会为领导，以集团公司科创主、辅中心为支撑，以交通运输行业研发中心、交通运输部野外科学观测研究基地等交通运输行业科研平台和各类省级工程技术研究中心、重点实验室、博士工作站、博士后流动站等“N”平台为载体的具有公交建特色的“1+2+N”科技创新体系。

（二）优化科技创新制度机制

围绕国家和地方科技创新政策措施，优化科技创新组织模式和管理方式，制定出台了《科技创新奖励办法（试行）》《科创主、辅中心科研人员管理办法》《科技创新体系建设实施方案》等制度措施。明确科技创新管理权责，强化资金保障，建立全职科研人员浮动薪酬机制、科技创新评价体系，推行成果转化的分成奖励机制，按照“成熟一个、入驻一个”的原则组建科技创新团队，团队负责人实行公开选拔、揭榜挂帅，推出科技创新团队负责人和技术经理人负责机制，将科技投入、科技创新成果等主要指标纳入企业年终量化考核范畴，形成了组织管理、项目管理、科研投入、人员管理、评价奖惩、薪酬分配、成果转化等科技创新管理体系。

三、“十三五”代表性重大科研成果

（一）甘肃省湿陷性黄土地区公路修筑成套技术研究

针对甘肃省湿陷性黄土分布面积广、厚度大、湿陷性强烈、工程病害突出等问题，由甘肃省公路交通建设集团牵头，联合甘肃省交通规划勘察设计院、甘肃路桥建设集团、长安大学、清华大学等13家单位200余名科研人员，开展了甘肃省重大科技专项课题“甘肃省湿陷性黄土地区公路修筑成套技术研究”的技术攻关。项目通过湿陷性黄土地区公路工程地质研究、湿陷性黄土地区公路病害机理及处治技术研究等8个子课题的系统研究，形成了甘肃省湿陷性黄土地区公路修筑成套技术，有效弥补了国内湿陷性黄土地区公路病害防治及养护方面的空白。该项目获得中国公路学会2020年度科学技术进步一等奖，发表学术论文39篇，发布地方标准10部，授权专利、工法等40余项。

（二）UHPC超高性能混凝土材料开发和应用成套技术

针对甘肃省目前已通车桥梁上部结构易发生横隔梁开裂、桥面板失效、受拉钢筋断裂等典型病害问题，组织开展了甘肃省重点研发计划项目“UHPC华夫桥面板组合结构及其应用研究”的技术攻关。该项目基于最大堆积密度理论，研究UHPC材料性能特征，解决了UHPC材料工作性能和力学性能统一的问题，研发了具有超高强度、韧性和耐久性的UHPC超高性能混凝土；通过考察外加剂相容性、不同紧密堆积模型合理性，提出钢-UHPC华夫板桥面结构，为其在桥梁上部结构更换推广应用奠定理论基础并提供技术支持；通过对不同结构形式的华夫板进行有限元模拟，提出了钢-UHPC组合梁桥梁上部结构快速更换施工关键技术。该项目发表国内外论文6篇，发表专利8项，编制地方标准2项，还推动实现了UHPC材料的产业化，实现了年产1×10^4tUHPC干混料和2.0×10^5km^{2}UHPC隧道电缆槽盖板生产线，已实现年销售收入1000万元以上。

（三）改性沥青研制、生产及应用技术

针对大温差、强辐射、日照时间长等复杂气候环境下，基质沥青适应性不高、路面使用寿命低、SBS改性剂与基质沥青的配伍性不佳等问题，课题以SBS改性沥青为重点，从原材料，改性工艺、检测方法、微观机理分析、生产加工及应用的角度深入地研究SBS改性沥青生产及其应用技术。提出星型与线性SBS改性剂复配改性沥青的生产工艺参数，开发了能够适用于不同查性剂和基质沥青的SBS改性沥青稳定剂，提出了高粘高弹型SBS改性沥青研发思路。依托该项目的研究成果，公司在兰州市西固区河口镇建立起库存容量1.5×10^4t，年生产能力8×10^4t的SBS改性沥青生产基地，在甘肃天水市麦积区建立了生产能力400t/d、储量2000t的SBS改性沥青生产线一条，在嘉峪关市和天水市分别建立起库存量7000t的大型SBS改性沥青生产加工基地。截至2020年9月底，辅中心累计生产销售SBS改性沥青1.8×10^5t，实现产值10亿元，产品品质获得用户的普遍认可。

研究篇

高起点谋划　高标准定位 全力绘制甘肃未来五年科技创新发展蓝图

张世荣

甘肃省科学技术厅党组书记、厅长

创新是引领发展的第一动力。回望“十三五”，甘肃科技事业取得长足进步，高质量发展迈出重要步伐，创新成为推动甘肃发展不断提速的重要动能。启程“十四五”，在甘肃新旧动能转换关键时期、城镇化快速发展时期、创新驱动发展窗口阶段、创新资源供给侧结构性改革实质推进阶段，如何用好创新这“关键一招”至关重要。未来五年，甘肃将紧扣创新引领、问题导向、统筹推进的思路，围绕建设创新型省份、打造西部地区创新驱动发展新高地，笃行实干谋发展，凝心聚力绘蓝图，支撑引领甘肃高质量发展，努力谱写加快建设幸福美好新甘肃、不断开创富民兴陇新局面的时代篇章。

一、甘肃科技创新面临的形势

“十四五”时期，甘肃要准确把握科技创新与发展大势，抢抓机遇，迎难而上，努力在危机中育新机、于变局中开新局。

（一）世界科技发展呈现新趋势新特点

当前，国际科技力量对比深刻调整，全球进入空前创新密集和产业变革时代。世界范围内科技进步的速度前所未有，创新日新月异，科研成果转化为现实生产力的周期越来越短，技术和产品更新换代速度不断加快，科技创新已经成为国际战略博弈的角力场，世界主要国家都在强化对重大科技前沿领域的投入和部署，围绕科技制高点的竞争空前激烈。人工智能、新一代移动通信技术、大数据、云计算、物联网、区块链、量子通信等新兴技术加速迭代，与生物、能源、制造、材料等前沿技术交叉融合，正在发生多技术群多点突破、相互支撑、齐头并进的链式变革，重大科技成果特别是颠覆性技术加速涌现。科技创新活动日益表现出大众化、集群化、社会化、网络化特征，众筹、众智、众包等新型创新平台和模式不断涌现，打破组织、学科边界，以问题导向和解决方案为导向的科研组织模式日益受到重视，企业、高校和科研院所之间基于明确职责定位基础上的开放型、多元化“协而不同”的创新合作趋势日益显著。

（二）中国科技创新进入高质量发展新时代

党的十八大以来，以习近平同志为核心的党中央高度重视科技创新工作，带领全国上下深入实施科教兴国战略、人才强国战略、创新驱动发展战略，推动中国“十三五”时期加快形成以创新为主要引领和支撑的发展模式。目前，中国已成为具有重要影响力的科技大国，总体科技实力居世界前列，创新指数位居世界第12位，发明专利授权量居世界首位，国际科学论文引用数居世界第2位，全社会研发经费支出占国内生产总值的比重达到2.4%，科技进步贡献率预计超过60%。关系国家安全和国计民生的战略前沿技术取得重大突破，科技创新进入跟跑、并跑、领跑“三跑”并存的新阶段，科技创新对经济社会发展的支撑和引领作用日益增强。面对全球科技竞争形势和国内高质量发展新需求，党的十九届五中全会把科技自立自强作为国家发展的战略支撑，并把科技创新放在规划任务的首位进行专章部署，这在我们党研究制定国民经济和社会发展五年规划的历史上还是第一次。“十四五”时期是中国开启全面建设社会主义现代化国家新征程的第一个五年，在这一关键时期，经济社会发展和民生改善比过去任何时候都更加需要创新动力的支撑。要更加重视建立自主可控的技术体系，更加重视培养吸引高端人才，更加重视参与全球科技创新治理，加快实现高水平科技自立自强。

二、甘肃科技创新面临的机遇

越是欠发达的地区，越需要实施创新驱动发展战略。越是欠发达地区，越存在“后发追赶”问题。要快速赶上发达地区，必须“换道超车”，实现跨越式发展。

（一）甘肃科技创新基础

甘肃是中国西部地区重要的工业基地，也是全国重要的科研基地，在重大基础设施、前沿基础研究、特色产业体系、科教资源等方面优势明显，在国家科技创新体系中具有重要地位。

1.初步形成了区域重大科技基础设施集群

“一五”期间建造了中国最早和当时最大的扇聚焦回旋加速器，“七五”期间建造了重离子回旋加速器，“九五”期间建造了重离子冷却存储环加速器装置群。目前，已拥有重离子加速器、武威钍基熔盐堆核能系统、敦煌高精度地基授时系统、国家子午工程二期兰州站、海西大视场巡天望远镜等国家重大科技基础设施集群，国产首台具有自主知识产权的医用重离子加速器已投入运营，形成了以核科学和生态学为主导的国家级重大科技基础设施集群布局。兰州中子工程应用综合研究设施、特殊环境生态系统模拟设施等正在加快筹建。

2.培育了有比较优势的特色产业体系

“一五”时期国家156项重点建设项目有16项布局在甘肃，“三线”建设时期布局了一批航天、航空、电子等工业企业，构建了具有区域特色的石油化工、有色冶金、装备制造、生物医药、航空航天、制种等优势产业体系。冰川冻土、草地农业、大气科学、生态修复、文物保护、固体润滑等领域全国领跑，已建成中国规模最大、体系最完整的核工业生产科研基地，形成较为完善的核产业链条，具备建设世界级内陆核电基地的资源条件。

3.集聚了丰富的科教资源与创新载体

甘肃拥有中国科学院兰州分院一院三所、兰州大学等一批重点科研院所和高校群。全国约60%的核物理学人才由兰州大学和中科院近代物理研究所培养。新中国成立以来，涌现出一批杰出领军人物及科学团队，在核物理、冰川冻土、防沙治沙等领域形成一批国内不可替代、国际影响较大的优势学科群，为中国“两弹一星”“青藏铁路”“沙漠治理”事业发展做出了积极贡献。建成兰州新区、兰白科技创新改革试验区和兰州白银国家自主创新示范区等国家级高端创新载体，以及兰州榆中生态创新城等西部创新新平台、甘肃新兴增长极。

（二）甘肃科技创新特征和不足

近年来，在省委省政府的坚强领导下，在科技部等国家部委的指导支持下，甘肃深入实施创新驱动发展战略，深化科技体制机制改革，优化科技资源配置，增强科技创新有效供给，科技创新治理体系持续完善，科技创新在高质量发展中的支撑引领作用进一步凸显。

总体来看，甘肃科技创新呈现出三个特点：一是创新活动“低投入、高产出”特色凸显，甘肃科技活动投入指数为44.89%，科技活动产出指数为52.12%，产出投入系数1.16，高于全国1.07的平均水平，居全国第11位；二是区域间差异明显，兰州稳居高位持续领跑，金昌、张掖、嘉峪关均排在前列，科技创新呈现“中强西高东低南弱”的态势；三是高新技术企业增长迅速，高新技术企业数从2015年的320家增加到2020年的1229家，年均增速30.88%，高新技术产业化收益指数为88.42%，居全国第6位，高技术产业利润率居全国第2位。

同时，甘肃科技创新也面临新的挑战：科技创新投入不足，企业研发经费投入低，科技与金融结合不紧密，科技创新缺乏稳定的资金支持；高质量科技供给不足，科技成果转移转化效率不高，支撑高质量发展的动能不够强劲；创新主体培育不足，战略性新兴产业和高新技术产业规模偏小；科技人才总量不足，部分领域科技领军人才、高端人才短缺；创新治理能力不足，市场配置创新资源的决定性作用尚未充分发挥，跨部门、跨学科、跨行业的科技创新统筹协调机制还不够顺畅。

（三）“十四五”甘肃科技大有可为

“十三五”以来，甘肃作为“实施创新驱动发展战略、推进自主创新和发展高新技术产业成效明显”和“改善地方科研基础条件、优化科技创新环境、促进科技成果转移转化以及落实国家科技改革与发展重大政策成效较好”的地方，2次得到国务院通报表扬。甘肃科技活动在投入不高的情况下取得了较好的产出，科技创新水平走在了经济社会发展的前端，在科技创新领域创造出了“欠发达地区”的“发达现象”。

“十四五”时期，甘肃肩负着既“赶”又“转”的双重任务、双重压力。随着“一带一路”、新时代推进西部大开发形成新格局、黄河流域生态保护和高质量发展等重大国家战略的深入实施，甘肃科技创新迎来了重大发展机遇，科技创新大有可为，科技工作者大有作为。甘肃要科学把握新发展阶段，深入贯彻新发展理念，加快构建新发展格局，抢抓新一轮科技革命和产业变革带来的机遇，加强重点领域的关键核心技术攻关，带动战略性新兴产业发展。

三、总体谋划坚持创新驱动和目标引领

把握新形势、坚持新思路、擘画新目标，基于甘肃创新条件和基础，《甘肃省“十四五”科技创新规划》（以下简称规划）坚持创新引领和高起点谋划，突出战略性、时代性、目标性。

一是突出战略导向。突出立足新发展阶段、贯彻新发展理念、构建新发展格局，强化顶层设计，以规划集成布局重大工程项目、重大创新政策、重大改革举措，着力解决事关改革与创新的一些根本性问题，拓展势能、增添动能、发挥潜能，全面提升科技创新能力，为推动经济社会高质量发展提供动力支撑，在新时代推进西部大开发形成新格局的进程中展现新作为。

二是体现时代特征。深刻把握“两个大局”，心怀国之大者，把甘肃的发展置于开启全面建设社会主义现代化国家新征程中考量，以“三新一高”战略为指引，紧紧围绕高质量发展的紧迫需求，抢抓“一带一路”、黄河流域生态保护和高质量发展、新时代推进西部大开发形成新格局等重大战略，从融入国家发展战略中找准甘肃的发展定位，增强规划的时代性。

三是强化目标引领。统筹2025年发展目标与2035年战略目标，以强龙头、补链条、聚集群为目标，紧扣深化供给侧结构性改革主线，强化优势领域“必保”、关键方向“必争”、前沿布局“必跟”，构建结构合理、先进管用、开放兼容、自主可控、具有较强竞争力的现代产业技术体系，为打好产业基础高级化、产业链现代化攻坚战提供有力支撑。

四是优化系统设计。牢固树立系统思维，坚持立足当前与着眼长远相结合，不仅考虑制约局部发展的特殊问题，还兼顾考虑影响全局的共性问题，做到系统谋划、有力支撑。在重大任务设计上，深入研判省情特征的阶段性变化，把握科技发展前沿和甘肃省科技发展未来，优化科技体制机制改革、十大生态产业发展、区域协同创新等方面的系统设计。

四、任务部署坚持改革创新和落地实施

以规划确定的目标为指引，推动重点创新平台建设、实施重大科技项目攻关、推动重要改革机制落实，突出任务部署的整体性、新颖性和可操作性。

（一）聚焦特色区位优势，打造区域创新发展高地

着眼甘肃“三个不平衡”阶段性特征，立足区位优势、科技资源、产业基础和发展潜力，因地制宜探索差异化区域创新发展路径。支持黄河流域（甘肃段）生态保护和高质量发展，加强甘南黄河上游水源涵养、祁连山生态安全屏障、陇中陇东黄土高原水土保持等科技支撑。面向“一带一路”经济走廊建设科技合作平台。促进创新资源共建共享，支撑兰州-西宁城市群发展。建立跨区域跨领域产业集群协同联动发展机制，推动现代产业创新集群联动发展。加快人才、资本、技术等创新要素聚集，持续放大兰州白银国家自主创新示范区、兰白科技创新改革试验区示范优势，带动区域创新水平整体提升。

（二）聚焦国家战略需求，培育壮大战略科技力量

支持中科院兰州分院、兰州大学、中央在甘企事业单位和省内科研机构持续提升基础研究水平和原始创新能力，在核科学、文物保护等优势领域，积极争取建设国家级科技创新平台，培育壮大区域战略科技力量。坚持战略性需求导向，优化重构各类科研平台基地，确定科技创新主攻方向和重点内容。引导和支持高校优化学科结构，突出学科建设重点，夯实学科发展基础，加快建设一批高水平研究型大学和一流学科。支持大型企业牵头组建创新联合体，打造共性技术平台，推动产业链上中下游、大中小企业融通创新，在协同互促中释放乘数效应。

（三）聚焦面向科学前沿，加强基础科学研究部署

面向科学前沿和重大战略需求，制定甘肃省基础研究十年行动方案，加强基础研究超前部署和机制创新，促进基础研究与应用研究紧密结合。重点围绕核科学、数学理论、材料科学、生命科学、地球科学、能源科学、宇航科学等具有比较优势的领域，强化基础研究系统布局。跟踪国际科技前沿，前瞻布局新兴产业科学问题研究与技术研发，推进应用学科发展，加强新兴学科建设。鼓励企业开展应用基础研究，推动基础研究和应用研究工程化、产业化。推动新能源技术、生物技术、新材料技术发展，带动以绿色、智能、泛在为特征的群体性重大技术变革。

（四）聚焦创新链产业链，建设区域科技创新体系

围绕产业链部署创新链，引导创新资源向增值空间和市场潜力大的产品聚集，开发技术含量高、附加值高的新产品。实施“科技创新型企业和高新技术企业倍增计划”，扶持壮大一批科技“小巨人”企业，加速形成企业创新群体优势。推广“企业出课题、高校院所搞攻关”的模式，引导高校院所融入地方经济发展开展科研联合攻关，开辟科技成果转化的快车道。培育专业化、特色化科技服务机构。推进省级高新技术产业开发区多点布局、以升促建，辐射带动区域协同发展。围绕国家所需、甘肃所能、未来所向，积极寻求同兄弟省市、科技型中央企业、国家科研院所等合作，协同推进科技创新，推动厅际、厅市会商，与产业部门、地方联动配置科技资源。

（五）聚焦核心技术攻关，支持引领产业转型升级

以“强龙头、补链条、聚集群”为目标，着眼当前最紧急、最紧迫问题，梳理“卡脖子”技术清单，实施关键核心技术攻坚战。围绕推动传统产业高端化、智能化、绿色化改造、生态产业技术改造、新兴产业发展等重点任务，在石油化工、有色冶金、装备制造、能源电力、中医中药、现代农业等领域，实施一批重大科技成果产业化项目和重大研发项目，补齐技术短板，提高产品质量，优化产业链条。通过企业创新联合体、揭榜挂帅、定向委托、帅才领衔等方式，为打造“千亿级”产业集群、百亿园区提供科研支持。积极谋划与碳达峰碳中和相关的科技创新工作，实施风光核清洁能源技术攻坚行动，围绕循环经济发展布局一批科技项目。聚焦5G、云计算、区块链、工业互联网等数字产业新业态，前瞻部署一批战略性、储备性技术研发项目，推动数字经济、平台经济和实体经济融通发展。

（六）聚焦助力民生改善，提升科技惠民能力水平

在国家有需求、甘肃有基础的领域重点发力，围绕公共安全、生命健康、绿色低碳等领域关键技术问题，开展战略性、前瞻性重大科学问题研究，着力突破水、土壤、大气污染防治等核心技术。实施乡村振兴科技支撑行动，持续推进东西部科技协作，重点在高效养殖、粮食丰收、节水灌溉、农产品加工、农机装备、林果改良、中药材种植等领域提供科技服务。推进新冠肺炎疫情防控科研攻关，推动形成临床医学研究协同创新网络体系，支持重离子治癌装置产业化，为保护人民群众生命健康提供更优的科技支持。加强碳达峰碳中和科技支撑，打造从理论研究到应用研究、从技术研发到产业化发展的绿色低碳技术创新体系。

（七）聚焦人才队伍建设，厚植人才第一资源优势

加强科教融合、产教融合培养人才，突出领军人才、青年人才、紧缺人才、高技能人才和创新团队培育，根据需要和实际向用人主体充分授权，发挥好用人主体在人才培养、引进、使用中的积极作用。优化卓越人才发现机制和项目团队遴选机制，发挥国家战略科技力量、省级创新平台人才吸附功能，加速打造一批科技领军人才和创新团队。加快建立以创新价值、能力、贡献为导向的人才评价体系，让原创水平高、应用价值大的成果获得应有激励，让真正有作为、有贡献的科研人员“名利双收”，让事业激励人才，让人才成就事业。积极推进与中国科学院、中国工程院战略合作，柔性引进和使用高端人才，借助国家“高端智库”助力甘肃创新驱动发展。

（八）聚焦重点领域突破，谋划组织重大科技项目

坚持有所为有所不为，着眼甘肃经济社会高质量发展，在冶金及新材料、新能源、生物医药、装备制造、现代农业、生态环保、现代服务业、数字智能等领域部署和谋划一批重大科技成果转化专项和重点技术研发专项，力争率先突破。按照“成熟一项、启动一项”的原则，通过定向委托、

揭榜挂帅等方式分批次有序启动实施，项目实行绩效评价，对贡献突出的项目，可连续滚动支持，纳入科研诚信体系管理。

（九）聚焦科技体制改革，优化创新创业生态环境

深化“放管服”改革，遵循科技管理部门“抓战略、抓改革、抓规划、抓服务”的总要求，加速推进科技管理流程化、表单化、信息化。建立“发展目标牵引、重大任务带动、创新能力支撑”的科技组织模式，集中财力向重要领域和重点项目倾斜，解决项目小、经费散、效益低的问题。建立稳定增长的财政科技投入机制，发挥各级政府财政专项资金杠杆作用，引导企业加大研发投入，激发各类创新主体投入潜能。完善科技成果评价机制，推进军民技术联合攻关。加强知识产权创造、运用、管理、保护和服务。加强科普能力建设，完善科普基础设施。

（十）聚焦政策扎实落地，协调推进规划组织实施

坚持把党的领导贯穿于规划实施的全过程。各级党委和政府要落实科技创新工作责任制，层层压实责任，凝聚各方智慧，形成推动规划实施的强大合力。加快推进科技体制改革，加强省、市、县联动，建立各部门、各地方共同推动规划实施的机制。完善规划实施督查和考核机制，将目标任务纳入地方各级政府及其有关部门绩效评价与考核，适时开展规划中期评估和阶段总结评估。培育创新创业文化，建立鼓励创新、宽容失败的容错纠错和尽职免责机制，营造敢为人先、敢冒风险的创新环境，激发全社会创新创业活力。

重墨绘蓝图，蓄势谱新篇。规划擘画了未来5年甘肃科技创新工作的“施工表”与“路线图”，对甘肃开启社会主义现代化新征程，加快实施创新驱动发展战略，促进经济社会高质量发展，具有重要的现实意义和深远的战略意义。下一步，省科技厅将以落实规划提出的各项任务为抓手，加强省、市、县联动，强化部门间分工与协作，做好配套衔接，全面提升甘肃自主创新能力和科技竞争实力，为加快建设幸福美好新甘肃、不断开创富民兴陇新局面提供科技支撑。

甘肃省有色金属冶金产业现状及高质量发展建议

高焕芝[1]　武　彪[2]　李　芳[3]

（1.中国有色金属学会　副秘书长、教授级高级工程师
2.有研科技集团有限公司　副主任、研究员、正高级工程师
3.中国有色金属学会　副主任、高级工程师）

有色金属是国民经济和社会发展的重要物质基础，是提升国家综合实力和保障国家安全的关键性战略资源。随着中国冶金技术的不断进步，以及国家对环境保护的重视，有色金属冶金行业正朝着低碳环保、高质量发展的方向前进。甘肃省作为中国有色金属之乡，是中国有色金属矿产资源种类齐全、资源较丰富的省份之一，而且地处新丝绸之路的优势，是中国向西开放的重要门户。本文围绕中国的创新驱动发展战略及"十四五"期间提出的节能减排、资源循环利用、污染综合治理等发展理念，总结分析了中国有色金属冶金产业的发展现状和技术特点，重点分析了甘肃地区的矿产资源特点以及行业进展，提出若干关于甘肃省有色金属冶金产业高质量发展的对策及建议。

一、有色金属冶金行业发展现状

（一）中国资源储量概况

从资源保有量看，中国有色金属矿产资源储量丰富，但禀赋差异较大。纵观世界，中国的铜、铝、镍等资源储量分别占全球资源储量的3.1%、3.3%和3.1%，铅和锌储量位居全球第二，分别占

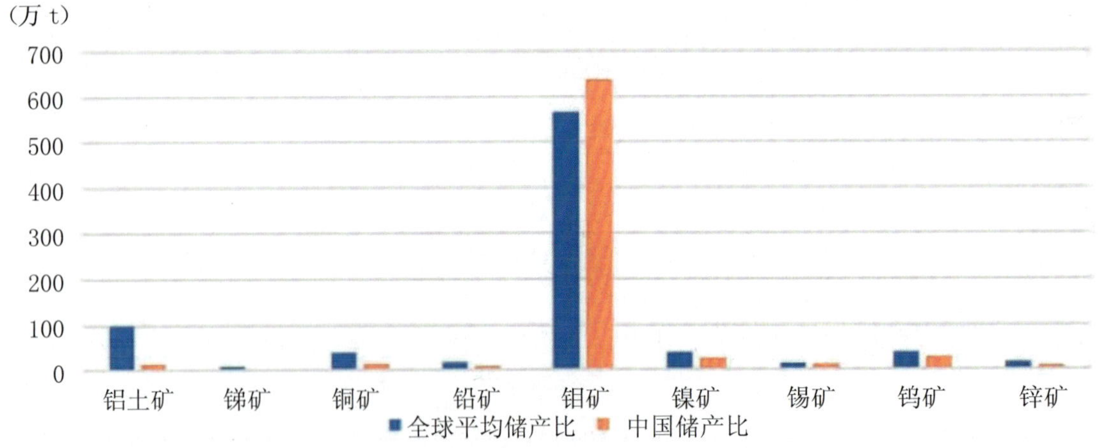

图1　2019年中国和全球有色金属矿产资源储产对比

21%和19%，钨、钼、锡、锑等更是位居世界第一（如图1）。甘肃省是中国的资源大省，截至2017年统计数据显示，甘肃已发现矿种173种，发现矿产地3500余处，有E级以上储量矿产地1500余处，有大中型矿床180余处，保有储量居全国前10位的矿种数有51种，保有储量居全国前5位的矿种数有32种，保有储量居全国第一位的矿种数有11种（镍、钴、铂、钯、铱、铑、锇、钌、硒、铸型黏土、蛇纹石）。有色金属矿产是甘肃省优势矿产，其种类较多，探明和保有储量、产量等在全国都占有极为重要地位。

（二）甘肃省资源储量概况

甘肃省地层发育齐全，地质构造复杂，岩浆活动强烈，具备良好的成矿地质环境和条件，是全国矿产资源较为丰富的省份之一。根据2020年甘肃省自然资源公报显示，截至2019年底，甘肃省已查明资源储量77种，占甘肃省已发现矿种的65%，未查明资源储量42种。在已查明矿产资源中，能源矿产7种、金属矿产31种、非金属矿产39种、水气矿产2种。列入《甘肃省矿产资源储量表》的固体矿产99种、矿产地1477 处，其中固体燃料矿产地218处，黑色金属矿产地177处，有色金属矿产地312处，贵重金属矿产地433处，稀有稀土分散元素矿产地34处，化工原料非金属矿产地102处，冶金辅助原料非金属矿产地51处，建材及其他非金属矿产地150处。

从有色金属矿产种类资源来看，甘肃地区的矿种多、储量大，并且有大型和超大型矿床。代表性的矿产资源主要有：

1.铅锌矿

主要分布在陇南西成铅锌矿田和白银铜多金属矿田。全省有大型矿床7处、中型6处，保有储量居全国位数：铅矿第六位，锌矿第三位。大中型矿床中有7个已开发。在西成铅锌矿田和白银小铁山铅锌矿区其远景储量尚可增加已探明储量的60%~100%，祁连山和北山等地区的铅锌矿仍有相当的资源潜力。

2.铜矿

已有大型矿床2处、中型矿床5处，保有储量居全国第四位。预测储量可使目前的探明储量翻一番，预测远景区除已知铜矿深部及近外围外，还有肃南地区、文县—康县地区及北山地区。

3.镍钴矿

拥有储量占世界第三位的金川超大型铜镍矿床，伴生钴、铂族、硒、碲等十几种有益矿产，金川是全国最主要的镍钴原料供应基地。在敦煌—金川一带及北山地区有众多的超基性岩体，目前已发现一些重要找矿线索，显示该区有找铜镍矿及其伴生矿产的潜力。

4.钨矿

保有储量居全国第七，主要分布在肃北县塔儿沟、红尖兵山（以黑钨矿为主）和肃南县小柳沟（以白钨矿为主）。其中塔儿沟钨矿储量为中国西北，乃至北方最大的钨矿。祁连山和北山地区还有找矿潜力。

5.锑矿

保有储量居全国第五位。主要分布于陇南地区西和县崖湾大型锑矿床，小规模开采。已知产地28处，列入储量表的产地有5处，在西秦岭和祁连山地区锑矿资源还很有潜力。

6.铂族金属

甘肃是全国最重要的铂族金属元素矿产基地和提炼中心，已知的产地有7处，探明储量的只有金川一处。主要集中分布在金川矿区、祁连山西段，零星分布在洪水坝河上游地区。其中金矿较多，现有大型金矿5处、中型金矿12处。主要分布于西秦岭、北山、祁连山地区。保有储量位居全国前列。金矿勘查和开发近十几年发展较快，目前全省黄金年产量已占全国第六位。金矿资源潜力仍然十分可观。

（三）甘肃省有色金属矿产资源特点

甘肃是全国的“有色金属之乡”，属于资源大省，地处全球三大构造板块（古亚洲、滨太平洋和特提斯）的交替、衔接部位，具有良好的成矿地质构造背景。总体来看，甘肃有色金属矿产资源具有以下特点：

1.资源总量丰富，矿种多，资源种类齐全，潜在价值高

从人均占有量来看，镍、铬、铜、铅、锌、锑和铂族金属等金属矿产人均占有量比全国人均占有量高3~31倍。随着经济发展，矿业已占全省工业总值的16.17%，矿产品已占全省出口贸易总额的45.1%，矿产潜在经济价值高达8000亿元，为经济持续发展提供了坚实的基础。

2.已知矿产的分布格局呈现出不均衡性和区域集中的特点

有色金属资源主要分布在河西、中部以及陇南地区。河西地区优势矿产资源主要是铜、镍、钴以及铂族金属、金、银等，该区成矿地质条件好，是甘肃矿产资源勘查、开发利用潜力最大的地区。中部地区指古浪-乌鞘岭一线以东，临夏县-天水市一线以北，庄浪县以西的地区。主要矿产资源是煤、铜及多金属等。南部地区以甘南州、陇南市为主，优势矿产资源主要是铅、锌、金、银、铜、锑、锰等。该地区地处秦岭腹地，成矿条件优越，开发利用潜力最大。

3.探明的矿种较齐全、品类丰富，但共（伴）生矿产或组分复杂的综合矿床多，加大了开采和选冶的难度

几乎所有大、中型金属矿床均为共伴生有多种有益组分。如金川铜镍矿床中伴生铂、钯、钴、金、铬等有价金属，其中铂族金属和钴的保有储量占全国总量的57.64%和29.56%，有些矿床伴生组分价值已接近甚至超过主矿价值。

（四）甘肃省有色金属矿产资源开发情况

1.有色金属勘查情况

“十三五”期间，甘肃北山地区铅锌矿、镍矿等有色金属找矿取得了显著成果。铅锌矿体产于二叠纪方山口组（P3f）安山质角砾凝灰熔岩和安山岩中，呈似层状、透镜状产出，初步估算铅锌多金属资源量达1.5×10^5t。在敦煌-瓜州县柳园一带新发现铜镍矿点，瓜州县铭扬铜镍矿赋矿岩性主要为辉石橄榄岩，矿石矿物主要为黄铜矿和镍黄铁矿，且发现具有海绵陨铁结构的矿石。金矿勘查方面，主要部署在西秦岭，其次为阿尔金、北山地区。通过对老矿山的持续勘查以及新矿山的不断延伸，格尔柯金矿、早子沟金矿、大桥金矿、加甘滩金矿等大型金矿累计探获资源量超过530t。上述有色金属勘查结果为甘肃省有色金属产业发展提供了强有力的支撑。

2.有色金属生产量、消费量及特点

新型冠状病毒感染的肺炎疫情暴发对全国经济发展造成了巨大的冲击，国内有色金属行业及其他产业受到新冠疫情影响积极应对，各大集团企业基本维持全面生产，暂未出现停产、减产情况。2020年，全国有色金属年产量甚至突破6×10^7t，产量已超过其他国家的产量总和，这对于行业发展意义重大。

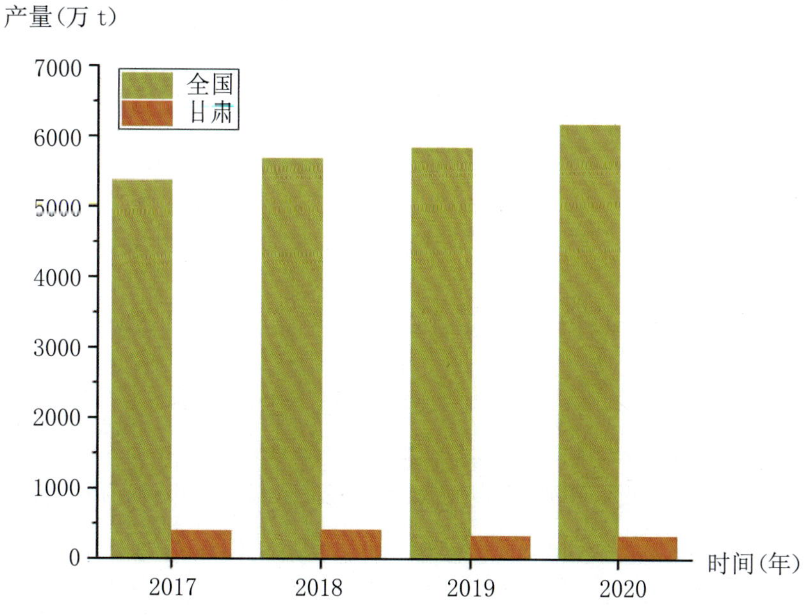

图2　近四年十种有色金属国内总产量和甘肃总产量情况

由图2可以看出，截至2020年，全球有色金属年总产量在1.2×10^8t左右，中国达到6.168×10^7t，同比增长5.5%。其中精炼铜产量1.0025×10^7t，同比增长7.4%；原铝产量3.708×10^7t，同比增长5.6%；六种精矿金属量6.032×10^6t，同比增长1.6%，反映了中国在铜、铅、锌、镍等品种的采矿、选矿和冶炼技术处于世界领先水平。甘肃是资源储有量大省，同时也是有色金属生产强省，拥有金川集团、白银有色集团等大型有色金属矿产开发及产品制造基地，为甘肃省向国内输送优质有色金属产品提供强有力的支持和保障。

另一方面，2020年国内有色市场消费量为6.3×10^7t，6×10^7t的有色金属产量基本被国内市场消化掉，以铜和铝为例，2020年精炼铜消费1.29×10^7t，原铝消费量3.78×10^7t，并有上升的趋势。此外，全铜、全铝人均消费量明显提升，分别为10.4kg/人和29.1kg/人，“十三五”期间全铜人均年消费量增加2.2kg，全铝人均年消费量增加6.0kg。

总体来看，有色金属工业运行呈现生产、消费平稳增长的特点，有色金属消耗较大的几个行业包括建筑行业、交通运输行业、钢铁行业、电力行业等，在国家调控结构的情况下，增长平稳，也是有色金属需求量稳步增长的原因。

3.有色资源形势

据图3和图4可知，2014-2015年甘肃省勘查投入以及勘查工作量大幅度降低，自此后逐年下降。社会资金投入大幅度降低，地方财政投入也逐步下行到一个低水准，中央资金投入、地方财政投入和社会资金投入量基本回到同一水平，与资金投入呈正相关关系。至2019年底，铜、锌、镍、钴等多种有色金属查明矿产资源储量出现下降，部分矿产资源供应风险增加。据2020年甘肃省国民经济和社会发展统计公报显示，甘肃省工业增加值采矿业增加3%，有色工业比上年增长4%，2020年全年十种有色金属产量达到6.506×10^6t，比上一年增长6.6%，说明在国家政策注重绿色环保的形势下，甘肃省的有色冶金行业面临转型，正在走出一条与生态文明建设相一致的路线。

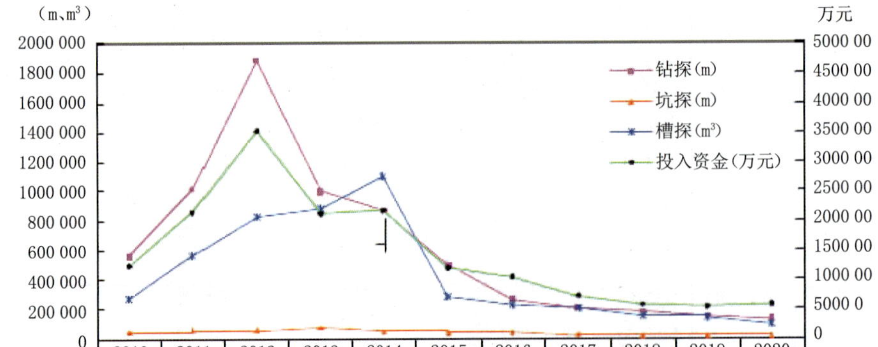

	2010	2011	2012	2013	2014	2015	2016	2017	2018	2019	2020
钻探(m)	563679	1014996	1893922	1001498	872056	502100	264900	207600	182939	149091	132719
坑探(m)	43864	54117	55195	72287	46407	36800	35510	20200	16447	16423	10590
槽探(m³)	265616	565509	832385	883955	1101413	277000	224300	201800	147025	139772	92172
投入资金(万元)	123661	215148	353709	212286	217700	119211	104424	71662	56492	53101	57175

图3　2010-2020年甘肃省勘查工作量及资金投入情况

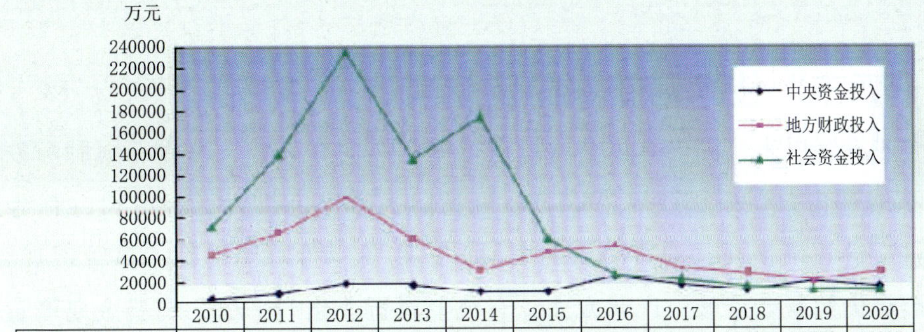

	2010	2011	2012	2013	2014	2015	2016	2017	2018	2019	2020
中央资金投入	5010	10162	19052	17832	10900	11653	24615	16643	12481	19578	16037
地方财政投入	45862	66304	99546	60378	31600	47684	53779	32567	28328	21310	29155
社会资金投入	72787	138681	235110	134076	175200	59869	26030	22452	15683	12212	11933

图4 2010-2020年甘肃省地勘资金投入构成情况

二、有色金属冶金行业发展趋势

（一）现有技术工艺的升级

目前虽然有色冶炼的技术已经相对成熟了，但有色冶金行业的市场竞争还是非常激烈的，要想在行业之中脱颖而出，还需要对现有的工艺不断地进行优化改进，要让工艺适应企业自身的环境，适应市场，适应国家的政策，提升产品的质量，降低成本并且减少能源消耗。在研究成果基础上，加大对计算机技术的应用力度，建立起智能化特征的热力学和动力学数据库，逐步实现冶金系统设计优化，以及冶金自动控制。有色冶金生产的连续化、大型化、自动化是大势所趋。

（二）高精尖材料的开发与制备

随着中国经济和科技的快速发展，一些常规的材料已经很难满足一些高精尖领域的需求，必须使用一些先进的金属材料，例如一些高性能的特种钢、多金属基复合材料、半导体材料、高纯度金属、高性能金属间化合物、金属超导材料、磁材料等。这些性能优异的材料是传统和常规普通材料很难替代的，市场需求度很高，现阶段所面临的一个最重要的问题就是怎样才能更加经济、方便并且大批量的生产出这些性能更为稳定的先进的金属材料，这是冶金工业领域面临的严峻挑战。

（三）环保工艺的提升

有色冶金行业产出的“三废”一直都是亟待解决的问题，宁要绿水青山，不要金山银山，随着国家政策重心的转向，环境保护已经成为重中之重。中国对于污染防治、生态保护出台了一系列的法律法规，将绿色发展提升到国家战略层面，因此有色冶金企业必须科学地处理“三废”问题，调整落后产能结构，向着绿色生态环保无污染的方向发展。同时，要大力发展有色金属循环经济，以“减量化、再利用、资源化”为原则，以“低消耗、低排放、高效率”为目标，实现有色金属资源的高效利用和循环利用。

三、“丨四五”技术创新方向及规划

自步入“十四五”以来，国内有色金属行业依旧延续向好趋势，尽管新冠肺炎疫情对供给和需求端造成了严重的冲击，但中国政府采取有效疫情防控，固定投资稳定增长，制造业结构持续改善，产业链和供应链逐渐恢复，消费需求继续回升，物价运行总体平稳，尽管宏观经济整体向好，但是目前地区形势仍然复杂严峻。产业方面，有色金属行业生产平稳，主要金属产量持续增加，截至2021年4月，十种有色金属产量为5.483×10^6t，同比增加12.7%。市场方面，国内外市场铜铝铅锌价格涨势喜人，接连刷新阶段性高位。“十四五”有色行业喜人开局背后存在诸多原因，一方面受到中央提出实现碳达峰碳中和的战略决策影响，有色金属生产供应端及消费市场情绪大受鼓舞，另一方面也受到国际宽松货币政策导致流动性在全球范围内的泛滥。为此应该清醒地认识到，有色金属的需求端并没有实质性的改善，“十四五”期间仍需理性面对国内国际局势，充分发挥当前优势技术，依靠国家政策和方针改进生产模式，实现有色金属行业高质量发展是“十四五”期间的重要方向，具体有以下几个方面。

（一）提高矿产资源供给保障能力

进入21世纪以来，随着矿业与资本、金融市场的充分结合，以及新兴矿业国家的崛起，全球矿产资源的供应、贸易、消费格局正在逐步发生深刻变化。当前新工业革命的兴起，高技术产业、战略性新兴产业的迅猛发展，将带动更多矿产资源消费。“十四五”期间，提高矿产资源保障能力，逐步解决铜铝等主要原料长期依赖进口的局面，国内要加大重点成矿区找矿力度，积极开展老矿山深部及外围勘探，形成重点矿产资源接续区；境外应加大矿产资源勘探、开发，通过投资并购、联合投资等方式获取境外资源，形成一批具有国际竞争力的境外有色金属生产基地和产业园区，境内境外有色金属资源供给相辅相成，保障“十四五”期间有色金属生产工作平稳推进。

（二）推动绿色循环低碳发展

有色冶金企业作为污染排放和资源消耗的主要方面，推动绿色循环低碳发展，企业内部首先要建立健全绿色发展环境管理体系，将“预防污染，防治结合，高效管理，持续改进”的绿色发展方针融入企业日常环境管理的各个环节之中，在企业各类管理制度中渗透绿色发展思路，引导企业开展绿色发展环境保护标准化建设，全面提升企业绿色发展经济效益、社会效益和环境效益。此外，企业还需技术创新支撑绿色循环低碳发展，加强重金属污染防治，确保污染物达标排放。在湖南、广西、贵州等重金属污染集中地区，开展砷、镉等无害化处理工程，开展有害土壤、废弃土地治理，推广矿山冶炼废水生物制剂法深度处理与回收技术，实施烟气脱硫、脱硝、除尘改造工程，确保“三废”污染物达标排放。除污染防治以外，固废资源再生利用也是绿色发展的一条重要道路，以“城市矿产”示范基地和再生资源加工园区为重点，加快高附加值再生产业化基地建设，提高有价元素回收利用水平。鼓励支持以废杂铜为原料生产高附加值铜加工产品，支持废旧易拉罐保级回收利用，提高现有冶炼中含有铜、钨、锆、铟、锗、镓、铼等有价元素二次资源回收利用水平。加强对废旧电器电子产品、报废汽车等含有色金属废旧再生资源建立回收、拆解、熔炼到深加工的产业链体系，提高资源利用水平。

（三）加快实现生产设备自动化及产业模式智能化

随着信息时代到来，信息技术在各生产领域得到了广泛应用，有色金属工业在今后的发展过程中，也将逐渐实现信息化。利用信息技术可以实现冶金生产过程中的信息集成，冶金企业之间的生产信息也能实现横向传播，从而有利于冶金企业生产数据库的建成。在数据库建成之后，也能为冶金企业的生产提供更多的技术支持。目前中国有色冶金产业自动化设备的覆盖率较高，但是中国的冶金自动化设备多引进于国外，在从国外引进自动化冶金生产设备后，我们也对国外先进自动化技术进行了创新和吸收。目前中国已经具备了较高的有色金属生产水平，但是中国的有色金属自动化生产技术与国外还存在着一定差距，中国缺乏有色金属生产自动化设备的自主知识产权。结合中国有色金属冶炼多元素资源共生、原料品质波动大、冶炼工艺复杂等特点，在企业已有自动化、信息化建设的基础上，推进互联网、大数据、人工智能、5G、边缘计算以及虚拟现实等前沿技术在有色冶炼厂的应用，实现设备、物料、能源等制造资源要素的数字化汇聚、网络化共享和平台化协同，具备在工厂层面全要素数据可视化在线监控、实时自主联动平衡和优化的能力，建成集全流程自动化生产线、综合集成信息管控平台、实时协同优化的智能生产体系、精细化能效管控于一体的清洁环保、优质低耗、安全高效的有色金属智能冶炼工厂，促进企业转型升级和高质量发展。

四、“十四五”期间甘肃有色冶金高质量发展建议

甘肃地处中国西北地区，凭借着矿产资源丰富的条件成为中国有色产业重要工业基地，资源保障程度高，在国内有色金属行业具有一定规模的竞争力。但也存在着地区偏远、矿产资源储量日益减少以及生态环境脆弱这样的问题，加上受到“虹吸效应”与“马太效应”的双重影响，大量技术、产业和人才都向外部产业集群化中心地带聚集。面对这样的挑战，尽管有宏观政策干预，但是在人力资本及综合成本上，甘肃省仍然与这些产业集群化地区有较大的差距。加之有色金属产业本身会产生废水、废气和废渣等，对周边生态造成严重的威胁。因此，为保障甘肃省有色冶金产业在“十四五”期间高质量稳步发展，应该从以下几个方面做好准备。

（一）加大有色金属等优势资源的勘查力度

加强对老矿山的补充勘探，鼓励探索新矿山资源，积极开展金川、白银、花牛山等大中型矿山外围和深部的找矿工作，加大勘查资金投入，政府部门建立专项基金支持，同时鼓励各类社会资金

参与勘查活动，激发勘探的积极性和主动性，有力保障资源性城市的长期稳定发展。

（二）做大做强特色优势产业，打造有色金属产业集群发展之路

要强化科技创新引领，做大做强主导产业，加快提升产业基础能力和产业链水平。拥有亚洲领先地位的镍及铂族金属生产规模的金川公司，以及生产优质铜铅锌产品的白银有色，在国内国际有色市场具有很强的竞争力，2021年8月《财富》公布的世界500强企业名单中，金川集团公司营业收入近360亿美元，在世界500强企业中排名第369位，在国内是有色企业的佼佼者。企业间的相互并入补充，政府政策的鼓励，是建成甘肃有色产业基地的关键。

（三）倡导循环经济，提高资源使用率

加快制定、完善相关政策，规范省内有色企业的二次资源回收体系，加大对科技创新成果的利用，从而减少对污染物的排放以及加大对固废资源的回收利用，建立生态工业网络，“变废为宝”，推动资源的有效利用，形成一批具有高资源生产率、低污染排放率的清洁生产工业集群。

（四）调整人口政策，鼓励人才引进

“十四五”期间甘肃人口增长将进一步放慢，人口的减少可能抬高经济发展成本，更重要的是减少了市场消费需求，阻碍了有色企业的发展改革推进。甘肃应积极争取国家支持，制定符合本地发展需要的计划生育政策，以保持人口数量为前提，以提高人口质量为目标，制定人才引进政策，不仅是甘肃有色产业发展的基础，也是甘肃长远发展的重要前提。

（五）加强国际国内间的交流合作

甘肃地处丝绸之路的黄金路段，随着世界经济格局的不断调整，新丝绸之路经济带的战略地位凸显，新丝绸之路的建设也为甘肃带来新的机遇和挑战。抢抓机遇，充分利用甘肃得天独厚的资源优势和条件，借助国际和国内两个市场，加强与沿线国家的经济发展和战略合作，加快甘肃有色产业发展速度，提升发展质量。

总之，“十四五”时期，甘肃有色产业改革发展的挑战与机遇共存，总体上是实现有色企业做大做强的有利时期。要实现化危为机，充分发挥甘肃优势条件，借助国家宏观调控力量，利用好以国内大循环为主的国内国际双循环，深度嵌入国家宏观战略意志，调动自身的积极性、创造性，顺利实现有色冶金事业的长足发展。

甘肃冶金有色工业发展现状及趋势

拓 钊

甘肃省金属学会 秘书长

一、甘肃冶金有色工业概况

凭借资源和能源的相对优势，经过60多年的建设和几代人的艰苦奋斗，冶金有色工业已成为甘肃国民经济的支柱产业和传统优势产业，形成了以矿山采选和冶炼加工为主，包括地质勘探、设计施工、机械修造、科研开发等成果配套的有色金属工业体系。

目前，甘肃省具有在全国较大影响力的生产企业金川集团、白银有色金属集团、酒钢集团公司、中铝兰州铝业、中铝西北铝加工分公司、中铝连城铝业、酒钢华兴铝业有限责任公司、甘肃稀土集团有限责任公司等一批骨干企业。成州矿业、锌宇集团、洛坝集团、宝徽公司等一大批地县企业，方大炭素新材料公司、嘉峪关索通公司、兰州铭帝铝业、兰州宏达铝业等民营企业开始崭露头角。曾经为有色工业建设做出过重要贡献的八冶、二十一冶建设公司，经过破产重组，焕发出新的生机和活力。兰州有色设计研究院、西北矿冶研究院、甘肃有色金属地质勘探局通过体制创新，都表现出较强的市场竞争力。2019年甘肃入围中国企业500强的企业共5家，其中冶金有色行业有金川集团、酒钢集团公司、白银有色金属集团等3家企业。甘肃省铜工业企业主要有金川集团股份有限公司和白银有色集团股份有限公司。金川公司已形成年产铜1×10^6t的生产能力，白银公司已形成年产铜2×10^5t的生产能力。甘肃省铅锌已形成年产3×10^5t的生产能力，企业主要有白银有色集团股份有限公司第三冶炼厂、西北铅锌冶炼厂、甘肃宝徽实业集团有限公司、成州锌冶炼厂等。甘肃省铝及铝加工已形成年产3×10^6t的生产能力，企业主要有甘肃酒钢集团东兴铝业、中国铝业兰州分公司、中国铝业连城分公司、甘肃临洮铝业公司、中铝西北铝加工分公司、方大炭素新材料公司、嘉峪关索通公司、兰州铭帝铝业、兰州宏达铝业等。

2020年，甘肃省冶金有色完成工业总产值2522.54亿元，实现营业收入4997.59亿元。全行业出口交货值10.88亿元，同比下降72.51%。其中金川公司同比下降78.30%，方大炭素制品出口同比下降70.10%。主要受新冠疫情冲击，国际价格大跌，各国为保护本国国内贸易采取了各种反倾销及增加进口关税的措施，企业停工停产及后期复工复产缓慢。

二、甘肃冶金有色工业经济持续增长

2020年，面对新冠肺炎疫情严重冲击和复杂多变的内外部环境，甘肃省冶金有色企业深入推进供给侧结构性改革，大力实施创新驱动发展战略，推动全行业高质量发展，冶金有色工业持续增长，经济效益较好，行业运行总体平稳。全行业营业收入同比保持增长，产品结构调整取得新进展，产业结构进一步优化。有色金属产品产量保持平稳增长。其中白银公司阴极铜同比增长52.61%、锌产量同比增长13.33%、铝加工材产量同比增长14.69%。甘肃省钢铁产量保持较好增长。其中兰鑫钢铁公司粗钢产量同比增长41.49%。铁合金产量总体保持平稳，炭素制品产量同比增长17.13%，特别是阳极炭块同比增幅较高，其中华鹭公司增长114.68%、索通公司增长34.17%。全行业经济效益整体盈利水平良好，利润同比增幅较大。其中酒钢、金川公司、兰铝、临洮铝、铭帝铝材、宏达铝材、索通炭素盈利水平较好，腾达西铁、连铝、西北铝、华鹭公司炭素减亏。从行业统计看，24户重点企业有13户盈利，占统计户数的54.17%。

（一）主要行业发展情况

1.钢铁工业

酒钢集团以市场为导向，实施差异化、定制化和个性化品种创新战略，进行品种结构优化调整。在新产品开发方面，酒钢嘉峪关本部重点提升电极扁钢、阳极钢爪、锚杆钢产量；中厚板产品以市场为重心进行新品研发，重点开发高锰无磁钢，增加电解槽钢销售渠道，对低合金钢Q345D及以上产品、桥梁、耐候钢、汽车冲压用钢、高强钢、高级别容器钢、风电用钢、电解槽用钢、高建钢、钛板加工等进行划区域重点推广，提升市场份额。榆钢公司增加盘螺产品产量，改善产品生产结构。碳钢板带等高效热轧材占比提升6.61%，减少运距相对较远的冷轧、镀锌和镀铝锌产品产量同比占比分别下降1.12%、2.40%、4.38%，碳钢板带西北销量1.48×10^6t，同比增加1.558×10^5t，增幅11.74%。锌铝镁板带产品实现为5G基站稳定供货。不锈钢重点培育以430钢种为代表的400系列产品，持续扩大超纯铁素体、马氏体不锈钢研发，全年400系列产品产量6.631×10^5t，占不锈钢产量的83.28%。重点开拓中厚板在核电、石化、环保、船舶、设备制造、工程领域的应用，增强产品盈利能力。金铁集团建设年产3×10^4t铸铁件全自动水平分型静压造型生产线，采用热装高炉铁水短流程工艺，生产高端铸铁件产品。2020年生产精品锅具6.24万口，生产工业铸件6462.38t。腾达西铁在稳定硅铁产品生产的基础上，大力开发高硅硅铁生产和高品质高纯硅铁。酒钢宏电铁合金重点开展硅铁降铝降碳、高纯硅铁和高硅硅铁、低碳硅锰冶炼生产研究，铬铁处置不锈钢除尘灰烧结矿产业化，研究开发超低碳硅铁等，全年完成产品开发试制1271t。陇南万利公司微碳微钛硅铁，成为宝钢、武钢、首钢、攀钢等大型钢厂微碳微钛硅铁产品的最大供应商。方大炭素紧贴市场，积极调整产品结构，普通功率石墨电极同比增加257.88%，高功率石墨电极同比增加12.21%，炭砖产量同比增加19.37%。索通公司开发高效石油焦配料系统研究及应用，共完成技术创新项目4项，申报发明专利6项。

2.有色金属工业

金川公司全面贯彻落实“提质增效、转型升级”任务目标和“强龙头、补链条、聚集群”的总体要求，强基固本坚持绿色高质量发展，以科技创新推进产品向多元化发展。采用国内领先工艺和装备，成功开发6~12μm铜箔产品（执行标准：ST/T 11483-2014），年生产能力达到1000t。以自产电镀硫酸铜为原料，采用国内先进的除杂提纯工艺技术，生产纯度达到99.5%的高纯硫酸铜，产能达到3000t；以铜选矿尾矿为原料，采用多级磁选工艺，建成5×10^4t含量90%、相对密度4g/cm^{3}的磁性介质粉；在高纯溶液体系下，采用电解法稳定生产出99.999%以上的高纯铜板，年产能达到100t；在不添加银等价格较高元素的前提下制备出电导率达到103%IACS的铜合金材料，成功试制Φ440mm×Φ260白铜空心铸锭、B25铸锭，探索出铜镍硅扁锭潜流浇铸工艺。实现单重200kg以上B30Φ254mm×12mm白铜管的稳定生产和溅射靶材用Φ180×30mm高精级无氧铜管的挤制生产，实现稳定生产Φ200mm×2.5mm无氧铜管、B30Φ267mm×4.5mm成品管。白银公司长通电缆厂着力推进中国聚变工程实验堆（CFETR）项目用TF超导电缆、Bi2212高温超导电缆、2km超导电磁线绞电缆、环保型铜护套防火电缆产业化生产，2020年高新产品占比达到65%。兰铝全面提升合金铝产能，实现铝合金棒材产能2.4×10^5t（具备4×10^4t铝合金棒材均质化），铝合金扁锭1.25×10^5t，中间合金1×10^4t，成为国内唯一空心圆锭（φ546/335）铸造及中铝合金产能最大合金化企业。

（二）主要做法及成效

1.科技创新驱动，推进产业发展

全行业以科技创新为动力，推进产业“三化”改造和优化升级，以科技进步带动产业发展取得实效。酒钢集团全年完成科技经费投入4.82亿元，开展科技项目159项，科技投入占主营业务收入比例为5.37%，科技成果转化率62%，专利申报258项。转炉底喷粉技术验证了二氧化碳在底喷粉工艺的产业化优势；粉矿悬浮磁化焙烧选矿实现焙烧系统达产，为低品位难选矿高效利用提供了解决方案；新产品开发冷轧无取向硅钢产品进入电工钢生产领域，高锰无磁钢20Mn23AlV产品成功实现在国内变压器第一梯队企业新疆特变和中国西电的批量供货，成为全球首家非电炉冶炼轧制无磁钢企业；核用不锈钢产品实现向漳州核电项目、中核四〇四公司项目供货，应用范围拓展至核岛部位、核军工、核燃料生产线；锌铝镁产品年销量突破7×10^4t；建筑用高强镀铝锌板市场占有率20%以上；桥梁钢成功推广至甘肃公航旅、公交建、公建投等用户；酒钢东兴铝业“500kA铝电解槽炉帮优化控制技术开发与工业化应用研究”科技重大专项顺利完成工业化应用；绿色短流程高深冲性能铝合金带材关键技术研究与开发生产深冲料25t。酒钢宏电铁合金重点研发超低碳硅铁合金产品1273t。

金川集团铜系统卡尔多炉渣处理新工艺试验研究，取得短流程、低成本、高收益炉渣处理工艺方案，铜、镍回收率均达98.50%；实现机器人铜电解剥片智能化生产工艺，为国内首家采用该项技术企业；成功开发C71500铜镍合金大直径无缝管材、C71500 Φ250×10管坯销售。镍系统成功开发出GH3600、GH2132等变形高温合金产品并产业化，镍基高温合金GH4169带材（0.266mm）成为北京航材院唯一供货单位，形成年产100t变形高温合金加工材的生产能力。动力电池用定制型622、811、Ni5X、Ni9X、NCA三元氢氧化物，系列新规格四氧化三钴、钯盐03、钯盐04、激光蚀刻银粉

等新产品通过客户销售认证。镍钴国家重点实验室，针对航空航天发动机用变形高温合金，开发出GH3600、GH4169产品已应用于航空领域，共签订变形高温合金12.819t，并形成年产100t变形高温合金加工材的生产能力。针对高温合金母合金及制品等新产品研发，与客户签订K418、K418B、1Gr25Ni20、C22等牌号高温合金母合金产品10.75t。

白银集团围绕闪速炉达产达标，开展了全方位技术攻关，成功破解中央喷嘴物料偏析、反应塔温度不均、渣含铜过高等一系列技术问题，研究解决了入炉物料品位较设计值低等诸多制约因素，全年完成30余项技术改造与革新，累计申报受理授权专利35件。卡尔多炉系统综合回收有价金属技术研发及工业化应用项目，获得2020年度甘肃省科学技术进步二等奖。全年公司征集合理化建议及技术创新项目20项，实现经济效益872万元。兰州铝业建设投资1356万元，重点实施了350KA系列智能打壳下料管控系统技术改造、空心圆锭配套改造、铝电解含炭固体废物综合利用实验研究、焙阳极抗氧化涂料工业试验等4个自主研发试验项目。其中350KA系列智能打壳下料管控系统技术改造，电流效率和直流电耗等指标明显提升。方大炭素完成600MW示范快堆用含硼石墨研究及其产业化，成功研制开发出石墨烯复合功能性无纺布，利用该产品成功研制出“石墨烯功能性口罩”等新型防护用品。

2.深化节能减排，推进绿色发展

全行业节能减排循环经济产业绿色发展、重点项目和指标得到优化，废弃资源综合利用进一步提升。酒钢集团本部水资源利用项目一期工程、焦化酚氰废水达标处理回用等水资源综合利用项目投运，工业废水实现“零排放”。完成不锈钢分公司、碳钢薄板厂液压站伺服驱动节电、焦炉烟气脱硫脱硝、不锈钢热轧粗精轧除尘系统等改造；完成低温余热资源回收利用供热改造一期工程项目、焦化厂5号、6号焦炉上升管余热回收等节能、炼铁除尘系统空冷器热量转换替代锅炉供暖改造，直接节约原煤消耗6000t。陇南万利铁合金矿热炉冶炼主体变压器由单台改造为单电极三台变压器配电结构，单位产品综合能耗1.50t标准煤，年节约标准煤2919t，吨产品电耗下降191（kW·h）。方大炭素空压机冷却水改造，年节水1.91×10^4t。金川公司完成能源管理体系建设，万元产值能耗下降1.35%（工业总产值为1990年不变价），阴极铜冶炼工艺综合能耗下降1.14%；电解镍综合能耗3.43t标煤/t，同比下降0.50%，电解镍可比综合能耗达到国际先进水平。钴冶炼工艺能耗同比下降7.88%。白银公司铜冶炼综合能耗0.281t标准煤，同比降低15.62%。铅锌冶炼二氧化硫风机节能改造，降低电耗2.4×10^6kW·h。烟化炉烟气改造减少SO_2排放187.2t，减少颗粒物排放28.08t。酒钢东兴铝实施铝电1号、2号、3号机组超低排放及公用系统改造，自备电厂的烟气排放达到国家超低排放标准。年处置各类铝灰渣等危险废物7.4×10^4t。祁连山水泥集团利用15台水泥窑余热发电机组完成发电4.995×10^4kW·h，减少能源消耗6.02×10^4t标准煤。

3.加快技术改造，促进产业升级

金川公司完成固定资产投资41.1亿元，龙首矿东采区980中段开拓工程和西一采区贫矿开采工程、东部贫矿开采工程项目建成投产；二选扩能节能降耗技术改造、5000t/a新能源锂电材料铜箔项目二期工程、2×10^4t/a高精电子铜带一期工程投产，铜转炉改底吹已完成主体工程施工。酒钢集团完成固定资产投资15.9亿元，其中钢铁产业投资11.1亿元，新建罩式炉4台，实现碳钢和不锈钢钢卷能力的充分发挥。在不锈钢热轧系统中，新建9台罩式炉及配套辅助设施，增加400系不锈钢的生产能力。改造镀锌2号机组退火炉，提高镀铝锌生产能力。开展镜铁山矿、西沟矿、选烧厂、储运及炼铁厂皮带和榆钢胶带系统无人值守改造项目等，提高系统生产能力。

4.深化机制，促推企业改革发展

金川公司规范法人治理、健全市场化经营机制、推进混合所有制改革方面取得新成效。积极与非公资本合作设立合资公司，开展碲化铋基热电材料及相关稀散金属系统和整机等方面的研发、生产、销售、技术转让和服务，延伸产业链；金川科技园入股湖南瑞翔，快速进入动力电池正极材料领域，有效扩大资产规模；贵金属公司成功增资扩股，并实施混改及员工持股，设立电池回收合资公司，加快废旧电池中有价金属回收循环利用。白银公司提高混改户数及混改企业资产占比，引入和参股非公资本总额48亿元，已有混改企业14户，混改户数占总户数的34.15%。酒钢集团建立改革绩效考核体系，按照市场化模式下的经营绩效决定薪酬分配原则，制定群体经营绩效考核方案；大力推进科技创新，增强高质量发展源动力；推进“三化”改造，全面提升公司智能化水平；提质增效转型升级，推动高质量发展落地见效。克服新冠疫情影响，积极推进7号高炉优化改造项目按期建成点火开炉，榆钢降低电价政策得到落实，全年降低外购电费1400万元。谋篇布局“十四五”，明确高质量发展战略，酒钢东兴铝业引进浙江晶翔科技有限公司投资新建年产3×10^5t铝棒项目。

甘肃省冶金有色产业的发展存在一些困难和挑战，产业发展受客观条件制约，吸引外资能力及产业发展优势资源不足。钢铁产业环保欠账较多，产线装备水平不高，原料及产品产运成本高于中东部省份，技术装备制造及加工水平不高等。有色产业铜、铝原料外购量较大、生产成本较高，产业发展较新疆、青海、内蒙古等周边地区不足，产业技术装备水平不高，产业链条较短，科研成果研发及转化较弱等，有待在产业发展中解决。

三、甘肃省冶金有色工业发展重点及目标

甘肃省冶金有色工业的发展要紧紧抓住国家实施“一带一路”“中国制造2025”发展机遇，深入实施“工业强省”战略，围绕“稳增长、调结构、促转型”的总体发展要求，牢固树立和贯彻落实创新、协调、绿色、开放、共享的发展理念，立足甘肃省资源优势和产业基础，以规模化、高端化、智能化、绿色化为发展方向，以高端有色金属材料精深加工为牵引，着力实施强链延链补链，扶持壮大龙头企业，加大招商引资引智力度，推进重大项目建设，大力开展行业绿色改造，深入开展智能制造试点示范，持续提升冶金有色产业+互联网融合水平，着力打造在全国具有优势的冶金有色产业集群，推动甘肃省冶金有色产业高质量发展迈向全国、全球价值链中高端。

（一）主要目标

冶金有色金属工业结构调整和转型升级中取得显著进展，质量和效益大幅提升。到2025年，保持有色金属产品产量在国内领先，镍、钴产量继续保持世界前三位，铜产量位居国内前三位，贵金属产量位居国内前十，资源保障程度和二次资源利用率进一步提高，初步实现由有色金属产业大省向有色金属产业强省转变。到2035年，基本完成有色金属产业结构调整和转型升级，保持有色金属产品产量在国内领先，资源保障程度和二次资源利用率明显提高，实现产业基础高级化和产业链现代化。政产学研用相结合的产业创新体系基本形成，重点企业研发投入占总产值达到1.5%以上。建成国家级、行业和省内绿色冶金示范应用研究基地和大数据技术中心。产业布局进一步优化，低效产能逐步退出，产业集中度显著提高，国际化经营能力提升，国际产能合作取得明显进展。资源勘探开发取得进展，镍、钴、铜等资源保障明显提高。废旧有色金属回收体系进一步健全，再生金属供应比例比“十三五”期间提高5%。选冶、加工环节关键工艺数控化率超过80%，建成若干家智能制造示范工厂。重金属污染得到有效防控，企业实现稳定、达标排放。规模以上单位工业增加值能耗、主要产品单位能耗进一步降低。矿山尾砂、熔炼渣等固废综合利用水平不断提高。

（二）重点任务

进一步优化调整产业结构，集中力量对重点区域、重点技术、重点产品给予支持，提升科技资源配置和使用效率，积极有序化解过剩产能，促进甘肃省冶金有色工业结构优化改造提升。强化战略导向，要围绕破解发展瓶颈和关键领域、关键环节难题，重点推进低品位复杂难选矿石的选矿和冶炼、“三废”无害化处理、二次资源综合利用和再生、高性能镍钴铜铝及稀土等功能材料、大数据与智能技术等技术。充分利用“互联网+”，在金川集团、白银有色集团等大型企业鼓励镍、钴、铜、贵金属等有色金属生产企业建立高效协同的研发设计平台，解决制约产品应用、设计规范、标准和技术等问题。秉承“减量化、再利用、资源化”的循环经济发展理念，引导企业运用先进适用技术及智能化技术，加快技术进步，推广绿色制造新技术、新工艺、新装备，提高尾矿资源的综合利用和熔炼渣、废气、废液和余热资源化利用水平，实现由“环境换取增长”向“环境优化增长”的转变。推进镍、钴、铜等重点成矿区带矿产远景调查与找矿预测。推进境外铜、铝、镍、钴、稀贵金属等矿产资源生产基地建设。

（三）技术创新方向

重点在以下方面实现技术创新和突破：大型多金属矿成矿规律与深边部资源勘查技术，数字化矿山开采技术与装备，低品位多金属及难选矿资源高效选矿技术，低成本红土镍矿节能降耗冶炼关键技术，低成本短流程铜清洁冶炼技术，电解铝槽生产线大型化技术，难选冶矿石提金技术，烟气、废水、固体废物无害化技术，镍渣、铜渣等二次物料综合利用技术，残钛合金、废锂离子电池回收及再生利用技术，有色金属合金高纯和超纯熔炼与先进凝固成形技术，难变形合金挤压成型加工技术，有色金属零件3D打印技术，超细超薄精密铜合金丝箔材应用技术，有色金属大流程生产制造工业大数据与智能控制技术。

1.打造两个优势冶金有色产业基地

坚持走以生态优先、绿色发展为导向的高质量发展新路子。充分发挥甘肃省有色金属资源、能源以及高校，科研院所等综合优势，以金川集团、白银有色集团等龙头企业为主体，以重大项目为核心，以创新为引领，通过技术集成创新和引入行业龙头企业与上下游优势企业，补齐产业链条短板，聚集产业发展要素，构筑全产业链竞争优势。

（1）金昌国家有色金属产业基地。依托金昌市丰富的镍钴资源优势和金川集团等骨干企业，发展硫化铜镍矿开采-冶炼-镍铜钴初级产品-压延产品及新材料等有色金属产业链。到2025年，有色金属产品总量达到1.6×10^6t，提升金昌全国最大的镍钴及铂族贵金属生产基地、北方最大的铜及铜产品生产基地、全国有色金属新材料产业基地地位。依托金川集团，建设粉末冶金制品产业园、电池产业园、电镀材料产业园、电工材料产业园，建立市场化运作的新材料产业综合运营平台，大力发展有色金属新材料产业，形成具有金川特色的新材料产业发展模式和商业模式，使新材料产业逐渐成为金川集团第二个核心产业。依托金川集团及周边合作企业，加大资源综合利用技术开发应用，攻克复杂难处理铜原料低成本高效生产核心技术，提升直收率指标，降低生产成本。调整钴产业市场定位，优先发展新材料，增强钴市场控制力。做大贵金属产业，提升贵金属产品市场占有率。

（2）兰白有色金属产业基地。依托白银有色集团、金川集团（兰州基地）、中铝兰州分公司、中铝连城分公司、华鹭铝业、正威（甘肃）铜业、德福新材料等龙头企业，加快延伸铝型材深加工产业链，打造铜基电子信息材料产业链，构建火电-电解铝-铝精深加工千亿级全产业链，建设兰白有色金属产业基地，形成年产3×10^6t铝深加工产业规模。金川集团兰州基地，围绕电池正极材料，支持金川集团以参股形式引入国内外实力较强的钴酸锂生产企业发展钴酸锂产业，引入国内外知名企业发展镍钴锰三元正极材料、磷酸铁锂材料，引入国内外锂离子电池用镍钴铝三元正极材料技术企业发展镍钴铝三元正极材料。围绕其他电池材料，引入国内外实力较强的电池级碳酸锂和电极储能材料生产企业，发展锂离子电池用碳酸锂、镍氢电池正极材料和锂离子电极储能材料。围绕废旧电池资源综合利用，支持金川集团联合国内外企业成立专门的回收、分拣、拆解废旧电池企业，开展废旧锂离子电池、镍氢电池资源循环利用发展方向和重点。立足甘肃省铜资源，重点推进短流程炼铜新技术，进一步开发特种防火电缆、铜箔、电磁线、新型铜合金、高性能细合金线等产品。推进南部非洲及东南亚等境外铜矿资源保障基地建设。打造铜渣、废旧电路板等二次资源综合回收利用基地，建立城市矿产综合回收示范基地。到2025年形成具有核心竞争力的铜产业集群和产业链。

以金川集团和白银有色集团等企业为中心，建设铜的冶炼、加工和综合利用的产业基地。支持相关企业开发低成本短流程炼铜，发展高性能靶材、高性能铜合金板带材、高性能细合金线、超微细铜合金丝线材、新型铜合金等产品、电池用铜箔等产品，建立城市矿产综合回收示范基地，提高深加工水平，延伸产业链条。加大对有色精深加工企业的培育支持力度，打造一批上下游一体化发展的龙头企业。支持其他地市，结合各自优势和产业定位，打造具备特色和比较优势的有色金属产业园区（集群），培育一批具有引领带动作用的精深加工骨干企业。发挥龙头企业的集聚带动作用，实施延链、强链和补链工程，在金昌、白银、兰州等地建设绿色化、规模化、高值化资源综合利用示范基地。依据企业上年度销售收入、产值、税收以及行业影响等作为各类扶持政策的支持重点。

2.重点构建冶金有色工业产业链条

（1）镍钴产业链。立足甘肃省镍钴资源，重点推进低成本红土镍矿节能降耗冶炼关键技术研发，进一步开发新型三元电池材料。研发镍钴基高温合金、镍基催化剂、镍钴合金粉末等高附加值产品。进一步开发氯化钴、高电压四氧化三钴、羟基氧化钴等钴盐和钴氧化物产品，开发钴基硬质合金、镍钴合金粉末。研发镍钴基高温合金、钴磁性材料等。利用甘肃紫金云大数据开发公司技术服务，着力打造数据中心、运行中心以及有色金属物联网，为推进高质量发展提供有力支持。为金川民营经济产业园搭建工业互联网、提供云服务。推进南部非洲及东南亚等资源保障基地建设。打造镍渣、废旧锂离子电池等二次资源综合回收利用基地。到2025年镍钴产业总产值力争突破325亿元，形成具有核心竞争力的镍钴产业集群和产业链。

（2）铜产业链。立足甘肃省铜资源，重点推进短流程炼铜新技术，进一步开发特种防火电缆、铜箔、电磁线、新型铜合金、高性能细合金线等产品。推进南部非洲及东南亚等境外铜矿资源保障基地建设。打造铜渣、废旧电路板等二次资源综合回收利用基地，建立城市矿产综合回收示范基地。到2025年铜产业总产值力争突破500亿元，形成具有核心竞争力的铜产业集群和产业链。

（3）铝产业链。立足甘肃省铝电解和铝加工，推进电解铝槽大型化技术升级、铝冶炼余热回收利用技术，盘活整合省内闲置电解铝产能指标，实现节能减排。以铝型材、铝模板、彩铝板为重点，提升高端铝型材加工技术水平和能力。研发高强铝合金挤压材、热轧板材、高质量铝合金箔材、轻量化轨道交通用铝合金等高附加值产品，开发5G基站用高端铝型材、汽车阀体用型材、火车车体铝合金、军品配套挤压材、电子产品用材等高附加值产品。以中国铝业兰州分公司、中国铝业连城分公司、东兴铝业、中国铝业西北铝加工公司等企业为中心，建设铝电解、铝加工、新产品开发和资源回收的产业基地。到2025年铝产业总产值力争突破500亿元，形成具有核心竞争力的铝产业链。

（4）铅锌产业链。立足甘肃省铅锌矿资源，重点推进低成本短流程铅锌清洁冶炼技术、采用富氧熔池熔炼工艺直接处理废铅酸蓄电池铅膏、铅金属污染场地生态修复技术等。研发铅合金、高精度铅、铅板铅管等高附加值产品。研发采锌基多元合金、超细高活性氧化锌粉、无汞锌粉、超细锌粉、高纯锌等高附加值产品。到2025年铅锌产业总产值力争突破80亿元，形成具有核心竞争力的铅锌产业链。

（5）稀土贵金属产业链。立足甘肃省稀土加工，重点建设稀土国家级企业技术中心，完成稀土加工分离一体化改造工程，保持稀土加工分离技术在国际国内领先的比较优势。研发稀土永磁材料、稀土储氢材料、稀土发光材料，开发稀土催化材料、稀土抛光材料等高附加值产品。贵金属领域，立足甘肃省贵金属资源，重点推进贵金属提取新技术，进一步开发在精密电子、航空发动机、燃料电池、光纤制造等领域的铂钯铑铱关键基础材料。研发贵金属高温材料、金蒸发材料、高纯靶材、医药中间体等高附加值产品。推进南部非洲及东南亚等境外贵金属资源保障基地建设。到2025年，贵金属产业总产值力争突破230亿元，形成具有核心竞争力的稀土贵金属产业链。

四、对甘肃冶金有色工业发展的建议

甘肃冶金有色工业要准确把握“十四五”期间新发展契机，在深入贯彻新发展理念、加快构建新发展格局的过程中，准确识变、科学应变、主动求变，把满足适应市场需求，推进企业高质量发展作为出发点和立足点。继续加快提升产业基础和产业链水平这一根本任务，坚持绿色发展和智能制造两大发展主题，以控制产能、调整结构、保资源供给，继续推进国际化进程，为实现低碳绿色、高质量发展起好步、开好局。

（一）继续推进巩固供给侧结构性改革成果

在当前市场形势下，增强甘肃省冶金有色行业的传统优势产业活力和竞争力，大力推进延链补链，提升精深加工水平，重点以创新驱动，以现有产业基础，开发引进加工新产品，推进产业链有效延伸发展。紧紧抓住国家高度重视制造业、金融服务于实体经济的有利时机，继续在企业融资、减费降费等方面扎实开展工作，推进企业发展和产业发展水平。

（二）多措并举保持行业平稳运行

围绕“降成本、防风险、提质量、增效益、促发展”开展工作。理性认识国内外市场形势，把握生产主动性，深入开展对标挖潜、降本节支增产增收，强化防范经营风险，进一步提升行业运行质量和效益。

（三）推进绿色低碳发展

按照2030年碳达峰和2060年碳中和的目标要求，加快研究行动方案，优化原料、工艺和能源结构，突破低碳工艺技术，推动非化石和可再生能源的替代，减少碳量减排。

（四）攻坚克难提升科技创新能力

强化科技创新主体地位，加大企业研发投入，深入推进“产学研用”协同创新。镍铜钴新材料、特种不锈钢、高端铝制品等围绕低碳冶金、洁净钢冶炼、高端铜合金电缆铜箔、工业铝型材铸轧件合金发展，推进大数据流程管控、节能环保和氢能研究利用等关键共性技术发展。

（五）持续推进产业智能制造发展

要推动数字产业与全行业深度融合，推进5G技术、大数据、工业互联网、人工智能、区块链等技术在行业中的应用；加快产业研发、制造、运营、管理和服务模式创新与智能化的深度融合，突破一批智能制造关键共性技术，推进产业高质量发展。

以科技创新赋能新时代甘肃数字经济高质量发展

陈世星

甘肃省经济研究院　院长

自党的十八大以来，以习近平同志为核心的党中央多次强调，“抓住了科技创新就抓住了牵动中国发展全局的牛鼻子”“根本出路就在于创新，关键要靠科技力量”“坚持创新在中国现代化建设全局中的核心地位，把科技自立自强作为国家发展的战略支撑”。甘肃省积极响应国家发展战略，以科技创新促进转变经济发展方式，加速产业数字化转型升级，引导数字经济和实体经济深度融合，赋能经济高质量发展，已逐步成为推动经济增长的新引擎。随着数字经济加速崛起，甘肃省可在构建新格局、激发新活力、催生新动能等方面大有作为。

一、科技创新赋能数字经济高质量发展内涵

数字经济一般是指以数据作为关键生产要素、以现代信息网络作为重要载体、以信息通信技术的有效使用作为提升效率和优化经济结构的重要推动力的一系列经济活动。数字经济是影响未来的新技术、新模式、新产业。数字经济中的“数字”一方面是指通讯技术、信息网络、大数据和人工智能等数字技术；另一方面是指数字是与劳动、资本并列的新的生产要素，能够改变传统经济的传统生产方式，赋予产品新的价值。“数字经济”作为一个整体，包含了信息技术要素和数据驱动的经济活动过程以及新的经济组织方式，数字经济形态优化传统经济结构，促进生产要素重置。数字经济的本质在于信息技术与传统经济的深度融合，最初指数字产业化和产业数字化，随着其内涵和外延不断演化发展，数字经济还包含数字化治理和数据价值化两方面内容。“互联网+”与数字经济发展一脉相承，与时俱进，数字化治理体现了“互联网+”对于社会经济活动的优化，“互联网+”旨在连接，而数字经济则强调产出和效益。数字经济发展的底座是数据，对数据生产要素体系进行重新构建，由数据驱动到数据治理持续迭代到形成数据资产价值化，平台赋能业务高级化，是数字经济更高级的组织形态。

随着大数据、5G、AR/VR、AI、区块链等新型互联网技术的快速发展，从全球范围来看，数字经济极大地提升了经济总体增长。各国大力发展数字经济，2016年，世界银行将“数字红利”作为其年度报告的主题，2019年，全球47个国家数字经济规模达到31.8万亿美元，占GDP比重平均值达41.2%。各国数字经济增速明显高于同期GDP增长速度。多领域跨界融合发展加速，数字技术日新月异，相应的商业运营模式瞬息万变，传统商业模式、组织形式受到巨大挑战。数字经济涉及的领

域、层面非常广泛，基础设施导致的数字鸿沟急需完善填平补齐，数字法制、组织变革、公众数字思维等诸多方面需要探索创新解决方案。

二、甘肃省数字经济发展现状

“十三五”时期，甘肃省高度重视科技创新，从政策体系、财政投入、创新主体培育、科技成果转化等诸多方面发力，推进传统产业数字化转型升级，甘肃省数字经济的规模、增速、效益均稳步提升，新型信息基础设施加速升级，数字产业增长态势良好，产业数字应用不断深入，政府数字化治理体系日趋完备，全省数字经济后劲十足。

（一）数字基础设施加速升级

网络基础设施建设步伐加快，互联互通能力显著改善。2020年底，甘肃省建成移动基站18.6万个，其中4G基站数量比重接近60%。甘肃省14个市州及兰州新区实现主城区5G网络覆盖，5G网络人口覆盖率达到24%。全省县（区）网络平均出口带宽达到200G以上，百兆以上宽带用户占比达到92.5%；全省行政村光纤宽带和4G网络覆盖达到99%以上。兰州建成西北第二大信息通信网络枢纽，互联网出省带宽达到14.8T，实现与北京、西安、成都等核心节点城市以及与西宁、拉萨、乌鲁木齐、银川等城市的网络直联。随着兰州国际互联网数据专用通道和兰州新区至酒泉、天水、金昌的高速网络链路的建成，进一步加强了甘肃省国际通信能力。

数字化基础设施建设实现跨越式发展，截至2020年底，建成运行的300个机柜以上数据中心36个，数据中心机架达到59 012架，平均PUE值1.31，可对外提供服务机柜30 176个。金昌紫金云大数据中心、西部丝绸之路信息港云服务大数据产业基地数据中心、甘肃国网云数据中心、丝绸之路西北大数据产业园数据中心、甘肃联通马滩大数据中心、兰州新区大数据产业园大数据中心等投入运营。在建或拟建数据中心项目17个，可部署机架（功率超过2.5kW）12.1万架，设计PUE值约1.27，绿色集约大数据集群初步形成。

（二）数字产业发展持续加码

2020年，数字经济核心产业增加值198亿，占地区总值比重达2.2%，数字经济规模达2290亿，占全行业的25.4%，同比增长8.2%，数字产业增长态势良好。新型互联网技术特色优势突出，区域行业发展亮点纷呈。鲲鹏生态创新中心和鲲鹏计算产业项目在兰州高新区落地建设，兰州电子商务孵化园、中科曙光甘肃先进计算中心、张掖智能制造产业园、三维大数据物联网智能制造产业园、平凉智能终端光电产业园、天水电子产业园等园区建设积极推进；引入了金山云、猪八戒网、有牛网等一批互联网龙头和新锐企业，积累了大量的数据信息产业发展要素。

（三）产业数字应用不断深入

农业数字化厚积薄发，有序推进信息进村入户工程，农村电商突飞猛进，已初步建成县乡村三级电商服务体系，2020年甘肃省农产品线上销售额达194亿元。建成覆盖14个市州733个乡镇的农产品质量安全信息追溯体系。工业数字化步伐加快，建成工业互联网标识解析二级节点基础平台，兰石集团“兰石云”工业互联网平台获批2019年制造业与互联网融合发展试点示范项目，金川集团“供应链金融”链、酒钢集团-物产集团-建投集团“钢材溯源”链、知识产权港“知识保护与交易”链等多个区块链应用场景落地，兰州成为区块链服务网络BSN公共城市节点。服务业数字化特色鲜明，建成具有本地特色的智慧旅游体系，全面打造“一部手机游甘肃”平台。积极推进“短视频上的甘肃”数字产业链，打造线上线下一体化发展模式。

（四）数字政务体系日趋完备

数字政务平台建设取得长足发展，云、网等基础设施建设日益完善。政务服务便利化程度显著提升，建成甘肃政务服务“甘快办”移动端平台，积极打造甘肃品牌。甘肃省涉企政策精准推送和“不来即享”服务系统覆盖全省41.8万家企业，获得国务院表彰。政务数据共享开放水平持续提升，已建成省级数据共享交换平台及政务信息共享网站，实现国家、省、市三级数据共享交换平台级联对接，全省“1+1+13”公安大数据建设进入了全国第一方阵。

（五）数字经济后劲十足

甘肃省强化政策统筹，陆续出台《甘肃省数据信息产业发展专项行动计划》《关于进一步支持5G通信网建设发展的意见》《甘肃省数字经济创新发展试验区建设方案》《甘肃省“上云用数赋智”行动方案（2020–2025年）》等一系列政策措施，构建完善数字经济政策工具箱。围绕新基建三大领域积极开展项目谋划储备，全面加强重大项目储备建设力度。不断探索推出“东数西算”“信易贷”“云量贷”等促进数字经济发展的实招、新招，加快互联网、大数据、人工智能和实体经济深度融合，着力构建全省数据信息产业生态体系。抢抓新基建战略机遇，全面加强重大项目储备建设力度。加快新型基础设施建设，构建全省一体化大数据中心体系建设，积极融入全国发展格局，以“上云用数赋智”为抓手，推动数字产业化和产业数字化进程，推动数字技术在经济社会各领域的应用，培育新业态新模式，支撑高质量发展。2021年5月24日，国家发展改革委、中央网信办等部门印发《全国一体化大数据中心协同创新体系算力枢纽实施方案》，甘肃获批国家大数据枢纽节点，在国家总体布局中，甘肃枢纽节点将重点提升算力服务品质和利用效率，打造面向全国的非实时性算力保障基地，数据中心绿色发展潜力巨大。

三、甘肃省数字经济发展存在的主要问题

近年来，甘肃省数字经济发展在数字化基础设施建设、数字产业发展、产业数字化应用等方面

取得了一些成绩，但仍然存在一些束缚数字经济发展的瓶颈性问题，亟待解决。

（一）数字化应用的深度不够

甘肃省数字化发展相对其他发达省份较为滞后，区域和城乡数字化发展不平衡，数字化在社会治理领域的应用不足，数据与相关产业融合程度不高，数据对传统产业的渗透程度不明显，特别是在能源电力、钢铁冶金、机械装备等特色优势行业融合方面尚未形成可复制方案。

（二）数字经济未形成集聚发展态势

甘肃省数字经济企业数量少、规模小，缺乏具有行业影响力的领军企业和龙头企业，无法发挥产业带动和示范作用。平台型企业缺乏，未形成产业集群和完整产业链条，企业创新能力普遍不足，缺乏行业广泛认可的信息化、智能化解决方案。

（三）智力支撑相对薄弱

根据国家信息中心大数据分析，2019年甘肃省数字经济企业网络招聘岗位约29万人，较2018年下降了14.1%，2020年受疫情影响招聘人数断崖式下跌至2019年的三分之一。甘肃省内开设互联网、大数据、云计算等专业的高校达数十所，但受多种因素影响，省内毕业人才“孔雀东南飞”现象较为严重。

（四）创新能力有待加强

与国内先进省份相比，甘肃省的基础研究能力有待进一步提高，创新体系还存在许多不足。甘肃省缺少科学装置和实验平台，还未形成基础理论研究、区域创新、开放创新和先进创新深度融合的协同创新体系。2020年省内企业申请数字经济领域专利3017件，仅占全国的0.35%。产业数字化创新力度不够，产、学、研结合不紧密，科技成果转化率不高。

四、甘肃科技创新赋能数字经济高质量发展的路径

（一）推进重点任务落地

1.提升数字基础设施支撑能力

升级改造全省信息网络基础设施，重点围绕宽带网络、5G、IPv6等构建泛在、安全、高效的智能化数字经济网络基础设施体系。持续拓宽甘肃省互联网出口带宽，建设甘肃枢纽集群与国家其他枢纽集群之间的高速数据传输网络，加快推进国家新型互联网交换中心和国家级互联网骨干直连点建设，着力降低出省网络时延，持续推进网络提速降费，为推动数字经济创新增长提供有力支撑。

2.创新培育数据要素市场体系

贯彻落实《关于加快构建全国一体化大数据中心协同创新体系的指导意见》，建设甘肃省一体化大数据中心协同创新体系，引导数据中心集约化、规模化、绿色化发展。充分发挥甘肃省资源优势，夯实网络等基础保障，重点提升算力服务品质和利用效率，积极承接全国范围离线分析、存储备份等非实时算力需求，打造面向全国的非实时性算力保障基地。着力构建数据要素市场化体系，研究制定数据交易市场管理制度体系，充分释放数据作为关键生产要素的重要价值，推进大数据市场化应用。

牢牢把握全国一体化算力网络国家枢纽节点的建设契机，充分发挥甘肃可再生能源丰富、气候适宜等优势，依托超大规模数据中心、5G基站、兰州新区国际互联网数据专用通道等新型基础设施建设，加快推进网络传输高速通道建设，围绕离线分析、采集标注、后台加工、数据存储、海量数据计算等积极对接东部数据存算需求，为工业互联网、车联网、人工智能推理等提供算力服务，打造超大型绿色数据中心集聚区、国家算力资源协同调度先行区、西部数据要素创新应用示范区。

3.积极推进产业数字化转型升级

聚焦实体经济数字化改造，加快推广大数据、物联网、人工智能、区块链在生产经营中的融合运用，鼓励有条件的企业利用新一代数字技术开展信息技术集成试点。围绕“大兰州、河西走廊、陇东南”三大经济区的工业空间布局框架，打造以“东数西算”、数字智能制造和数字信息服务等为重点的千亿级数字智能产业链，全面提升企业数字化水平，形成以智能制造为重点的新型工业体系。推进生产生活服务业数字化转型发展，向多行业拓展数字技术应用场景，深化甘肃传统优势产业的数字技术应用，整合利用线上线下资源，发展体验式消费、个性化需求定制服务等新业态。积极布局人工智能产业。以人工智能产业基地建设为重点，打造人工智能数据资源、计算能力、标准体系、测试评估等服务平台，规划建设一批人工智能超算中心，积极争取国家新一代人工智能创新发展试验区落地甘肃。依托大数据中心集群，打造数字智能产业链。加快引进国内外人工智能领军企业，重点推进人工智能在民生领域的融合应用，促进技术集成和商业模式创新。整合省内高校人才资源，联合国内外顶级人工智能机构，打造一流的人工智能超算产业基地。

4.推动新兴数字产业发展

以加速推动数据信息产业创新为重点，大力发展人工智能、大数据、物联网、区块链、5G、云计算、网络安全等新兴数字产业，鼓励产业融合应用示范，持续提升重点行业数字服务能力，构建以数据为关键要素的多点产业支撑、多业优势互补的数字经济体系，推动数字经济成为经济发展新引擎。培育壮大数字内容产业。充分发掘甘肃厚重的历史文化底蕴和丰富的自然景观资源，在文化、旅游、风俗、美食、电商等领域与5G、短视频、音频、虚拟VR、在线直播等新技术业态相结合，引入短视频服务类、音频服务类、云服务类、电商类企业，以数字内容生产为抓手实现“一业带百业”，形成“线上引流、线下转型”的经济社会转型发展新格局。

5.探索打造数字政府协同治理模式，建设数字城乡

从围绕数字中国建设的总体要求，建立健全运用大数据、云计算等技术手段与政府行政管理深度融合的制度规则体系，持续完善全省政务服务一体化平台，依托“甘快办”移动端等各类渠道，提升“互联网+政务服务”水平。积极推进数字政府建设，运用城市信息模型、虚拟仿真等技术，搭建甘肃省宏中微观一体化经济决策大脑、产业大脑，培育数据驱动、协同融合、共创共享的大数据应用生态体系，支持全省重大决策。深入落实数字乡村发展战略，强化配套支撑体系建设，完善乡村通信基础设施。推进新型智慧城市建设向下纵向延伸，推进县乡数字化改造。运用大数据、人工智能技术推动乡村管理“网格化+信息化”全覆盖，提高农村基层治理智能化、协同化、集约化水平。

6.有序推进数字丝路战略布局

加快推进丝绸之路信息港建设布局，推进海外数据在甘肃汇集、分析、落地应用。加强同“一带一路”沿线国家在数字化、网络化、智能化方面的国际合作，在数据存储、数据资源流通、数字经济核心技术研发、投融资并购等领域，大力引进一批国际优质高科技企业和平台。着力培育区域性知识产权孵化培育中心、交易中心等。

（二）加大政策支持力度

1.加快体制机制创新

实现转型升级，体制机制是制约创新驱动发展战略实施的首要问题，必须着力解决，使科技成果更快转化为现实生产力。激励更多科技人员发挥科技赋能的正向效应“牵手”合作，发挥各自的资源优势，从而产生“蝴蝶效应”，使科技成果迅速转化为现实生产力，成为推动经济社会高质量发展可持续发展的新引擎。一是打通转化应用渠道，架起创新成果转化的桥梁，建设成果转化平台，助推科技成果落地转化为高质量发展赋能。二是抢抓经济“双循环”发展新格局机遇，建议采用“央地合作”“联合实验室”等灵活的合作模式，加大“研发基地”“产业园区”等优惠政策扶持力度。三是推动国际国内协同合作，联合金融机构和头部骨干企业，成立“丝绸之路”数字经济联盟，支持相关高校、科研机构等联合组建“丝绸之路”数字经济研究中心等开放协作平台。

2.强化对企业的政策支持力度

数字经济创新企业对促进甘肃产业转型升级、新技术新产品新业态的吸纳具有重要意义。因此，要坚持创新驱动发展，坚持“内部培育，外部引进”，培育和扶持一批创新能力突出的企业，使企业成为创新的重要主体。鼓励和引导金融机构加大对优势企业自主创新、技术改造、进口替代和成套设备出口的信贷支持；鼓励金融机构提供知识产权、应收账款、应收票据、出口退税等担保贷款，支持有条件的企业通过上市、发行债券等直接融资方式拓宽融资渠道。积极引导信息技术研发应用业务发展服务外包，支持软件企业通过购买服务参与政务信息化建设。

3.扩大产业交流合作

支持企业积极开展国内外交流合作，参与国际竞争。引导企业参加国际国内行业展会，宣传甘肃省优秀技术、产品和解决方案，促进行业交流，提升产业的知名度和影响力。支持骨干企业在中东部数字智能产业集聚区域设立研发中心，提升技术创新能力。鼓励企业通过海外上市、并购重组等方式，提高开拓国际市场的能力。支持数字智能企业、工业企业、服务业企业组建新产业发展联盟，加快信息产业与传统产业纵深融合。

（三）加强保障服务能力

1.强化人才保障

加快甘肃省数字经济领军人才、优秀企业家、职业经理人、企业骨干、优秀创业创新团队引进和培育，紧密对接市场需求，培养一批紧缺的跨学科、复合型专业技术人才，实现专业技术人员订单式培养与输送，鼓励企业在省外、境外设立分支机构，积极参与国内、国际人才竞争与合作。支持省内高校强化电子信息学科建设，适当扩大招生规模，合理确定学费标准，围绕产业对人才的特色化需求，优化学科专业结构和课程设置，力争创建1~2个国家级特色化示范性软件学院。搭建校企协同创新育人平台，依托在兰高校，培养一批具有较高技能的实用性专业人才。通过职业技能培训、校企合作、工学结合等多种方式，创建数字智能产业人才培养基地和高技能人才实训基地，为产业输送技术人才。落实国家和省上相关人才政策，对符合相关条件引进的“高精尖缺”人才，在落户、购房、配偶安置、子女入学、社保医疗等方面给予支持。

2.加强资金保障

积极争取国家相关专项资金及产业基金支持、推动国家新基建项目在甘肃布局，省级相关专项和产业基金优先支持数字经济产业发展。鼓励地方政府设立新型基础设施和数字经济专项基金，引导和鼓励社会资本设立产业投资基金。维护重点领域产业链供应链稳定，鼓励创建中小微企业信用风险补偿机制，加大对新型基础设施和数字经济的支持。鼓励金融机构开发适应新型基础设施和数字经济的金融产品和服务。优化国有经济布局和结构，加大对数字经济产业的投入。

3.加强行业引导和协调服务

建立产业政策引导机制，利用各类公众媒体平台及时发布行业动态和政策信息，不定期发布产业链合作目录，指导地方和企业开展招商引资、招才引智工作。加强行业协调服务，加强与东部地区政、产、学、研、用的沟通对接，对标长三角、珠三角、京津冀等区域，提升产业服务能力和水平，推动产业互动融合。支持行业协会等服务机构发展，为企业提供人才、技术、信息、融资和检验检测认证等方面的服务。加大对集成电路和软件产业专业服务平台、众创空间、科技企业孵化器、高校科技园等专业服务平台的支持力度，提升专业服务能力。

全球农作物种业发展趋势及对我国种业提升的建议

樊廷录

甘肃省农业科学院　副院长、研究员

2021年7月9日，习近平总书记在中央全面深化改革委员会第二十次会议上指出，农业现代化，种子是基础，必须把民族种业搞上去，把种源安全提升到关系国家安全的战略高度，要集中力量破难题、补短板、强优势、控风险，实现种业科技自立自强、种源自主可控。种业是农业的“芯片”，是国家战略性、基础性核心产业。随着国家“解决好种子和耕地问题”“有序推进生物育种产业化”“开展种源‘卡脖子’技术攻关”等指导性意见出台和重点任务部署，种业已成为推动我国农业跨越式发展的重要引擎。当前，国际种业已进入以抢占战略制高点和经济增长点为目标的机遇期，呈现出高新化、一体化、寡头化的发展趋势。与此同时，全球范围内的种业企业兼并重组不断加剧，出现了集现代生物技术、生物农化、数字农业为一体的种业寡头。农作物种业作为种业“芯片”之一，是保障国家粮食安全、把饭碗牢牢端在自己手中的根本之基。面对农作物种业发展的蓬勃趋势与复杂环境，全面了解作物种业发展概况，深入分析全球作物种业竞争格局，对制定种业发展战略、推进生物育种关键技术突破，前瞻性规划种业的产业布局具有积极意义。

一、全球作物种业发展现状

（一）全球种质资源保护与利用情况

作物种质资源是改良品种的基因来源，也是培育优质、高产作物的物质基础。因此，世界各国政府和国际组织都从战略高度重视作物遗传资源多样性的收集保存工作。据国际种子联盟（ISF）统计，目前全球共有7.4×10^6份种质资源，1750个基因库，其中大于1×10^4份种质资源的基因库有130个。美国、中国和印度拥有世界前三大作物遗传资源库。最新数据显示，美国国家植物种质体系（NPGS）共保存了244个科、2553个属、16204个种、60万余份资源，其中来自国内种质资源数量约占库存的28%；我国种质资源库作物种质资源保存数量5.2×10^5份，其中76%是本土资源，24% 是国外资源；印度农业部下属的国家作物遗传资源局基因库保存的各种农作物种质资源超过4.5×10^5份，其中水稻种质资源超过1.1×10^5份、小麦接近4×10^4份、玉米超过1×10^4份、蔬菜为2.7×10^4份、油料为6.1×10^4份、豆类为6.1×10^4份。美国建立了国家主导的植物种质体系，成员包括美国联邦及州政府的有关组织和研究机构，私人组织和研究机构。NPGS从世界各地系统搜集种质资源并开展保存、鉴定和评估，记录作物种质资源相关信息，向公共、私营、非政府组织部门等国内和国际客户分发了约2.5×10^5份材料。

（二）全球生物育种技术的发展趋势

近年来，生物技术、计算机技术的进步带动了育种技术的飞速发展，农业发达国家已进入以“生物技术+人工智能+大数据”为特征的育种4.0时代。转基因技术、基因编辑技术、全基因组选择育种、基因组学成为当前国际生物技术育种研究的核心与前沿。

1.转基因技术

转基因技术研发经历了从单基因到多基因转化的提升，如从单一外源功能基因的转化向包括调控基因在内的多基因转化发展；从技术应用角度来看，由第一代抗虫、抗病、抗除草剂的转基因作物，逐渐向抗逆（抗旱、抗寒、抗盐碱）、品质改良、营养改良、生物医药的转基因作物发展。美国是转基因技术的领导者，已进入商业化应用阶段。我国的转基因技术处于总体跟随、个别领先的状态。

2.基因编辑技术

基于CRISPR/Cas系统的基因编辑技术是近年来生命科学领域的重大突破和研究热点。从技术研发角度来看，美国和我国处于领先地位；从技术应用角度来看，我国与国外基本处于同一起跑线，甚至在部分方向达到国际先进水平，如基因编辑技术在我国主要粮食作物（水稻、小麦）方面的研究处于世界领先地位。2021年，哈佛大学怀斯生物工程研究所研究人员发明了Retron Library Recombineering（RLR）基因编辑工具，可以同时生成多达数百万个突变，“编码”突变细菌细胞，一次筛选整个库；能够在规律间隔成簇短回文重复序列（CRISPR）有毒或不可行的情况下使用，具有更高的编辑效率。

3.全基因组选择育种

随着基因组测序技术和计算机科学的快速发展，全基因组选择育种对作物产量、品质等复杂性状的预测效果已经有很大提升，未来有望成为作物育种过程中杂种优势预测、高产优质品种筛选的核心方法。从技术应用角度来看，目前全基因组选择育种已在玉米、水稻等粮食作物育种方面有了较深入的研究，但在园艺作物方面的研究较少。拜耳公司（孟山都）、科迪华公司（陶氏杜邦）等国际种业巨头已在玉米等作物上实现了相关技术的规模化应用。美国是该技术的领跑者，德国、法国等国家的相关研究也较为领先。我国的全基因组选择育种研究尚处于起步阶段。

4.基因组学

基因组测序技术的快速发展推动了作物基因组研究的突破性进展。我国是世界上较早启动作物基因组学研究的国家，已完成水稻、小麦、玉米、黄瓜等重要作物的基因组测序，初步掌握了这些作物遗传基因的功能性状，研究水平走在国际前列；开发了基于高通量基因组测序的基因型鉴定方法，开展了水稻、玉米农艺性状的基因组关联分析和功能研究。目前，我国水稻功能基因组研究整体水平处于国际领先地位，也是世界上最早使用第二代测序技术开展蔬菜基因组研究的国家，绘制完成了黄瓜、番茄、大白菜、甘蓝、西瓜等蔬菜和瓜果作物的全基因组序列图谱与变异图谱。在利用组学大数据挖掘重要农艺性状基因方面，我国与发达国家处于同一水平。

（三）全球生物技术育种产业化情况

1.转基因作物

1996-2019年，全球转基因作物种植面积累计达到2.7×10^9 hm^2。2019年，全球共有71个国家和地区应用了转基因作物。美国是转基因作物种植面积最大、从中获得经济收益最多的国家，2019年种植面积达到7.15×10^7 hm^2，种植的转基因作物包括玉米、大豆、棉花、苜蓿、油菜、甜菜、马铃薯、木瓜、南瓜、苹果等，转基因大豆、玉米、棉花平均应用率达到95%。我国转基因作物种植面积约3.2×10^6 hm^2，仅为美国的0.48%，主要种植品种是棉花和木瓜。从经济收益上看，1996-2018年，转基因作物种植国共获得经济收益2249亿美元，其中美国获得959亿美元，约占全球总收益的42.64%。中国获得232亿美元，约占全球总收益的10.32%；除美国外，经济收益排名靠前的国家是阿根廷（281亿美元）、巴西（266亿美元）和印度（243亿美元）。

2.基因编辑作物

美国是世界上基因编辑作物品种产业化最为领先的国家。SU Canola抗磺酰脲除草剂油菜是全球第一个商品化的基因编辑作物，2015年在美国4000 hm^2的土地上进行了商业化种植。2016年，美国批准种植了通过基因组编辑技术剪掉褐变相关脱氧核糖核酸（DNA）片段的蘑菇品种。迄今为止，已有150多种基因编辑植物新品种被美国农业部指定为不受管制的品种，从而允许在美国进行商业种植，包括高油酸大豆、抗白粉病小麦、油分改良亚麻荠、高油含量山茶花等。目前，美国农业部已受理调查并公开了23件基因编辑作物，除了由跨国公司陶氏益农和杜邦先锋公司（现陶氏杜邦公司）研发的3种作物以外，其余来自Calyxt、Yield10、 BensonHill Biosystems 等初创公司。由于一些初创企业把握了基因编辑技术先机并超前开展专利部署，大型跨国种业公司与中小型科技公司之间的知识产权许可与转让成为基因编辑技术产权化的重要策略。2018年，英国批准了高Omega-3多不饱和脂肪酸的基因编辑亚麻荠试验性种植。2020年，日本通过了本国首个基因编辑食品—富含抑制血压上升功能成分（γ-氨基丁酸）的番茄销售申请，标志着基因编辑产品可以进入市场。中国虽然在基因编辑作物育种应用研究方面取得了一系列国际领先的新材料和新品种，包括烟草、水稻、玉米、高粱、大豆、西瓜、黄瓜、西红柿、香蕉、杨树等，但尚无任何基因编辑作物被批准上市。

3.生物育种技术及产品监管

生物育种技术及其产品监管政策是影响一个国家生物育种技术研发及其产业化重要因素，国际上主要分为两大阵营。一是以美国为代表，实行以产品为导向的生物技术产品监管制度体系，坚持“实质等同性”“个案分析”原则。对于基因编辑（没有导入外源基因）作物，认为只要通过自然的或传统的育种手段能够得到的变异，均视为非转基因生物，不需要监管。加拿大、巴西、阿根廷、智利、哥伦比亚、以色列、日本、澳大利亚等国采用类似的政策。印度、孟加拉国、菲律宾、尼日利亚、肯尼亚、巴拉圭、乌拉圭、挪威等国家也将参照相似的做法。二是以欧盟为代表，实行以技术手段为导向的生物技术产品监管制度体系，认为凡是通过生物技术手段得到的生物，都要按照转基因生物进行严格的安全评价和监管。2018年，欧盟最高法院的裁定更是将重组DNA、细胞融合乃至辐射突变等技术产出的生物都视作转基因生物并纳入相应监管。然而，欧盟及其成员国的学术界和行业内人士都呼吁放宽对基因编辑产品产业化的限制，法国已将基因编辑作物视为非转基因生物，英国也表示在脱欧后将对基因编辑作物采取更为宽松的监管政策。新西兰采取了与欧盟相似的监管政策。中国对转基因作物态度一直是“确保安全、自主创新、大胆研究、慎重推广”，在研究、试验、生产、加工、经营全过程中都开展了严格管控，对转基因农产品存在潜在风险的实验室研究和田间试验阶段进行了重点监测。目前，我国是世界唯一采用定性按目录强制标识的国家，要求生产、经营转基因食品等均应显著标示。对于基因编辑作物，中国尚未出台明确的监管政策。《2021年农业转基因生物监管工作方案》《关于鼓励农业转基因生物原始创新和规范生物材料转移转让转育的通知》等政策性文件，释放了我国将在严格农业转基因生物安全评价基础上，为全面产业化做准备重要信号。

（四）全球作物种业贸易情况

据统计，2019年世界种子出口总额为131.95亿美元；种子出口额前3位的国家分别是荷兰、美国、法国，出口额合计为62.95亿美元，约占2019年国际总额的47.71%。2019年，我国种子出口额为2.07亿美元，约占全球出口总额的1.57%，排名第11位；出口额排在前3位的是蔬菜种子（1.16亿美元）、水稻种子（0.63亿美元）、草本花卉种子（0.17亿美元）。2019年世界种子进口总额为146.57亿美元；荷兰排名第1位，种子进口额为10.94亿美元，约占全球进口总额的7.46%。我国种子进口额为4.43亿美元，约占全球进口总额的3.02%，排名第11位；进口额排在前3位的是蔬菜种子（2.24亿美元）、黑麦草种子（0.47亿美元）、草本花卉植物种子（0.39亿美元）；属于种子贸易逆差国，逆差额为2.36亿美元。通过进出口数据对比发现，荷兰、美国、法国、德国、意大利、比利时等既是种子出口大国，也是种子进口大国，贸易活跃、市场开放度高。

（五）全球跨国种子企业情况

随着经济全球化、市场一体化进程加速，种业跨国公司对种业市场份额的竞争日益激烈，大型种业跨国公司所在国家的全球市场份额占比体现了该国的产业竞争力。2019年，我国有4家企业（先正达集团、袁隆平农业高科技股份有限公司、北大荒垦丰种业股份有限公司、苏垦农发股份有限公司）进入全球销售额Top20；在其他的Top20企业中，美国有1家（科迪华公司），德国有3家（拜耳公司、巴斯夫股份公司、科沃施集团），荷兰有4家（瑞克斯旺种子公司、安莎种子公司、必久种子有限公司、百绿集团），法国有4家（利马格兰、佛洛利蒙－德佩育种公司、RAGT Semences、优利斯集团），日本有2家（坂田种苗株式会社、泷井种苗株式会社），印度有1家（安地种业）。拜耳公司、科迪华公司一直是种业的领跑者，合计销售总额占Top20企业总销售额的60%，在转基因技术、基因编辑技术、数字农业方面优势明显。先正达集团、巴斯夫股份公司、利马格兰集团、科沃施集团构成第二梯队，合计销售总额约占Top20企业总销售额的24%。其余14家企业虽然在销售额上仅占16%，但是特色鲜明，如丹农和百绿的牧草、草坪草种子业务，坂田种苗株式会社和瑞克斯旺种子公司的蔬菜种子业务，泷井种苗株式会社的花卉种子业务，袁隆平农业高科技股份有限公司的水稻种子业务，苏垦农发股份有限公司的小麦种子业务，都是全球种业领域的中坚力量。全球种业基本形成了“两超、四强、差异化发展”的新格局。

（六）国际种业产业竞争力分析

对标美国、荷兰、德国、法国、澳大利亚、英国、加拿大、日本、巴西等种业强国，以贸易竞争力指数、企业竞争力指数、产业规模指数为评价指标，从市场和产业主体两方面对国际种业产业竞争力进行分析评价。贸易竞争力指数代表了一个国家参与国际市场竞争的能力，由贸易竞争指数、显示比较优势指数、国际市场占有率、市场开放度来具体表征。企业竞争指数采用世界销售量Top20企业所属国家的销售额占全球种业市场市值的份额来表征，体现了一国作为种业主体的企业在国际市场上的竞争实力。产业规模指数采用一国种子市场的市值占全球种子市场的市值来表征，体现了一国生产的种子对全球种业的贡献度，消除了各国因体量不同、国内种子市场需求不同而造成的国际贸易差异，也反映出各国满足国内种子市场需求的情况。我国种业产业竞争力指数0.302，排在美国（0.678）、荷兰（0.466）、法国（0.353）、德国（0.318）之后，位列第5位，整体处于中等水平。

二、中国种业发展面临的问题

（一）国外起源种质资源占比低，种质资源精准鉴定明显不足

发达国家将在全球收集遗传资源作为国家战略，一方面严控核心遗传资源的输出，另一方面注重对国外种质资源的收集。以美国为例，早在第一次世界大战和第二次世界大战期间，搜集了世界多国不同生态条件下的种质资源，成为世界种质资源保存量和保存种类最多的国家；起源于国外的种质资源数量约占美国种质资源库库存的72%。相比之下，中国虽然种质资源丰富，但以国内为主，起源于国外的资源仅占库存的24%，致使种质的遗传多样性不够广泛，优异且有特色的资源不

足，在种业源头上处于不利地位。此外，我国精准鉴定的资源比例非常低，在保存的5.2×10^5份种质资源中，完成精准鉴定的不到1.5×10^4份，尤其缺乏对资源农艺性状、抗性基因等精准鉴定。没有鉴定，也就无法挖掘和利用；我国作物种质资源利用率仅3.0%~5.0%，有效利用率仅2.5%~3.0%，亟待形成种质资源利用、基因挖掘、品种研发、产品开发、产业化应用的全链条组织体系。

（二）生物技术育种领域研发活跃，但缺乏原始创新性技术

根据Web of Science核心合集检索数据，2015–2019年，全球生物技术育种领域的发文总量为87830篇；其中美国为25987篇，我国为21620篇，分别排名全球第1位和第2位，各占全球发文总量的29.5%和24.6%，构成了生物技术育种基础研究的第一阵营。根据Derwent Innovation全球专利数据库检索数据，2015–2019年，全球生物育种技术领域的专利申请总量为23133件，其中美国和中国专利申请分别排名全球第1位和第2位；美国申请量为11849件，占全球专利申请总量的51.2%；中国申请量为6338件，占全球专利申请总量的27.28%，虽与行业领先还有差距，但同样是全球生物育种技术领域的重要技术研发力量。

中国虽然占据了研发规模的优势，但从发文影响力来看与美国还有一定差距，基础研究仍处于追赶阶段。英国、德国、荷兰、加拿大、澳大利亚、法国的发文总量不大，但影响力强于中国，是潜在的竞争者。在技术研发方面，美国处于技术领先地位，技术研发能力强，专利申请量和专利质量均很高；我国属于技术活跃者，研发活动频繁，但专利质量整体不高，处于技术追随位置；德国、澳大利亚属于潜在的技术竞争者，尽管专利申请量不多，但专利质量普遍较高，具有相当的竞争实力。

整体来看，中国虽然在生物技术育种领域处于全球优势地位，但缺乏自主创新原始技术。以基于CRISPR/Cas基因编辑技术为例，虽然国内学者针对原始基因编辑技术在安全性和效率方面进行了诸多改进，也获得了一些自主知识产权，但存在延伸性、尾随性研发居多，原始创新不足问题。目前常用基因编辑的核心技术源自美国，核心技术专利权基本由欧德森－柏若德斯大学、科迪华公司所掌握，因此在规模化商业应用方面存在“卡脖子”风险。

（三）种子产业竞争力相对较弱，科技优势未转化为产业优势

与生物育种技术进展相比，我国种子产业的发展明显滞后。在生物技术育种方面的科技优势远未转化为产业优势，既有种业自身的问题，也有体制机制和监管政策层面的问题。从种业自身看，我国自加入国际植物新品种保护联盟（UPOV）以来，品种权申请数量的增长态势迅猛，2017年起已超过欧盟，居第1位；授权数量自2014年起超过美国，仅次于欧盟，居第2位。我国存在品种同质化现象，虽然品种数量多，但缺乏具有全球竞争力的产品，规模优势没有成为产业优势。“企业强，种业才能强”。近年来我国种子企业发展迅速，但与国际一流企业的差距依然很大，企业研发投入不足是导致创新能力不强的主要原因。一个优良品种的诞生，要经过十几年甚至数十年的投

入，研发成本高昂，因而高性能种子的研发一直都是国际种业巨头的“专利”。据公司年报显示，2020年拜耳公司的研发投入71.26亿欧元，科迪华公司11.42亿美元；作为国内种业领头羊的袁隆平农业高科技股份有限公司，研发投入仅为4.11亿人民币，与国际种业巨头相比差距明显。

从体制机制层面看，近年来我国致力于种业体制改革，发布了《国务院关于加快推进现代农作物种业发展的意见》《国务院办公厅关于深化种业体制改革提高创新能力的意见》等纲领性文件，旨在推进商业化育种体系的建立。由于育种人才、资源、技术主要由高校和科研单位所掌握，企业研发能力严重不足，较多照搬国外发展模式，很难在短时间内见效。从监管政策层面看，我国对转基因及新生物技术的监管相对滞后，阻碍了生物育种的产业化发展。对于新技术及其产品的监管，现行法规是2001年发布、2017年修订的《农业转基因生物安全管理条例》。采用基因编辑等新技术生产的生物产品，是否属于农业转基因产品，是否需要监管及如何监管，并无明确规定。定义不明确、法规不完善，可能明显制约基因组编辑等新技术在农业领域的应用，以至弱化在生物技术领域实现超越的机会。

三、加快提升中国种业发展的建议

（一）实施国家种质资源战略，夯实种业发展基础

建议将种质资源保护利用上升到国家战略高度，构建国家主导的种质资源保护体系。协调管理部门、科研机构、高校以及私人企业及研究院等社会多方力量，一方面加强对中国濒危种质资源和野生品种的保护，另一方面通过种子企业的行业交流，“走出去”等方式，积极引进国外种质资源，通过研发创新来解决种源关键问题。优化运转机制和管理系统，制定国家生物资源多样性保护中长期规划；设立国家专项基金，稳定支持种子资源库建设和资源精准鉴定工作，发掘出一批优异种质和基因；将种质资源和成熟技术成果高效地向种子企业转移，更好服务于企业的商业化研发。

（二）实施种业科技创新战略，实现原始性创新突破

针对农业发达国家已对与基因编辑技术相关的关键基因和种质资源的优异基因性状进行专利申请的不利现状，我国应重视替代性前沿技术研发。建议设立种业创新探索性研究专项，财政资金适度向原始创新性科研活动倾斜；力争发展新型基因编辑系统/工具并获取知识产权保护，掌握种业发展主动权；加大信息技术、大数据技术在种业研发中的应用力度，在高通量表型组、全基因组选择育种等生物育种核心技术方向加强布局，降低对高通量精准高效分子标记检测仪器等进口设备依赖；避免在国外公司已经掌握核心专利的技术方向开展尾随性研发，克服低水平重复研究造成科技资源浪费。

（三）全面构建中国特色种业体系，提升产业竞争力

建议深入开展种业体制改革，推行“科企脱钩”，尽快构建商业化育种体系。鉴于目前中国种

业的人才、资源、技术仍聚集在科研机构，种企技术研发力量依然薄弱的国情，不宜盲目照搬国外的做法，而应构建起中国特色种业体系，即基于“产学研”创新联合体的种业创新体系。借鉴国家农业科技创新联盟在运行机制、“产学研”连接模式、主体利益分配模式等方面的成功经验，选择科研实力强、研究基础好的科研机构和高校，与种子龙头企业组成创新联合体。由国家和企业共同出资，发挥中国社会主义国家强大的制度优势，对不同阶段的研发投入各有侧重，针对种业关键性技术问题开展联合攻关，共同培育高性能品种并实现市场化。通过机制创新，快速提升我国作物种业的整体竞争力。

（四）实施种业强企战略，强化企业创新主体的定位

企业强则产业强，应当以企业的高质量发展带动种子产业的发展。一方面，通过兼并重组等方式，培育我国的种业巨头，集中高端人才、先进技术、研发资源，使种业综合创新效率不断提升、附加值不断提高，避免“内卷式”无序竞争导致的重复建设和产能过剩；另一方面，由于基因编辑等新兴技术的快速发展，降低了种子研发的技术门槛，应合理加大对生物种业高科技初创公司在政策、融资、税收等方面的扶持力度，促进在一些生物种业技术方向抢占先机。

（五）推进监管制度现代化，确保技术优势转化为产业优势

以产品为导向的监管政策，是发达国家能够迅速将其研发优势转化为产业优势的重要原因。为了推动我国将生物技术方面的领先优势尽快转化为产品优势、产业优势和竞争优势，建议针对基因编辑技术尽快出台明确的、前瞻性的、不同于转基因生物的监管政策；针对转基因作物产业化，管理机构在充分评估转基因产品安全性和我国是否具备竞争力的前提下，尽快出台详细的规划、配套条例，发布明确的时间表，激发科研机构和企业的研发动力，克服生物技术育种产业化的障碍。通过监管政策的现代化，加快推动生物种业的快速发展。

四、甘肃种质资源现状及挖掘利用瓶颈

（一）甘肃省种质资源现状

1.地域气候环境优势

甘肃居黄土高原、青藏高原、内蒙古高原三大高原交汇地带，境内地形复杂，山脉纵横交错，海拔相差悬殊，高山、盆地、平川、沙漠和戈壁等兼而有之，跨越亚热带、暖温带、温带三个热量带，降水量从南部的600mm以上向西北递减，降至100mm以下。地质构造复杂多变，地势起伏悬殊，气候类型多样，区内气候垂直分布和地带分异变化明显，形成了独特的寒旱生态环境，蕴藏着丰富珍贵的寒旱动植物种质资源。目前甘肃省记录描述定名的高等植物有4500余种，还有蕨类植物39科78属292种和6个变种，分别占全国的80%、70.6%、26%，有被子植物198科980属4000余种，分别占全国的66%、31.6%和16%。经过多年发展，形成了马铃薯、小杂粮、啤酒大麦、食用百合、

烤烟、黄花菜、油橄榄、紫花苜蓿、苹果等一批独具地方性特色的优异种质资源。如皋兰和尚头小麦、宁县早胜牛、兰州百合与苦水玫瑰、陇南油橄榄、岷县和文县当归等，是新品种选育和寒旱农业发展重要的种质基础。

2.种质资源情况

从1957年开始，甘肃省就着手农作物种质资源收集保存与研究工作，经过60多年发展，在农作物种质资源收集、鉴定、保存与利用方面取得了长足发展。目前，建有甘肃省种质资源保存库一栋，建筑面积800m^2，正在建设1×10^4m^{2}的西北种质资源保护利用中心。先后两次开展大规模农作物种质资源收集行动，保存各类农作物种质资源5×10^4余份，约占全国的10%，近10年引进国外农作物种质资源1.7×10^4份；省农科院种质资源库保存了来自81个国家和地区60种作物资源2.8×10^4余份，占甘肃省粮食作物种质资源的42%、瓜菜资源的32%、油料资源的52%，按照种质资源描述规范和数据标准，对征集到的资源进行了统一编目和入库，研究了遗传多样性，检测了品质性状，鉴定了抗逆性。陇南原生境保存了85%以上的中药材资源，但有些稀有野生资源濒临灭绝。

3.种质资源利用及品种选育成效

利用引进和研究挖掘到种质资源的抗逆优异特性，创制了一批抗旱、抗寒、抗锈的新材料，先后育成并审定、认定了一批主要作物新品种，培育推广了一大批突破性重大品种，推动甘肃省农作物品种完成一轮又一轮的更新换代。“十三五”以来，甘肃省共审定玉米、小麦等主要农作物新品种464个，其中玉米品种351个；登记非主要农作物品种1878个，居全国第二。据不完全统计，陇薯系列马铃薯、陇鉴和兰天系列冬小麦、陇谷系列糜谷、陇椒系列辣椒、陇亚系列胡麻、陇油系列冬油菜等成为地域特色品种品牌，良种覆盖率达95%以上，对粮食增产贡献率达45%，为甘肃省粮食总产跨上1.2×10^7t目标及特色农产品生产做出了突出贡献。如育成的抗条锈小麦品种甘麦8号，曾在全国北方麦区年种植面积达到6.67×10^5hm^2，抗锈系列小麦品种入选新中国成立60年地标工程，陇薯系列马铃薯新品种占甘肃省马铃薯种植面积的半壁江山，高抗枯萎病陇亚系列品种挽救了全国胡麻产业，超强抗寒冬油菜品种将我国油菜种植北界推移到北纬35°以北，甘啤系列大麦品种占全国种植面积的1/3，陇椒系列辣椒杂交种占领西北主要市场。

（二）甘肃省种质挖掘利用的瓶颈

1.种质资源存量少质量低，特有种质资源消失风险加剧

随着城镇化、现代化和工业化进程加速，气候变化、环境污染、外来物种入侵等因素影响，以及长时间未开展作物种质资源普查，致使甘肃省种质资源本底不清及珍稀、濒危、特有资源与特色地方品种丧失严重。目前，省种质资源库仅保存2.8×10^4份作物种质，大部分种质资源分散在各市州，保存条件简陋，存在得而复失的风险。

2.优异种质和基因资源发掘利用滞后

现保存种质资源已开展深度鉴定的占比不足1%，核心种质少，种质资源表型精准鉴定、全基因组水平基因型鉴定以及新基因发掘不够，难以满足品种选育对优异新种质和新基因的需求，资源优势转化为品种优势的比例还不高。

3.种质资源保护与鉴定设施不完善

现有资源库（圃）保存容量不足、覆盖面不广，分区域、分作物表型精准鉴定基地和规模化基因发掘平台缺乏，野生资源原生境保护与监测设施亟待加强。

4.种质资源创新及育种手段滞后，有效交流与共享不够

目前作物育种主要还是以传统育种为主，生物技术及设计育种发展较慢。受体制机制不完善影响，优异种质交换利用难，大量“低成本”同质化品种井喷，影响了种业商业化育种体系建设和自主研发投入的积极性。

五、甘肃省种业创新任务及科技支撑工程

（一）种质创新与品种选育的主要目标

到2025年，甘肃省农作物种业基本实现种业强省目标，种质资源保护能力显著增强，培育一批市场竞争力强和生产需求的新品种及配套系，健全以种质资源收集评价与创新、基础理论与共性技术研究为主的种业基础研究体系，形成以育种企业为主体、产学研企结合，育繁推一体化的育种体系与品种测试体系，基本建成与现代种业相适应的良种繁育体系，制种繁种基地机械化率达到80%以上。建成西北农作物种质资源创新与利用中心，保存种质2.5×10^{5}份以上；在不同生态区建立3~5个农作物种质资源鉴定与繁殖圃；建立生物育种技术与快速繁育技术平台，主要作物育种与繁殖效率明显提高；培育一批具有自主知识产权的抗逆、优质、丰产、资源高效、适宜机械收获、功能性的重大品种，增产8%以上，关键品质指标明显改善；主产区良种覆盖率98%以上，良种在农业增产中的贡献率达到50%。

（二）种业科技创新重点任务

1.加强种质资源收集保存与评价利用

（1）加强作物种质资源普查和收集保存。在甘肃省粮食生产功能区和重要农产品保护区，完善一批作物种质圃，承担相应区域的多年生、无性繁殖等作物种质资源的保存。对特异资源和重要无性繁殖作物种质资源通过组织培养、超低温、DNA等技术进行复份保存。建立地方特色作物种质资源保护场（区、库、圃），实现农业种质资源活体原位保护与异地集中保存相结合，做到应保尽保。加大地方土著、濒危丧失、特有品种的抢救和保护工作，确保甘肃省特色种质资源不丧失。到

2025年，甘肃省收集筛选保存农作物种质资源由1.5×10^5份增至2.5×10^5份。

（2）加强种质资源鉴定评价与优异资源挖掘。开展种质资源表型性状鉴定、遗传本底鉴定、基因型精准鉴定和功能基因深度发掘，对具有优异性状的种质资源的重要性状表型和基因型进行多年多点精准鉴定及综合评价，挖掘一批优异种质，创制一批目标性状突出、综合性状优秀的育种材料。建立高效完善的种质资源鉴定评价、基因发掘与种质创新技术体系，创制优质、抗逆、养分高效利用等性状的新种质。以小麦、玉米、马铃薯、杂粮杂豆、蔬菜等主要作物为对象，建立种质创新及生物育种实验室，开展高通量、规模化表型及基因型鉴定，建立基因型-表型数据库。到2025年，建成农业种质资源基础数据库，实现资源数据共享共用。支持创新种质、新品种和技术交易、作价入股，推动农家品种、区域性特色品种开发。

2.提升农作物种业自主创新能力

（1）完善生物性状鉴定与测试公共服务平台。建立和完善农作物品种主要经济性状测试、技术鉴定公共平台体系。到2025年，建成3个农作物品种区域中心试验站、1个作物品种抗病性鉴定实验室、1个品种抗病性诱发鉴定基地、2个品种抗逆性鉴定试验平台、1个种子转基因及DUS检验中心；完善10个农作物品种区试生产试验站和1个品种抗逆性鉴定试验平台的基础设施条件。

（2）加强生物育种关键技术研究应用。重点围绕抗旱节水、养分高效利用、优质丰产、抗病、功能性小麦、机械粒收和青贮饲用玉米、高淀粉和专用加工马铃薯、饲草和功能性大麦等主要作物品种选育，开展重要经济性状形成机制、功能基因挖掘等研究，加强高通量鉴定、分子标记辅助育种和单倍体等生物技术应用，提升生物育种效率。筹划作物优异基因挖掘与利用、作物分子育种模块与品种改良研究等分子设计育种研究平台。

3.深入推进重大品种选育联合攻关

围绕新时期甘肃农业重大需求，加快培育环境友好、资源高效、优质和高附加值专用，及适宜轻简栽培和机械化生产方式等突破性新品种。重点选育抗旱抗锈优质丰产小麦、牛肉面专用小麦、高淀粉和营养强化马铃薯、高油抗倒宜机收油菜、高油高亚麻酸胡麻、耐密宜机收玉米、功能性青稞和大麦、抗除草剂和营养型小杂粮、优质丰产耐贮运蔬菜等重大新品种。

（三）种业科技创新的支撑工程

1.主要农作物种质资源收集与保存评价利用工程

（1）作物种质资源收集保存鉴定评价及共享服务。配合全国第三次农作物种质资源普查与收集工作，对甘肃省14个市（州）79个县（区）作物种质资源全面普查，征集各类栽培作物和珍稀、濒危作物野生近缘植物的种质资源1500份；采取活体保护和遗传物质保存相结合方式，确保甘肃省特色物种遗传资源应保尽保，抢救性收集各类栽培作物的古老地方品种、种植年代久远的育成品种、重要作物的野生近缘种以及其他珍稀、濒危野生植物种质资源1000份；征集引进国内外具有潜在应用价值的优异资源2000份，开展种质资源种子扩繁和编目入库保存，编制甘肃省作物种质资源名录；开展种质资源精准鉴定与优异基因发掘，建立基于高通量表型测量平台的种质资源鉴定体系；建立种质资源共享利用服务平台，推进种质资源信息发布、共享利用、交易服务于一体的线上服务。

（2）主要作物种质资源抗性鉴定基地建设。根据甘肃省作物区域布局及现有工作基础，重点建设张掖玉米、会川马铃薯、清水抗锈冬小麦、镇原抗旱节水冬小麦四个作物种质资源抗逆性鉴定圃，建设敦煌作物种植资源抗旱鉴定圃，每个鉴定圃面积2~3.33hm^2；鉴定基地配套安装田间智能化观测及数据和图像实时采集系统建设，提高监测的自动化和信息化水平；每个基地配套种子（薯）活力检测、挂藏风干（贮藏）等附属设施。

（3）建设标准化农作物种质资源库。在甘肃省农业科学院加快建设已批复的1×10^{4}m^2“西北种质资源保存与创新利用中心”，建成保存种质资源2×10^{5}份以上的现代化、自动化、智能化的作物种质资源库，争取纳入国家农作物种质资源甘肃子平台管理和运行，配套种质资源保存设施10台件，购置遗传分析、分子鉴定、基因编辑等相关仪器设备80台套，满足甘肃未来50年作物种质创新、重大品种选育等方面的需求。

2.主要作物重大品种选育联合攻关工程

围绕甘肃省粮食安全及农业供给侧改革对品种的需求，坚持品种选育与生产需求和市场密切结合，组织重大品种选育联合攻关，加快地方特色品种改良。到2025年，培育一批综合性状优良、品质优良专用、适应大面积生产的新品种，其中省内年度推广面积占该作物种植面积10%~20%的品种5个，带动主要作物大面积单产提高5%以上。

（1）小麦高效育种体系建立及品种选育。围绕育种“卡脖子”技术，重点利用生物技术手段，研究优异种质形成规律及重要性状调控机理，构建分子设计育种平台，建立作物幼胚一步成苗培养和快繁技术体系，实现一年繁育3~4代目标；建立甘肃小麦良种DNA标签技术；建立田间表型高通量选择技术体系，提高性状选择的自动化和信息化水平，创制并筛选抗逆、优质、节水耐瘠和功能性种质50份以上，育成抗旱抗锈优质丰产、牛肉面专用和营养强化小麦新品种8个，抗2~3种主要病害，水分效率提高0.1kg/mm以上，大面积单产增加8%。

（2）玉米优异种质创制及新品种选育。利用分子标记辅助选择、DH（双单倍体）、基因编辑等生物技术与常规技术相结合，开展抗旱、耐瘠、抗病基因挖掘，创制100份目标性状突出（耐密抗倒、脱水快、早熟等）的高配合力优良群体和自交系，构建重要自交系分子身份证；以抗逆耐密宜机收粒收和青贮饲用为育种目标，利用田间表型高通量选择技术，加快性状监测与选择的自动化和信息化水平，培育高产优质、节水耐瘠、机械粒收的中早熟玉米新品种10个，生育期缩短6d，增产5%以上，符合机械粒收质量标准，筛选青贮专用玉米品种5个，鲜草产量增加8%，符合双“30”目标。

（3）马铃薯优异种质创制及新品种选育。利用生物育种技术，创制抗晚疫病、抗旱性、淀粉加工型、食品加工型及高花青素、高蛋白、营养强化等功能型种质150份；建立生物育种、中早熟育种及晚疫病抗性鉴定、抗旱性鉴定等技术体系；选育淀粉含量25%以上、鲜薯产量增加10%、薯型美观、商品率高、关键加工品质明显改善的马铃薯新品种5个；建立低成本脱毒种薯繁育体系，繁育成本降低20%以上。

（4）蔬菜优异种质创新及“甘味”品牌品种选育。收集各类蔬菜种质资源1万份以上，挖掘耐旱、耐寒、抗病、优质等优良基因15~20个；利用分子辅助选择、功能基因定位、基因组编辑与精准智能设计等先进育种技术，创制抗逆优异种质（系）50份；针对甘肃省高原夏菜和设施日光温室及国内市场对蔬菜品种要求，选育抗病丰产、耐贮运、商品性好的辣椒、番茄、西甜瓜、黄瓜、甘蓝、菜花、莴笋、洋葱等新品种，关键品质性状和指标得到明显改善；开展野生食用菌资源采集、鉴定和保藏驯化研究，收集食用菌野生资源200份以上，栽培资源100份以上，筛选出适宜栽培的优良品种5个以上。

（5）特色油料作物种质创新与新品种选育。以提高甘肃省地域特色胡麻、油菜、向日葵、大豆、紫苏等产量与品质为目标，开展基因型精准鉴定，定位重要性状QTL位点10~15个，克隆品质、产量、抗逆、理想株型等重要基因5~10个，构建表型和基因型信息数据库1个；利用高效分子标记辅助选择育种技术，完善胡麻、油菜等遗传转化体系，建立高效转化技术平台；选育抗逆丰产、含油率高、适宜机械收获的油菜、胡麻、向日葵、大豆等重大品种5~7个，单产提高8%，含油率提高3~5个百分点。

（6）特色小杂粮种质创新与新品种选育。利用辐射诱变、航天诱变、远缘杂交、单倍体培养等技术，创制糜子、谷子、大麦和青稞、杂豆等优质抗逆特色种质材料100~150份，开发分子标记，定位重要农艺性状（生育期、产量、株高、品质）的主效QTL，定向筛选新种质；开展小杂粮重要农艺性遗传解析，克隆相关基因，改良创新种质。围绕生产与市场需求，开展专用高值化、功能性、高产饲用、宜机械栽培品种选育，育成高值专用品种5~6个，矮秆、宜机械栽培品种3~4个，抗逆高产品种8~10个，增产8%，主要品质指标得到明显改善。

3.主要作物育繁推一体化种业企业培育工程

推动种业企业强强联合、优势互补、兼并重组，培育10~15个“育繁推一体化”种业科技企业，重点支撑和壮大5~7个具备商业化育种能力、大规模品种测试网络、种子生产和加工、育繁推一体化经营、年销售额5000万元以上的种业企业；鼓励具有商业化育种优势的科研单位，以技术入股、整体托管和科技人员持股等多种方式整合进入种业企业，提高企业新品创新能力。到2025年，种业企业基本实现规模化、集约化经营，“育繁推一体化”骨干种业企业在甘肃省市场占有率达到80%。在张掖、酒泉、定西加快建立国家玉米、蔬菜、马铃薯“育繁推一体化”种业企业发展集群，实施种业企业商业化育种能力提升行动，支持种业企业建设现代化育种平台、引进科技创新领军人才，鼓励种业企业收购省内外科技型种业企业和研发机构，推动种业企业与科研院校共建实验室、培养商业化育种人才。商业化育种项目向有条件的企业倾斜。

科技大事记

科技大事记

1月10日

2019年度国家科学技术奖励大会在北京隆重举行。甘肃省有关单位主持或参与完成的9个项目荣获2019年度国家科技奖励，比上年增加3项。

1月20日

由中国科学院近代物理研究所牵头，联合兰州大学、中核兰州铀浓缩有限公司、兰州理工大学共同建设的甘肃省同位素实验室在兰州揭牌。甘肃省同位素实验室以发展同位素及相关技术为核心，主要聚焦面向世界科学前沿的超重元素合成研究和超重稳定岛探索、面向国家需求和经济社会发展的同位素技术研发和面向甘肃省产业升级的同位素关键技术集成与示范。

1月30日

甘肃省科技厅紧急拨付300万元科研经费，用于开展应对新型冠状病毒感染的肺炎疫情科研攻关特别专项，推进2019-nCoV快速诊断技术、2019-nCoV诊疗模式研究、中药协同治疗防控、防控体系构建和感控指南建立、消毒与废物处理、流行病学研究等方面科研攻关。

2月5日

甘肃省科技厅作为帮扶康县的省直组长单位，在全省疫情防控工作中主动作为，积极对接沟通，协调落实过氧乙酸消毒液原液4t，助力康县打赢疫情防控阻击战。

2月14日

甘肃抗击疫情的重大科研成果即重视CT影像特征诊断新冠肺炎的提示进入NCP临床诊断标准，标志着兰州大学第一医院院长李汛教授带领的甘肃省COVID-19肺炎疫情科研攻关项目初步研究成果对现阶段抗击新冠肺炎的推进具有重要临床意义，而其放射影像团队在兰大一院院长助理祁小龙教授、雷军强教授的带领下，开展“基于智能影像技术的重大公共卫生事件防控体系构建”科研攻关，将对今后重大公共卫生事件起到科学防控作用。

2月16日

甘肃省新冠病毒抗原快速检测试剂盒和抗体快速检测试剂盒由李克生教授科研团队研制成功。

2月20日

国家重点研发计划项目“典型脆弱生态修复与保护研究”重点专项“祁连山自然保护区生态环境评估、预警与监控关键技术研究”项目获科技部批复立项，该项目为“十三五”期间甘肃省第二个定向组织实施的国家重点研发计划项目。

2月21日

2019年底，由甘肃省科技厅推荐的国家重点研发计划项目“经典藏药如意珍宝片和白脉软膏治疗藏医重大疾病白脉病的示范开发研究”经科技部正式批复立项。

2月24日

甘肃省新冠肺炎分层治疗模式初获成功，为新冠肺炎患者的成功救治提供了临床实践经验及理论依据，并将成功经验带到疫情最严重的武汉，为武汉新冠肺炎患者的救治做出甘肃贡献。

2月24日

甘肃放射影像团队COVID-19成果进入国家最新诊疗方案，持续应用于抗疫过程，助力缩短疫病诊疗时间。

3月4日

甘肃抗击疫情的重大科研成果之一《甘肃地区新冠病毒肺炎护理人员防护体系及心理干预体系构建》进入临床使用阶段。

3月5日

甘肃省科技厅积极组织第九届中国创新创业大赛新冠肺炎疫情防控技术创新创业专业赛。

3月10日

经甘肃省科技厅推荐，科技部组织评审，甘肃省农业科学院等3家单位获批成为2020年度“国家引才引智示范基地”，此次3家单位的成功获批，使甘肃省国家引智基地实现了“战略科技发展”“产业技术创新”“社会与生态建设”“农业与乡村振兴”四大领域的全覆盖。

3月16日

兰州大学研究团队在遥感领域国际顶级期刊《Remote Sensing of Environment》上发表了题为“基于InSAR技术的滑坡规模预测研究”的研究成果。这是该团队将遥感技术和数学模型交叉应用于滑坡灾害识别和预测研究的突破性研究进展，也是甘肃省地质灾害应用研究成果首次在该期刊发表。

3月23日

科技部发布《关于对中央引导地方科技发展资金绩效评价结果优秀地区的公示》，2019年甘肃省中央引导地方科技发展专项资金绩效评价结果为“优秀”。

3月25日

2020年甘肃省科技工作会议暨全省科技特派员工作推进会召开，甘肃省政府副省长张世珍、副秘书长贾宁、甘肃省科技厅全体班子成员出席会议。

3月25日

科技部公布了第三批国家专业化众创空间备案示范名单，认定备案国家专业化众创空间23家。其中，由甘肃省科技厅推荐的兰石集团有限公司——能源装备国家专业化众创空间入围。

4月1日

科技部下达2020年发展中国家技术培训班项目计划，由甘肃省科技厅组织推荐的中国农业科学院兰州畜牧与兽药研究所、甘肃省农业科学院、甘肃自然能源研究所、甘肃省治沙研究所、甘肃省水利科学研究院、甘肃省人民医院、兰州大学第一医院承担的7个项目获批。

4月8日

甘肃省科技厅正式认定兰州大学胡芳弟等359名同志为甘肃省首批省级科技特派员。

4月8日

甘肃省科技厅组织召开“十四五”科技创新规划高新技术领域研究座谈会，葛建团副厅长出席会议并讲话。规划研究承担单位课题组专家及有关人员出席会议。

4月18日

甘肃省科技厅、甘肃省统计局联合发布《2018年度和2019年上半年兰白科技创新改革试验区统计调查报告》。

4月24日

科技部公布了2020年度国家备案众创空间名单，认定国家级备案众创空间498家。其中，由甘肃省科技厅推荐的甘肃丝路新世纪网络科技有限责任公司，丝路新世纪创客家园、临夏州众创空间创新创业服务有限公司，河湟众创、甘肃於甘游文化旅游发展有限责任公司，兰州文化旅游创意产业园入围。

5月5日

国务院办公厅发布《关于对2019年落实有关重大政策措施真抓实干成效明显地方予以督查激励的通报》（国办发〔2020〕9号），甘肃省作为“改善地方科研基础条件、优化科技创新环境、促进科技成果转移转化以及落实国家科技改革与发展重大政策成效较好的地区”受到通报表扬。

5月9日

甘肃省科技厅与中国科学院兰州分院举行科技创新合作座谈，甘肃省科技厅党组成员、副厅长朱晓力主持会议。中国科学院兰州分院院长肖国青，中国科学院近代物理研究所、中国科学院兰州化学物理研究所、西北生态环境资源研究院负责人出席座谈会。

5月13日

甘肃省科技厅党组成员、副厅长巨有谦带领相关处室负责人，赴陇南围绕科技创新合作工作开展调研，并为“陇南市武都区油橄榄研究开发中心国家引才引智示范基地”授牌。

5月22日

甘肃省科技厅党组成员、副厅长王彬同志带队赴康县开展脱贫攻坚帮扶工作，调研落实2020年康县脱贫攻坚帮扶项目，并赴三河坝镇九年制学校开展“扶贫助学，奉献爱心”捐赠活动。

6月3日

甘肃青海两省科技厅在兰州举行科技援青工作座谈会。会议由甘肃省科技厅副厅长葛建团主持。青海省科技厅党组成员、援青办主任姚长青等一行，以及甘肃省科技厅有关处室同志出席会议。

6月3日

甘肃省科技厅修订印发《甘肃省科技企业孵化器管理办法》（甘科高规〔2020〕4号），同时废止原《甘肃省科技企业孵化器认定和管理办法》（甘科高规〔2016〕5号），并于2020年7月1日起正式生效。这标志着甘肃省孵化器的管理从注重前端认定向促进高质量发展转变，由“增量”驶向“提质”，对孵化器加强服务能力建设提出新要求。

6月4日

甘肃省副省长、兰州白银国家自主创新示范区建设领导小组副组长张世珍率调研组赴兰州白银国家自主创新示范区，就各项建设工作推进情况开展调研。他强调，要聚合力、强推进、重落实，大力构建和完善产业链，加力加码、提速推进兰州白银国家自主创新示范区建设步伐，为建设实施主体兰州、白银两个国家高新技术产业开发区高质量发展注入强劲的创新动能。

6月4日

甘肃省科技厅党组成员、副厅长巨有谦带领厅相关处室负责同志赴甘肃省农业科学院就国际科技合作工作进行调研，并为“甘肃省农业科学院（畜牧与绿色农业研究所）国家引才引智示范基地”授牌。甘肃省农业科学院院长马忠明参加调研及座谈。

7月17日

甘肃省科技厅修订印发《甘肃省产业技术创新战略联盟构建与评估办法》（甘科区规〔2020〕2号），同时废止原《甘肃省产业技术创新战略联盟备案与管理办法（暂行）》（甘科高规〔2016〕7号），并于2020年7月17日起正式生效。

7月26日

第十届全国大学生电子商务“创新、创意及创业”挑战赛甘肃赛区选拔赛在兰州成功举行，本次大赛甘肃赛区由甘肃省教育厅、甘肃省科技厅、共青团甘肃省委、兰州市安宁区人民政府、兰州经济技术开发区等共同主办，由甘肃农业大学承办。来自甘肃省40所高校的2490支项目团队、14 390名师生报名参加此次大赛，参赛规模创历史新高。

7月28日

2020年“津企陇上行”暨产业扶贫座谈会在天水市举行。甘肃省委书记、省人大常委会主任林铎，国务院扶贫开发领导小组副组长、国务院扶贫办主任刘永富，天津市委副书记阴和俊出席会议并讲话。甘肃省委副书记孙伟主持座谈会。津陇签订了农业科技、先进制造、生态环保、商贸物流、总部经济、共享经济、消费扶贫等项目60个。

8月1日

由甘肃省科技厅主办的津甘东西部科技扶贫协作签约仪式在庆阳举行。甘肃省政府副秘书长、天津对口支援甘肃工作前方指挥部总指挥袁新河，天津市科技局总工程师王凤云出席仪式并讲话。签约仪式由甘肃省科技厅党组成员、副厅长王彬主持。

8月7日

由中共甘肃省委宣传部、甘肃省科技厅、甘肃省科协主办，甘肃省生产力促进中心承办的2020年全国科普讲解大赛预选赛暨甘肃省第五届科普讲解大赛在兰州落下帷幕。来自甘肃科技馆的张曜红、兰州中心气象台的李蓉和金川科技馆的郭子豪三位选手获得大赛一等奖。

8月11日

甘肃省科技厅制定印发《甘肃省省级科技特派员管理办法（试行)》（甘科农规〔2020〕7号)，进一步发展壮大全省科技特派员队伍，鼓励科技人员下乡创新创业，引导农村实用科技成果入乡转化，助力甘肃脱贫攻坚和乡村振兴。

8月15日

由科技部火炬中心、甘肃省科技厅、甘肃省人力资源和社会保障厅、白银市政府共同指导，白银市科技局、白银市人力资源和社会保障局、白银高新技术产业开发区主办的“科技创业带动高质量就业行动”大学生招聘白银专场活动在白银市启动。

8月22日

第九届中国创新创业大赛（甘肃赛区）复赛在兰州高新区举行。本届赛事由甘肃省科技厅和甘肃省发展改革委等五部门联合主办，共有381家企业报名参赛，最终确认290家企业进入初赛，206家企业晋级复赛。

8月23日

以“科技战疫·创新强国”为主题的2020年甘肃省科技活动周在平凉市启动，甘肃省副省长张世珍出席启动仪式。活动周举办科技战疫成效展示、科普展览互动体验、平凉市首届科技创新成果展等活动。

8月28日

第三届中国（甘肃）中医药产业博览会中医药新政策新标准新技术新产品发布论坛在陇西县

“丝绸之路”中国甘肃中医药博览园举行，甘肃省副省长何伟出席论坛。

9月4日

经甘肃省科技厅（兰州白银国家自主创新示范区办公室）对接协调，积极促成兰州和盛堂制药公司与上海张江高新区内的汉圃新材料科技有限公司等企业开展联合科研攻关，成功研发出可反复使用的防控口罩。

9月4日

第九届中国创新创业大赛（甘肃赛区）颁奖典礼在兰州举行。甘肃省副省长张世珍、甘肃省人大教科文卫委员会主任委员史百战、甘肃省政府副秘书长王晓阳等领导出席颁奖典礼并为获奖企业颁奖，甘肃省科技厅党组成员、副厅长、大赛组委会主任朱晓力代表大赛组委会致辞。颁发一等奖 2 名，二等奖 4 名，三等奖 6 名，优秀奖 32 名，并有 10 家单位获得优秀组织奖。

9月7日

第十八届中国国际人才交流大会网上大会启动仪式在北京、深圳、莫斯科三地以视频连线方式举行。通过网络平台开展线上展示、项目推介和对接洽谈等活动。甘肃省组织高校、科研院所、企业等近30家单位参加会展。

9月18日

由中国科学技术发展战略研究院主办，甘肃省科学技术情报研究所承办，张掖市科技局协办，以“技术评价、技术预见与区域绿色崛起”为主题的第十五届全国技术预见学术研讨会在张掖市顺利召开。来自全国20个省（市）科技管理部门、科技智库、高校、企业专家学者约170人参加了会议。甘肃省科技厅党组成员、副厅长巨有谦出席会议并讲话，张掖市副市长马斌致辞。

9月19日

由甘肃省科学技术厅、兰州市人民政府联合主办，兰州市科技局承办，兰州白银国家自主创新示范区办公室、兰州新区、兰州高新区、兰州经开区、榆中生态创新城管委会共同协办的“第五届兰州科技成果博览会暨兰州高质量发展论坛”隆重开幕。本届科博会以“科技兴业·博览世界·会聚兰州”为主题。开幕式由甘肃省科技厅党组成员、副厅长朱晓力主持。

9月19日

作为第五届兰州科技成果博览会系列活动之一的“2020年第四届中国生物医药园区产业创新发展大会暨第三届兰州自主创新论坛”隆重举行，来自全国的百位专家在此交流，集思广益为生物医药发展建言献策，用创新理念为兰州出谋划策，传经送宝。

9月20日

第五届兰州科技成果博览会举行科技合作与成果交易项目签约暨颁奖仪式。甘肃省委常委、兰州市委书记李荣灿，甘肃省副省长张世珍，兰州市委副书记、市长张伟文，省政府副秘书长王晓阳，甘肃省科技厅党组成员、副厅长朱晓力等省市有关部门领导出席活动仪式。

9月26日

由甘肃省人民政府主办，甘肃省发展改革委、甘肃省委网信办、甘肃省信息中心承办的甘肃省“上云用数赋智”行动暨“东数西算”试点启动会在兰州召开。甘肃省委副书记、省长唐仁健，国家发展改革委高技术司副司长沈竹林，国家信息中心主任刘宇南出席会议并致辞。会议启动甘肃省数字化转型伙伴行动、成立全国“东数西算”产业联盟、开展“上云用数赋智”行动计划系列签约活动，这三大成果标志着甘肃“上云用数赋智”行动进入实质性阶段。

9月27日

甘肃省同位素实验室（一期）项目开工仪式在兰州新区大科学装置科技创新创业园举行。甘肃省政府、甘肃省直部门、兰州市及兰州新区政府部门相关领导、中国科学院兰州分院、兰州大学、兰州理工大学、中国科学院近代物理研究所等单位的30多位主要领导出席，甘肃省科技厅何维华副巡视员和发展规划处有关负责同志参加了开工奠基仪式。

9月29日

科技部发布《科技部关于认定2020年国家高新技术产业化基地的通知》（国科发高〔2020〕260号），兰州新区国家装备制造高新技术产业化基地被认定为国家高新技术产业化基地。

10月15日

2020年全国大众创业万众创新活动周举行，甘肃分会场活动同步举办。本次双创周由甘肃省政府主办，甘肃省发展改革委和甘肃省科技厅等单位共同承办。

10月16日

甘肃省科技厅（兰州白银国家自主创新示范区办公室）、上海市张江国家高新技术产业开发区联合主办，兰州科技大市场管理有限责任公司、上海科技交流中心共同承办的“张江·兰白服务企业直通车暨兰白试验区、兰州白银国家自主创新示范区专场线上推介会”活动成功举行。

10月26日

第二十七届中国杨凌农业高新科技成果博览会在杨凌农业高新技术产业示范区闭幕。甘肃省科技厅党组成员、副厅长王彬同志率35家优秀企业和科研院所组成甘肃省代表团参会。甘肃省展团获得“优秀组织奖”和“优秀展示奖”，甘肃省老巢蜂业有限公司获“文明参展商”荣誉称号。

11月3日

何梁何利基金2020年度颁奖大会在北京召开，敦煌研究院名誉院长樊锦诗研究员荣获“科学与技术成就奖”，中国科学院兰州化学物理研究所研究员王爱勤荣获“科学与技术创新奖”。

11月6日

甘肃省科技创新大会暨科学技术（专利）奖励大会隆重召开。甘肃省委书记、省人大常委会主任林铎，甘肃省委副书记、省长唐仁健，科技部党组成员、副部长徐南平出席会议并讲话。2019年度甘肃省科学技术奖授奖项目共计152项。授予国网甘肃省电力公司电力科学研究院汪宁渤甘肃省科技功臣奖；授予甘肃省自然科学奖11项，甘肃省技术发明奖8项，甘肃省科技进步奖130项。授予大禹节水集团股份有限公司甘肃省企业技术创新示范奖；授予兰州和盛堂制药股份有限公司夏祥同志甘肃省优秀科技创新企业家奖。2019年度甘肃省专利奖共奖励64项。

11月20日

甘肃省科技厅制定印发《甘肃省科技揭榜挂帅制项目管理暂行办法》（甘科计规〔2020〕9号），以产业重大共性关键技术突破、重大创新产品研发和重大创新成果转化示范为重点，支持实施若干在行业领域具有重大影响力的引领性、系统集成性和产业链协同创新项目，加快推动关键核心技术、现代工程技术和颠覆性技术取得突破，支撑甘肃省产业高质量发展。

11月24日

甘肃省科技厅荣获“省直机关文明单位”称号，这是对甘肃省科技厅综合实力、文明程度、整体形象的肯定，极大地鼓舞了全体干部职工的工作积极性和创造性，激励了科技创新工作的全面提升。

11月27日

甘肃省委宣讲团成员、甘肃省科技厅党组书记张世荣分别在白银市、白银区宣讲党的十九届五中全会精神。张世荣在宣讲中，按照“七个讲清楚”的要求，紧扣党的十九届五中全会主题，重点从充分认识全会的重大意义、深刻认识进入新发展阶段的有利条件和重要特征、准确把握2035年远景目标和“十四五”发展主要目标、科学把握“十四五”时期的重点任务、坚持创新在中国现代化建设全局中的核心地位、把科技自立自强作为国家发展的战略支撑、牢牢把握构建新发展格局的着力重点等方面，对党的十九届五中全会精神进行了系统解读。

12月2日

厦门–甘肃东西部科技扶贫协作签约仪式在甘肃省科技厅举行。甘肃省科技厅党组书记张世荣出席签约仪式并致辞。厦门市科技局党组书记、局长孔曙光带领厦门市、三明市科技局，有关科研院所和企业负责同志一行12人参加签约仪式并讲话。

12月3日

由中国科协、科技部、天津市政府主办的2020年中国创新方法大赛在线上成功举办，甘肃省6个参赛项目获奖。甘肃省科技厅、甘肃省科协被2020年中国创新方法大赛组委会评为优秀组织奖，创下甘肃省科技型企业参加中国创新方法大赛以来的历史最佳成绩。

12月8日

科技部党组成员、科技日报社社长李平一行来甘肃调研科技创新、科技宣传和阵地建设工作，并组织召开工作座谈会。甘肃省副省长李沛兴、甘肃省政府副秘书长王晓阳与李平举行了会谈，甘肃省科技厅党组书记、厅长张世荣陪同调研并主持座谈会。

12月10日

科技部火炬中心发文通报，对2019年度火炬统计工作考核评价中成绩突出的24家科技管理部门负责火炬统计主要处室和相关承担单位及83家国家高新区予以通报表扬，兰州高新区光荣上榜。

12月17日

甘肃省2020年第八批科技型中小企业评价入库企业公告，本批次共有109家企业评价入库。2020年共有1194家企业通过了国家科技型中小企业评价并获得入库编号，较上年入库企业678家增长了516家，增长率76.11%。甘肃省2020年入库企业列西部省区第3名，位次较上年进步2位。

12月17日

科技部火炬中心公布了2019年度国家级科技企业孵化器评价结果，甘肃省10家国家级科技企业孵化器全部通过科技部火炬中心年度考核评价。其中，甘肃省高科技创业服务中心被评为优秀，兰州新区科技创新发展管理有限公司等3家被评为合格。

12月18日

国家高新技术企业认定管理工作领导小组办公室复函同意甘肃省486家企业通过高新技术企业备案。至此，甘肃省高新技术企业达到1229家。

12月21日

科技部火炬中心发布2019年度全国火炬统计工作考核评价结果，甘肃省科技厅高新技术处、甘肃省科学技术情报研究所和兰州高新技术产业开发区被评为2019年度火炬统计先进单位并获通报表扬。

12月21日

甘肃应用数学中心在兰州大学成立，将进一步优化甘肃省基础研究学科布局，培养数学人才，不断提升数学支撑创新发展的能力和水平。该中心由兰州大学牵头，联合西北师范大学和兰州理工大学共建，与甘肃气象局、工商银行甘肃分行、君仁控股集团等合作。

12月29日

甘肃省科技厅首次启动省级科学数据中心建设工作。经公开征集、单位推荐和专家论证，依托中科院西北生态环境资源研究院成立甘肃省科学数据总中心（甘肃省生态环境科学数据中心），依托兰州大学成立甘肃省气候变化科学数据中心，依托甘肃省地震局成立甘肃省自然灾害科学数据中心。

12月30日

甘肃省依托兰州大学建设的甘南草原生态系统野外科学观测研究站和甘肃庆阳草地农业生态系统野外科学观测研究站、依托中国农业大学建设的甘肃武威绿洲农业高效用水野外科学观测研究站等3个省级野外站顺利获批国家野外站。至此，甘肃省已建成5个国家野外站，22个省级野外站。

12月30日

科技部公布了第九批国家农业科技园区名单，甘肃平凉国家农业科技园区入围，加上前期批复的定西、天水、白银、武威、临夏、张掖、甘南、酒泉和庆阳国家农业科技园区，甘肃省国家农业科技园区总数达10家。